钩编小可爱动物朋友

KNITTED ANIMAL FRIENDS

（英）路易丝·克罗瑟（Louise Crowther） 著

王欣 译

辽宁科学技术出版社

·沈阳·

目录

引言 …… 004
工具和材料 …… 006
缩略语 …… 008
注意事项 …… 011
通用的身体各部分 …… 012

动物

爱犬乔治 …… 020
美猫贝拉 …… 028
骏马诺亚 …… 036
俏丽鼠多萝西 …… 044
聪慧狐夏洛特 …… 054
机敏松鼠阿奇 …… 066
优雅刺猬霍莉 …… 078
时尚猪猪麦西 …… 086
调皮浣熊斯坦利 …… 094
淑女兔蒂莉 …… 106
利落鸭阿米莉娅 …… 114
帅气羊哈里 …… 122
勇敢的猫头鹰路易 …… 131
鞋子及配饰 …… 142

技术

合成你的动物 …… 152
起针与针法 …… 156
配色 …… 164
供应商 …… 166
致谢 …… 166
作者简介 …… 167

引 言

欢迎阅读这部我收集的有关动物朋友们的作品！它们都是编织而成的，我希望让这些动物作品能够拥有令人无法抗拒的魅力。我们的生命中总会有一个人，即使是我们自己，也会喜欢这其中的一个小动物的。如果您在聪慧狐和调皮浣熊之间举棋不定，您可以把它们都做出来……

在这本书中收录了从选择编织线到制作技术的所有信息，图案说明简洁明了，力求将每件作品的编织过程都呈现给您。

您不必完全按照我的选择来为每个动物制作服装。由于动物的大小相同，因此您可以随意混合和搭配。我精心设计了每件衣服，适合各种动物，并有小小的纽扣开口，可容纳所有不同尺寸的尾巴。您可以试试为利落鸭阿米莉亚做一件聪慧狐夏洛特的外套，把颜色换成蓝色；或者把您的刺猬装扮成为一个穿着短裤和条纹套头衫的男孩；您甚至还可以为一只幸运的动物制作一整个衣柜可以替换的衣物。

本书中的样式专为您和您的朋友及家人设计，仅供私人使用。我迫不及待想看到您编织的动物朋友的照片！使用主题标签knitted animal friends与他人分享，这样我就可以欣赏到您的创作，您也可以欣赏到其他人的作品。

无论您选择编织哪种动物，希望您喜欢这个过程，并像我喜欢设计和制作动物织物一样珍惜您的动物朋友们。

工具和材料

编织线

棉线一直是我最喜欢用来制作玩偶的材料。我喜欢棉线的外观和触感，大多数人对它都不过敏，而且它非常坚固，经久耐用。

本书中的动物全部使用荷兰斯卡巴德石洗纱线（Scheepjes Stonewashed）编织而成，该纱线属于运动重纱，为78%棉和22%腈纶混纺纱。运动重纱比4合股（一般适用于3~4mm棒针的线）稍厚，但比DK线（一般适用于3.5~4.5mm棒针的线）薄，有时也称为5合股纱线。

本书中所有动物的服装都是使用斯卡巴德卡托纳（Scheepjes Catona）纱线和斯卡巴德卡托纳牛仔布（Scheepjes Catona Denim）纱线制成的，它们均为4合股重100%的棉纱。

尽管我建议使用上述纱线来获得与我的动物相同的外观和触感，但这些作品同样适用于使用其他运动重纱来编织，也可以使用其他4层纱线来编织着装。替换纱线时，您需要在线球绑带上寻找与推荐的密度、规格类似的纱线（有关线球绑带的信息，请参见下文）。

线球绑带信息

斯卡巴德石洗

Scheepjes Stonewashed

重量 / 码数

50g（13/4 oz）=130m（142yd）。

编织密度

24针，32行，10cm × 10cm（4 × 4in）大小，使用3~3.5mm（US 21/2~US 4）针。

斯卡巴德卡托纳

Scheepjes Catona。

重量 / 码数

50g（13/4 oz）=125m（137yd），25g（1oz）=62（68yd），10g（1/4oz）= 25m（27yd）。

编织密度

26针，36行，10cm × 10cm（4 × 4in）大小，使用2.75~3.5mm（US 2~US 4）针。

斯卡巴德卡托纳牛仔布

Scheepjes Catona Denim。

重量 / 码数

50g（1/4oz）=125m（137yd）。

编织密度

26针，36行，10cm × 10cm（4 × 4in）大小，使用3mm（US 2 1/2）针。

编织针

用棒针把动物织成扁平的形状，我很喜欢这种结构，因为它使得嵌花和填充更为容易。您需要一副2.75mm（US 2）棒针编织动物，选择3~3.5mm（US 21/2~US 4）的针编织动物的服装（参见样式图案），但您可能会发现需要调整针的尺寸以实现正确的密度、规格。

服装大多采用圈织，我更喜欢使用23cm（9in）环形针来编织这些小的服装部件，用一套4根双尖头编织针来编织袖子，用一对棒针做往返针的编织。不过您可以使用任何一种您觉得最舒服的编织方式（魔术环形针，两根环形针，双尖头编织针）。

扣子

制作动物的眼睛，我用了直径10mm（1/2 in）的纽扣。制作动物的服装，您可以使用直径约6~9mm（1/4~3/8 in）的任意纽扣。我在服装上使用的小纽扣是6mm（1/4 in），稍大一点的木质纽扣大约9mm（3/8in）。

请注意，如果使用直径为6mm（1/4in）的纽扣，您可能需要稍

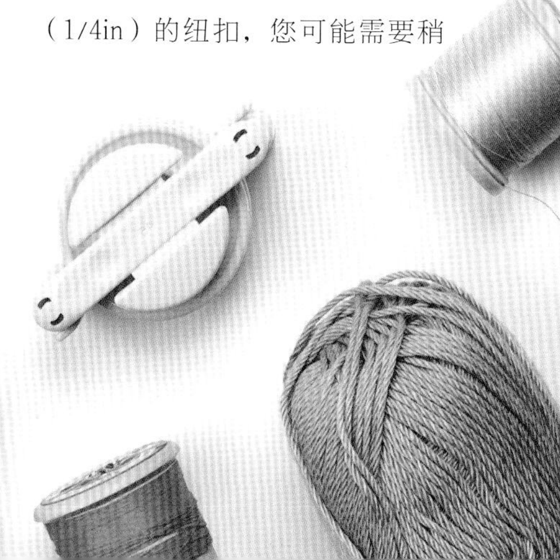

微收紧扣眼(请参阅“注意事项”)。安全说明：请勿在3岁以下的儿童玩具上使用玩具假眼、纽扣、珠子或玻璃眼，以防止潜在的窒息危险。

填充

我推荐您使用合成高膨聚酯玩具填充材料来填充这些动物。这样制作的动物既可爱又柔软，定型持久，可以手洗或者冷水轻柔机洗。填充动物时，请使用小碎片，在手上滚动和摆弄动物身体的各个部分，使其均匀填充，并确保外形光滑平整。使用挂毯手工缝纫钝针，小心地在针脚缝隙插入织物，以消除任何不平整的肿块部分。

基本套件

除了在样式图案中的“您需要准备”列表里的物品之外，您还需要下列物品来完成这些动物及其服装。

以下是基本指南

- 麻花针
- 挂毯手工缝纫针
- 针织夹子
- 针脚标记
- 可移动的编织针计数器
- 回丝纱线
- 缝纫针和线
- 长缝纫针
- 剪刀
- 玩具填充物
- 别针

洗涤

如果使用推荐的纱线制成玩具，并使用合成绒毛玩具填充物，这些动物可以手洗或者冷水轻柔机洗。我建议在其变干之前，趁湿整理动物及其服装的外形。

小贴士

在每一个玩偶作品“您需要准备”的列表中列出的编织针，都是我曾用来编织动物及其服装的。但是作为最低限度，您也可以只使用一对2.75mm（US2），3mm（US 2 1/2）和3.5mm（US 4）棒针，一套4根3mm（US 2 1/2）和4根3.5mm（US 4）双尖头编织针。

缩略语

C3B 滑 2 针到麻花针上，并保持在织物后面，织 1 针正针，从麻花针上织 2 针正针

C3F 滑 1 针到麻花针上，并保持在织物前面，织 2 针正针，从麻花针上织 1 针正针

C4B 滑 2 针到麻花针上，并保持在织物后面，织 2 针正针，从麻花针上织 2 针正针

C4F 滑 2 针到麻花针上，并保持在织物前面，织 2 针正针，从麻花针上织 2 针正针

CDD 中间减 2 针，以正针方式一起滑 2 针，织 1 针正针，把滑掉的 2 针越过刚才织的这针正针

CN 麻花针

dpn(s) 双尖头编织针

K 正针（也称作下针）

K2tog 2 针正针并为 1 针（减 1 针）

K3tog 3 针正针并为 1 针（减 2 针）

Kfb 在同一个线圈里织 2 针正针（扭加针）：从线圈的前面织 1 针正针，再从线圈的后面织 1 针正针

kw 以正针的方式

LH 左手

M1 加 1 针：用左手针从前向后入针挑起 2 针之间的横线，从线圈的后面织正针

m1a 带 1 针（也称作卷加针）：用右手拇指向后向下缠 1 个线圈，再回到纱线的前面。把线圈套在右手的针上

m1l 左加 1 针：用左手针从前向后入针挑起 2 针之间的横线，从线圈的后面织正针

m1pl 左加 1 针反针：用左手针从前向后入针挑起 2 针之间的横线，从线圈的后面织反针

m1pr 右加 1 针反针：用左手针从后向前入针挑起 2 针之间的横线，从线圈的前面织反针

m1r 右加 1 针：用左手针从后向前入针挑起 2 针之间的横线，从线圈的前面织正针

P 反针（也称作上针）

P2tog 2 针反针并为 1 针（减 1 针）

P3tog 3 针反针并为 1 针（减 2 针）

PCDD 反针中间减 2 针：以正针方式滑 1 针，再以正针方式滑 1 针，把滑掉的 2 针放回左手针上，通过后面的线圈一起滑 2 针，并把它们再放回左手针上。把这 3 针并为 1 针反针

Pfb 在同一个线圈里织 2 针反针，从线圈的前面织 1 针反针，再从线圈的后面织 1 针反针

pm 放置针织标记

PSSO 越过滑针

RH 右手

Rnd(s) 圈

rpt 重复

rs 右边

sl1 以反针方式滑 1 针

sm 滑针标记

SSK 一次以正针方式滑 2 针，穿过后面线圈正针织在一起

SSP 一次以正针方式滑 2 针，穿过后面线圈反针织在一起

SSSK 一次以正针方式滑 3 针，穿过后面线圈正针织在一起

SSSP 一次以正针方式滑 3 针，穿过后面线圈反针织在一起

St(s) 针、针脚、线迹

Stocking stitch 正面所有针织正针，反面所有针织反针

缝合

ws 反面

wyib 将线放在织物后面

wyif 将线放在织物前面

YO 空针 / 挂线

注意事项

为了避免可能出现的混乱，最好的方法是一开始就做得准确无误，同时也要了解编织一种图案可能会用到的特定技术方面最先进的知识。在您开始编织之前，请务必阅读以下说明，它们适用于所有的样式图案，说它们重要并非是没有根据的！

成品尺寸

所有动物的身高约为 40cm（16in）（不包括耳朵）。

编织密度（针数）

动物图案 =29 针，47 行，10cm×10cm（4×4in），正面所有针织正针，反面所有针织反针，使用 2.75mm（US 2）编织针。

服装图案 =26 针，36 行，10cm×10cm（4×4in），正面所有针织正针，反面所有针织反针，使用 3.5mm（US 4）编织针。

对于所有样式图案

使用长尾起针法（一般起针法）（参阅“技术：起针与针法”）。起针和收针时，留长线尾，以便把各部分缝合在一起。这将使您在缝制动物及其服装时更加轻松。

- 使用气垫针缝合缝隙（参阅“技术：起针与针法”）（另据说明除外），一边缝一边把两端织到一起。
- 使用嵌花技术（参阅“技术：配色”）进行换行变线操作；同一行内的不同纱线的颜色在括号中标注：（A）= 使用纱线 A，（B）= 使用纱线 B。
- 如果您发现动物头部中间增加的针脚太紧，在这一行下面中心进行正针或反针编织时，将纱线绕针缠绕两次，在下一行进行第一个中间加针之前，将多缠的一圈卸掉。
- 请记住，如果在动物的衣服上使用直径为 6mm 的纽扣（1/4in），您可能需要使扣眼更紧一点。为此，不要对扣眼使用空针；相反，在下一行，当您织到假设空针应该出现的位置时，在针脚间拾起线圈（从前到后），然后穿过前面的线圈编织。用针脚标记空针应该出现的位置，这样您就不会忘记在下一行拾起线圈了。

通用的身体各部分

所有动物的大小和形状均为标准的、通用的，大多数动物具有相同的基本躯干、手臂和腿。书中给出了这些身体各个部位的标准尺寸，并在整本书中进行了引用。对每种动物的详细指南都提供了纱线细节和图案样式变动的说明，可以随意混合搭配不同样式风格的身体各个部分，并改变颜色以创作自己的独特动物！

在开始编织之前，请您阅读本书开头部分的“注意事项”

身体躯干

单色（图1）

使用纱线A和2.75mm的棒针，起针8针。

从底部开始：

第1行（反面）： 反针。

第2行：（1针正针，加1针）织到剩余1个针脚，1针正针。（15针）

第3行： 反针。

第4行：（2针正针，加1针）织到剩余1个针脚，1针正针。（22针）

第5行： 反针。

第6行：（3针正针，加1针）织到剩余1个针脚，1针正针。（29针）

第7行： 反针。

第8行：（4针正针，加1针）织到剩余1个针脚，1针正针。（36针）

第9行： 反针。

第10行：（5针正针，加1针）织到剩余1个针脚，1针正针。（43针）

第11行： 反针。

第12行：（6针正针，加1针）织到剩余1个针脚，1针正针。（50针）

第13行： 反针。

第14行：（7针正针，加1针）织到剩余1个针脚，1针正针。（57针）

第15行： 反针。

第16行：（8针正针，加1针）织到剩余1个针脚，1针正针。（64针）

第17行： 20针反针，10针正针，4针反针，10针正针，20针反针。

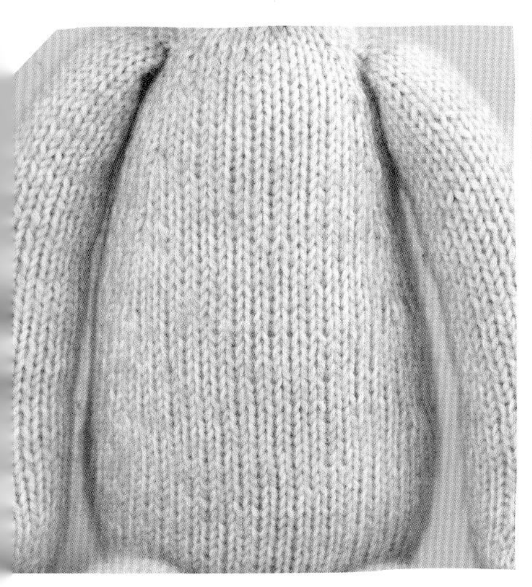

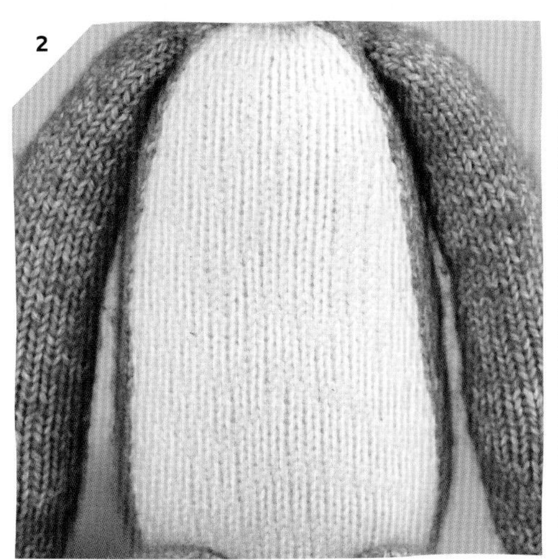

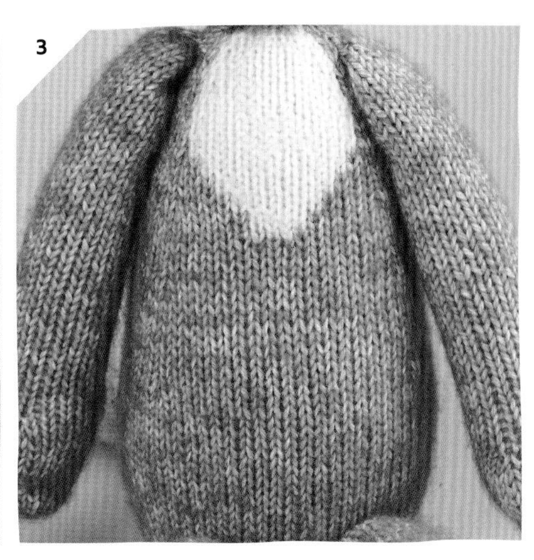

（此行的正针标记腿的位置。）

第 18~37 行：正面所有针织正针，反面所有针织反针，20 行。

第 38 行：1 针正针，2 针正针并为 1 针，17 针正针，中间减 2 针，18 针正针，中间减 2 针，17 针正针，以正针方式滑 2 针，穿过后面线圈正针织在一起，1 针正针。（58 针）

第 39~47 行：正面所有针织正针，反面所有针织反针，9 行。

第 48 行：1 针正针，2 针正针并为 1 针，15 针正针，中间减 2 针，16 针正针，中间减 2 针，15 针正针，以正针方式滑 2 针，穿过后面线圈正针织在一起，1 针正针。（52 针）

第 49~55 行：正面所有针织正针，反面所有针织反针，7 行。

第 56 行：1 针正针，2 针正针并为 1 针，13 针正针，中间减 2 针，14 针正针，中间减 2 针，13 针正针，以正针方式滑 2 针，穿过后面线圈正针织在一起，1 针正针。（46 针）

第 57~61 行：正面所有针织正针，反面所有针织反针，5 行。

第 62 行：1 针正针，2 针正针并为 1 针，11 针正针，中间减 2 针，12 针正针，中间减 2 针，11 针正针，以正针方式滑 2 针，穿过后面线圈正针织在一起，1 针正针。（40 针）

第 63~67 行：正面所有针织正针，反面所有针织反针，5 行。

第 68 行：1 针正针，2 针正针并为 1 针，9 针正针，中间减 2 针，10 针正针，中间减 2 针，9 针正针，以正针方式滑 2 针，穿过后面线圈正针织在一起，1 针正针。（34 针）

第 69~71 行：正面所有针织正针，反面所有针织反针，3 行。

第 72 行：1 针正针，2 针正针并为 1 针，7 针正针，中间减 2 针，8 针正针，中间减 2 针，7 针正针，以正针方式滑 2 针，穿过后面线圈正针织在一起，1 针正针。（28 针）

第 73~75 行：正面所有针织正针，反面所有针织反针，3 行。

第 76 行：（1 针正针，2 针正针并为 1 针）织到剩余 1 个针脚，1 针正针。（19 针）

第 77 行：反针。

第 78 行：2 针正针并为 1 针，织到剩余 1 个针脚，1 针正针。（10 针）

第 79 行：反针。

剪断纱线，留长线尾。使用挂毯手工缝纫针，将线尾从针的左侧穿过针脚，然后拉紧收拢针脚。

前后不同色（图 2）

使用纱线 A 和 2.75mm 棒针，起针 8 针。

第 1~17 行：与单色身体躯干第 1~17 行相同。

使用嵌花技术（参阅“技术：配色”）换行变线。一行当中不同的纱线颜色在括号中标注。（A）= 纱线 A，（B）= 纱线 B。

第 18 行：（A）21 针正针，（B）22 针正针，（A）21 针正针。

第 19 行：（A）21 针反针，（B）22 针反针，（A）21 针反针。

第 20~37 行：重复 9 次前面的最后 2 行。

第 38 行：（A）1 针正针，2 针正针并为 1 针，16 针正针，2 针正针并为 1 针，（B）以正针方式滑 2 针，穿过后面线圈正针织在一起，18 针正针，2 针正针并为 1 针，（A）以正针方式滑 2 针，穿过后面线圈正针织在一起，16 针正针，以正针方式滑 2 针，穿过后面线圈正针织在一起，1 针正针。（58 针）

第 39 行：（A）19 针反针，（B）20 针反针，（A）19 针反针。

第 40 行：（A）19 针正针，（B）20 针正针，（A）19 针正针。

第 41~47 行：重复 3 次前面的最后 2 行，然后再重复 1 次第 39 行。

第 48 行：（A）1 针正针，2 针正针并为 1 针，14 针正针，2 针正针并为 1 针，（B）以正针方式滑 2 针，穿过后面线圈正针织在一起，

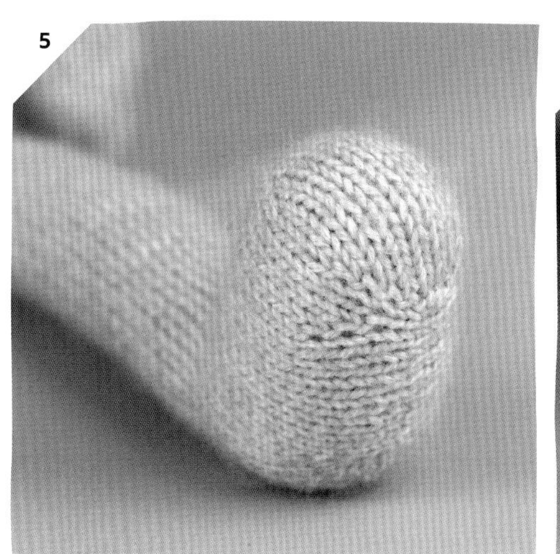
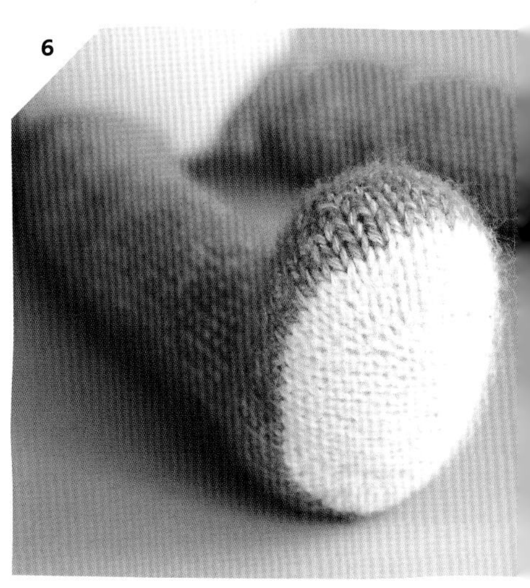

16针正针，2针正针并为1针，（A）以正针方式滑2针，穿过后面线圈正针织在一起，14针正针，以正针方式滑2针，穿过后面线圈正针织在一起，1针正针。（52针）

第49行：（A）17针反针，（B）18针反针，（A）17针反针。

第50行：（A）17针正针，（B）18针正针，（A）17针正针。

第51~55行：重复3次前面的最后2行，然后再重复1次第49行。

第56行：（A）1针正针，2针正针并为1针，12针正针，2针正针并为1针，（B）以正针方式滑2针，穿过后面线圈正针织在一起，14针正针，2针正针并为1针，（A）以正针方式滑2针，穿过后面线圈正针织在一起，12针正针，以正针方式滑2针，穿过后面线圈正针织在一起，1针正针。（46针）

第57行：（A）15针反针，（B）16针反针，（A）15针反针。

第58行：（A）15针正针，（B）16针正针，（A）15针正针。

第59~61行：重复1次前面的最后2行，然后再重复1次第57行。

第62行：（A）1针正针，2针正针并为1针，10针正针，2针正针并为1针，（B）以正针方式滑2针，穿过后面线圈正针织在一起，12针正针，2针正针并为1针，（A）以正针方式滑2针，穿过后面线圈正针织在一起，10针正针，以正针方式滑2针，穿过后面线圈正针织在一起，1针正针。（40针）

第63行：（A）13针反针，（B）14针反针，（A）13针反针。

第64行：（A）13针正针，（B）14针正针，（A）13针正针。

第65~67行：重复1次前面的最后2行，然后再重复1次第63行。

第68行：（A）1针正针，2针正针并为1针，8针正针，2针正针并为1针，（B）以正针方式滑2针，穿过后面线圈正针织在一起，10针正针，2针正针并为1针，（A）以正针方式滑2针，穿过后面线圈正针织在一起，8针正针，以正针方式滑2针，穿过后面线圈正针织在一起，1针正针。（34针）

第69行：（A）11针反针，（B）12针反针，（A）11针反针。

第70行：（A）11针正针，（B）12针正针，（A）11针正针。

第71行：（A）11针反针，（B）12针反针，（A）11针反针。

第72行：（A）1针正针，2针正针并为1针，6针正针，2针正针并为1针，（B）以正针方式滑2针，穿过后面线圈正针织在一起，8针正针，2针正针并为1针，（A）以正针方式滑2针，穿过后面线圈正针织在一起，6针正针，以正针方式滑2针，穿过后面线圈正针织在一起，1针正针。（28针）

第73行：（A）9针反针，（B）10针反针，（A）9针反针。

第74行：（A）9针正针，（B）10针正针，（A）9针正针。

第75行：（A）9针反针，（B）10针反针，（A）9针反针。

第76行：（A）（1针正针，2针正针并为1针）3次，（B）（1针正针，2针正针并为1针）3次，1针正针，（A）（2针正针并为1针，1针正针）3次。（19针）

第77行：（A）6针反针，（B）7针反针，（A）6针反针。

仅用纱线A继续编织。

第78行：2针正针并为1针，织到剩余1个针脚，1针正针。（10针）

第79行：反针。

剪断纱线，留长线尾。使用挂毯手工缝纫针，将线尾从针的左侧穿过针脚，然后拉紧收拢针脚。

胸部带花纹（图3）

使用纱A和2.75mm棒针，起针8针。

第1~48行：与身体躯干—单色的

第1~48行相同。

第49~51行：正面所有针织正针，反面所有针织反针，3行。

使用嵌花技术（参阅“技术：配色”）换行变线。一行当中不同的纱线颜色在括号中标注。（A）=纱线A，（B）=纱线B。

第52行：（A）25针正针，（B）2针正针，（A）25针正针。

第53行：（A）24针反针，（B）4针反针，（A）24针反针。

第54行：（A）24针正针，（B）4针正针，（A）24针正针。

第55行：（A）23针反针，（B）6针反针，（A）23针反针。

第56行：（A）1针正针，2针正针并为1针，13针正针，中间减2针，4针正针，（B）6针正针，（A）4针正针，中间减2针，13针正针，以正针方式滑2针，穿过后面线圈正针织在一起，1针正针。（46针）

第57行：（A）19针反针，（B）8针反针，（A）19针反针。

第58行：（A）19针正针，（B）8针正针，（A）19针正针。

第59行：（A）18针反针，（B）10针反针，（A）18针反针。

第60行：（A）18针正针，（B）10针正针，（A）18针正针。

第61行：（A）17针反针，（B）12针反针，（A）17针反针。

第62行：（A）1针正针，2针正针并为1针，11针正针，中间减2针，（B）12针正针，（A）中间减2针，11针正针，以正针方式滑2针，穿过后面线圈正针织在一起，1针正针。（40针）

第63行：（A）14针反针，（B）12针反针，（A）14针反针。

第64行：（A）14针正针，（B）12针正针，（A）14针正针。

第65~67行：重复1次前面的最后2行，然后再重复1次第63行。

第68行：（A）1针正针，2针正针并为1针，9针正针，2针正针并为1针，（B）以正针方式滑2针，穿过后面线圈正针织在一起，8针正针，2针正针并为1针，（A）以正针方式滑2针，穿过后面线圈正针织在一起，9针正针，以正针方式滑2针，穿过后面线圈正针织在一起，1针正针。（34针）

第69行：（A）12针反针，（B）10针反针，（A）12针反针。

第70行：（A）12针正针，（B）10针正针，（A）12针正针。

第71行：（A）12针反针，（B）10针反针，（A）12针反针。

第72行：（A）1针正针，2针正针并为1针，7针正针，2针正针并为1针，（B）以正针方式滑2针，穿过后面线圈正针织在一起，6针正针，2针正针并为1针，（A）以正针方式滑2针，穿过后面线圈正针织在一起，7针正针，以正针方式滑2针，穿过后面线圈正针织在一起，1针正针。（28针）

第73行：（A）10针反针，（B）8针反针，（A）10针反针。

第74行：（A）10针正针，（B）8针正针，（A）10针正针。

第75行：（A）10针反针，（B）8针反针，（A）10针反针。

第76行：（A）（1针正针，2针正针并为1针）3次，1针正针，（B）（2针正针并为1针，1针正针）2次，2针正针并为1针，（A）（1针正针，2针正针并为1针）3次，1针正针。（19针）

第77行：（A）7针反针，（B）5针反针，（A）7针反针。

仅用纱线A继续编织。

第78行：2针正针并为1针，织到剩余1个针脚，1针正针。（10针）

第79行：反针。

剪断纱线，留长线尾。使用挂毯手工缝纫针，线尾从针的左侧穿过针脚，然后拉紧收拢针脚。

小块拼色（图4）

使用纱线A和2.75mm棒针，起针8针。

第1~29行：与标准身体躯干一单色的第1~29行相同。

使用嵌花技术（参阅“技术：配色”）换行变线。一行当中不同的纱线颜色在括号中标注。（A）=纱线A，（B）=纱线B。

第30行：（A）7针正针，（B）7针正针，（A）50针正针。

第31行：（A）48针反针，（B）10针反针，（A）6针反针。

第32行：（A）5针正针，（B）12针正针，（A）47针正针。

第33行：（A）46针反针，（B）13针反针，（A）5针反针。

第34行：（A）5针正针，（B）13针正针，（A）46针正针。

第35行：（A）45针反针，（B）15针反针，（A）4针反针。

第36行：（A）4针正针，（B）15针正针，（A）45针正针。

第37行：（A）45针反针，（B）15针反针，（A）4针反针。

第38行：（A）1针正针，2针正针并为1针，1针正针，（B）15针正针，（A）1针正针，中间减2针，18针正针，中间减2针，17针正针，以正针方式滑2针，穿过后面线圈正针织在一起，1针正针。（58针）

第39行：（A）41针反针，（B）14针反针，（A）3针反针。

第40行：（A）3针正针，（B）14针正针，（A）41针正针。

第41行：（A）40针反针，（B）15针反针，（A）3针反针。

第42行：（A）3针正针，（B）15针正针，（A）40针正针。

第43行：（A）40针反针，（B）

14针反针，（A）4针反针。

第44行：（A）4针正针，（B）14针正针，（A）40针正针。

第45行：（A）40针反针，（B）14针反针，（A）4针反针。

第46行：（A）3针正针，（B）15针正针，（A）40针正针。

第47行：（A）41针反针，（B）14针反针，（A）3针反针。

第48行：（A）1针正针，2针正针并为1针，（B）14针正针，（A）1针正针，中间减2针，16针正针，中间减2针，15针正针，以正针方式滑2针，穿过后面线圈正针织在一起，1针正针。（52针）

第49行：（A）37针反针，（B）13针反针，（A）2针反针。

第50行：（A）2针正针，（B）10针正针，（A）40针正针。

第51行：（A）41针反针，（B）9针反针，（A）2针反针。

第52行：（A）2针正针，（B）9针正针，（A）41针正针。

第53行：（A）41针反针，（B）9针反针，（A）2针反针。

第54行：（A）3针正针，（B）7针正针，（A）42针正针。

第55~79行：与身体躯干—单色的第55~79行相同。

剪断纱线，留长线尾。使用挂毯手工缝纫针，将线尾从针的左侧穿过针脚，然后拉紧收拢针脚。

手臂（制作两只手臂）

使用纱线A和2.75mm棒针，起针14针。

第1行（反面）：反针。

第2行：1针正针，（加1针，2针正针）6次，加1针，1针正针。（21针）

第3~47行：正面所有针织正针，反面所有针织反针，45行。

第48行：10针正针，右加1针，1针正针，左加1针，10针正针。（23针）

第49行：反针。

第50行：11针正针，右加1针，1针正针，左加1针，11针正针。（25针）

第51~55行：正面所有针织正针，反面所有针织反针，5行。

第56行：7针正针，2针正针并为1针（2次），中间减2针，（以正针方式滑2针，穿过后面线圈正针织在一起）2次，7针正针。（19针）

第57~61行：正面所有针织正针，反面所有针织反针，5行。

第62行：1针正针，2针正针并为1针（4次），1针正针，（以正针方式滑2针，穿过后面线圈正针织在一起）4次，1针正针。（11针）

第63行：反针。

剪断纱线，留长线尾。使用挂毯手工缝纫针，将线尾从针的左侧穿过针脚，然后拉紧收拢针脚。

腿（制作两条腿）

单色（图5）

使用纱线A和2.75mm棒针，起针20针。

第1行（反面）：反针。

第2行：1针正针，加1针，6针正针，（2针正针，加1针）2次，8针正针，加1针，1针正针。（24针）

第3行：反针。

第4行：（1针正针，加1针）2次，6针正针，（1针正针，加1针）2次，3针正针，（1针正针，加1针）2次，6针正针，（1针正针，加1针）2次，1针正针。（32针）

第5行：反针。

第6行：（2针正针，加1针）2次，5针正针，（2针正针，加1针）2次，4针正针，（2针正针，加1针）2次，5针正针，（2针正针，加1针）2次，2针正针。（40针）

第7行：反针。

第8行：（3针正针，加1针）2次，4针正针，（3针正针，加1针）2次，5针正针，（3针正针，加1针）2次，4针正针，（3针正针，加1针）2次，3针正针。（48针）

第9~13行：正面所有针织正针，反面所有针织反针，5行。

第14行：19针正针，以正针方式滑2针，穿过后面线圈正针织在一起，6针正针，2针正针并为1针，19针正针。（46针）

第15行：反针。

第16行：19针正针，以正针方式滑2针，穿过后面线圈正针织在一起，4针正针，2针正针并为1针，19针正针。（44针）

第17行：反针。

第18行：19针正针，以正针方式滑2针，穿过后面线圈正针织在一起，2针正针，2针正针并为1针，19针正针。（42针）

第19行：反针。

第20行：11针正针，（8针正针，以正针方式滑2针，穿过后面线圈正针织在一起，2针正针并为1针，8针正针），同时一边织一边将这18针收针，正针织到结尾。（22针）

第21行：10针反针，2针反针并为1针，10针反针。（21针）

第22~89行：正面所有针织正针，反面所有针织反针，68行。

收针。

不同色彩的脚掌（图6）

与标准腿单色织法一样，但是要用纱线B起针，并编织1~8行，然后用纱线A编织剩余的部分。

动物 THE ANIMALS

爱犬乔治

穿着冒险装扮，乔治的口袋里装满了狗粮，他的脖子上系着围巾，可以接住他兴奋时流出的口水。他穿着那条他最爱的牛仔裤和条纹毛衣，已经做好了一切准备！

您需要准备

编织乔治的身体需要准备

斯卡巴德石洗（Scheepjes Stonewashed）纱线（50g/130m；78% 棉/22%丙烯酸纤维）颜色如下：

- 纱线A乳白色（月亮石801）2团
- 纱线B黑色（黑玛瑙803）1团

2.75mm（美国2）棒针

玩具填充物

2mm×10mm（1/2in）的纽扣

少许4合股纱线，用于手绣鼻子

编织乔治的装束需要准备

斯卡巴德卡托纳（Scheepjes Catona）纱线（10g/25m，25g/62m或者50g/125m；100%棉）颜色如下：

- 纱线A浅灰色（浅银172）1×25g/团
- 纱线B乳白色（老花边130）1×25g/团
- 纱线C深红色（紫檀258）1×10g/团

斯卡巴德卡托纳牛仔布（Scheepjes Catona Denim）纱线（50g/125m;100% 棉）颜色如下：

- 纱线D牛仔蓝（深蓝米克斯150）1×50g团

3mm（美国2 1/2）棒针

3mm（美国2 1/2）环形针（23cm/9in长）

一套4根3mm（美国2 1/2）双尖头编织针

3.5mm（美国4）棒针

3.5mm（美国4）环形针（23cm/9in长）

一套4根3.5mm（美国4）双尖头编织针

麻花针

回丝纱线

7个小纽扣

在开始编织之前，请您阅读本书开头部分的“注意事项”

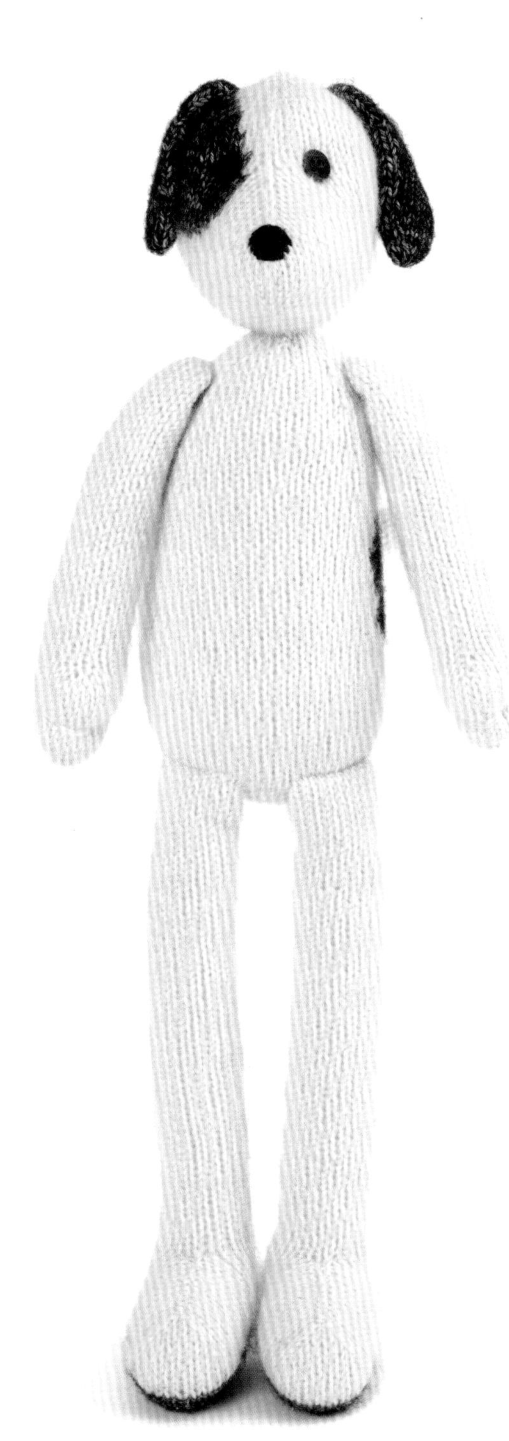

狗各部位的花样图案

头

从颈部开始：

使用纱线 A，2.75mm 棒针，起针 11 针。

第 1 行（反面）：反针。

第 2 行：（1 针正针，加 1 针）织到剩余 1 个针脚，1 针正针。（21 针）

第 3 行：反针。

第 4 行：（2 针正针，加 1 针）织到剩余 1 个针脚，1 针正针。（31 针）

第 5 行：反针。

第 6 行：（1 针正针，左加 1 针，14 针正针，右加 1 针）2 次，1 针正针。（35 针）

第 7 行：反针。

第 8 行：（1 针正针，左加 1 针，16 针正针，右加 1 针）2 次，1 针正针。（39 针）

第 9 行：19 针反针，左加 1 针反针，1 针反针，右加 1 针反针，19 针反针。（41 针）

第 10 行：（1 针正针，左加 1 针，19 针正针，右加 1 针）2 次，1 针正针。（45 针）

第 11 行：22 针反针，左加 1 针反针，1 针反针，右加 1 针反针，22 针反针。（47 针）

第 12 行：（1 针正针，左加 1 针，22 针正针，右加 1 针）2 次，1 针正针。（51 针）

第 13 行：25 针反针，左加 1 针反针，1 针反针，右加 1 针反针，25 针反针。（53 针）

第 14 行：26 针正针，右加 1 针，1 针正针，左加 1 针，26 针正针。（55 针）

第 15 行：反针。

第 16 行：（1 针正针，左加 1 针，26 针正针，右加 1 针）2 次，1 针正针。（59 针）

第 17 行：反针。

第 18 行：（A）29 针正针，滑 1 针，12 针正针，（B）6 针正针，（A）11 针正针。

第 19 行：（A）10 针反针，（B）9 针反针，（A）40 针反针。

第 20 行：（A）29 针正针，滑 1 针，9 针正针，（B）11 针正针，（A）9 针正针。

第 21 行：（A）9 针反针，（B）11 针反针，（A）39 针反针。

第 22 行：（A）29 针正针，滑 1 针，8 针正针，（B）13 针正针，（A）8 针正针。

第 23 行：（A）8 针反针，（B）13 针反针，（A）7 针反针，反针中间减 2 针，28 针反针。（57 针）

第 24 行：（A）27 针正针，中间减 2 针，6 针正针，（B）14 针正针，（A）7 针正针。（55 针）

第 25 行：（A）7 针反针，（B）14 针反针，（A）5 针反针，反针中间减 2 针，26 针反针。（53 针）

第 26 行：（A）25 针正针，中间减 2 针，4 针正针，（B）14 针正针，（A）7 针正针。（51 针）

第 27 行：（A）7 针反针，（B）14 针反针，（A）3 针反针，反针中间减 2 针，24 针反针。（49 针）

第 28 行：（A）1 针正针，2 针正针并为 1 针，20 针正针，中间减 2 针，3 针正针，（B）13 针正针，（A）4 针正针，一次以正针方式滑 2 针，穿过后面线圈正针织在一起，1 针正针。（45 针）

第 29 行：（A）6 针反针，（B）

13针反针，（A）2针反针，反针中间减2针，21针反针。（43针）

第30行：（A）20针正针，中间减2针，1针正针，（B）13针正针，（A）6针正针。（41针）

第31行：（A）6针反针，（B）12针反针，（A）23针反针。

第32行：（A）1针正针，2针正针并为1针，17针正针，滑1针，2针正针，（B）12针正针，（A）3针正针，一次以正针方式滑2针，穿过后面线圈正针织在一起，1针正针。（39针）

第33行：（A）5针反针，（B）12针反针，（A）22针反针。

第34行：（A）19针正针，滑1针，3针正针，（B）11针正针，（A）5针正针。

第35行：（A）5针反针，（B）11针反针，（A）23针反针。

第36行：（A）1针正针，2针正针并为1针，16针正针，滑1针，3针正针，（B）11针正针，（A）2针正针，一次以正针方式滑2针，穿过后面线圈正针织在一起，1针正针。（37针）

第37行：（A）4针反针，（B）10针反针，（A）23针反针。

第38行：（A）18针正针，滑1针，5针正针，（B）8针正针，（A）5针正针。

仅用纱线A继续编织。

第39行：反针。

第40行：1针正针，2针正针并为1针，3针正针，2针正针并为1针（4次），3针正针，中间减2针，3针正针，（一次以正针方式滑2针，穿过后面线圈正针织在一起）4次，3针正针，一次以正针方式滑2针，穿过后面线圈正针织在一起，1针正针。（25针）

第41行：反针。

第42行：1针正针，2针正针并为1针（5次），中间减2针，（一次以正针方式滑2针，穿过后面线圈正针织在一起）5次，1针正针。（13针）

第43行：反针。

收针。

耳朵（制作两只耳朵）

使用纱线B，2.75mm棒针，起针31针。

第1行（反面）：反针。

第2~7行：正面所有针织正针，反面所有针织反针，6行。

第8行：（6针正针，2针正针并为1针，一次以正针方式滑2针，穿过后面线圈正针织在一起，5针正针）2次，1针正针。（27针）

第9~11行：正面所有针织正针，反面所有针织反针，3行。

第12行：（5针正针，2针正针并为1针，一次以正针方式滑2针，穿过后面线圈正针织在一起，4针正针）2次，1针正针。（23针）

第13~15行：正面所有针织正针，反面所有针织反针，3行。

第16行：（4针正针，2针正针并为1针，一次以正针方式滑2针，穿过后面线圈正针织在一起，3针正针）2次，1针正针。（19针）

第17~19行：正面所有针织正针，反面所有针织反针，3行。

第20行：（3针正针，2针正针并为1针，以正针方式滑2针，穿过后面线圈正针织在一起，2针正针）2次，1针正针。（15针）

第21~23行：正面所有针织正针，

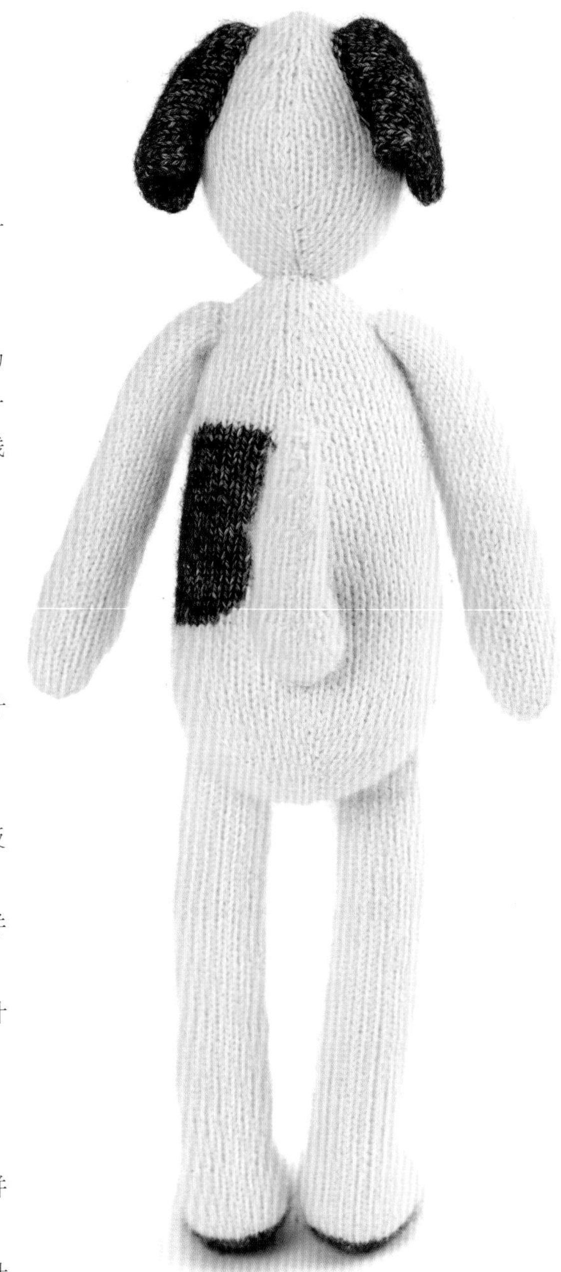

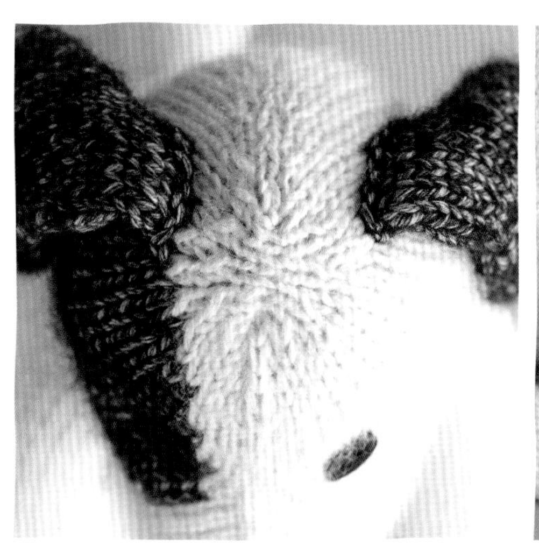

反面所有针织反针，3 行。

第 24 行：（2 针正针，2 针正针并为 1 针，以正针方式滑 2 针，穿过后面线圈正针织在一起，1 针正针）2 次，1 针正针。（11 针）

第 25 行：反针。

第 26 行：（1 针正针，2 针正针并为 1 针，一次以正针方式滑 2 针，穿过后面线圈正针织在一起）2 次，1 针正针。（7 针）

剪断纱线，留长线尾。使用挂毯手工缝纫针，将线尾从针的左侧穿过针脚，然后拉紧收拢针脚。

尾巴

使用纱线 A，2.75mm 棒针，起针 18 针。

第 1 行（反面）：反针。

第 2~7 行：正面所有针织正针，反面所有针织反针，6 行。

第 8 行：1 针正针，2 针正针并为 1 针，12 针正针，以正针方式滑 2 针，穿过后面线圈正针织在一起，1 针正针。（16 针）

第 9~15 行：正面所有针织正针，反面所有针织反针，7 行。

第 16 行：1 针正针，2 针正针并为 1 针，10 针正针，以正针方式滑 2 针，穿过后面线圈正针织在一起，1 针正针。（14 针）

第 17~31 行：正面所有针织正针，反面所有针织反针，15 行。

第 32 行：1 针正针，2 针正针并为 1 针，8 针正针，以正针方式滑 2 针，穿过后面线圈正针织在一起，1 针正针。（12 针）

第 33~37 行：正面所有针织正针，反面所有针织反针，5 行。

第 38 行：1 针正针，2 针正针并为 1 针，6 针正针，以正针方式滑 2 针，穿过后面线圈正针织在一起，1 针正针。（10 针）

第 39~41 行：正面所有针织正针，反面所有针织反针，3 行。

第 42 行：1 针正针，2 针正针并为 1 针，4 针正针，以正针方式滑 2 针，穿过后面线圈正针织在一起，1 针正针。（8 针）

第 43 行：反针。

第 44 行：1 针正针，2 针正针并为 1 针（2 次），以正针方式滑 2 针，穿过后面线圈正针织在一起，1 针正针。（5 针）

第 45 行：反针。

剪断纱线，留长线尾。使用挂毯手工缝纫针，将线尾从针的左侧穿过针脚，然后拉紧收拢针脚。

身体躯干

与“身体躯干—小块拼色”织法相同（参阅“通用的身体各部分”）。

手臂（制作两只手臂）

与“手臂”织法相同（参阅“通用的身体各部分”）。

腿（制作两条腿）

与“腿—不同色彩的脚掌”织法相同（参阅“通用的身体各部分”）。

合成

按照技术那一章节的要领操作（参阅“技术：合成你的动物”）。

服装的花样图案

条纹毛衣

这件毛衣是自上而下编织的，插肩袖，无接缝。上半部分是往返针，主体（前片和后片）和袖子用圈织针法。

使用纱线 A，3.5mm 棒针，起针 36 针。

第 1 行（反面）：反针。

第 2~4 行：正面所有针织正针，反面所有针织反针，3 行。

第 5 行：使用反针起针法起 3 针（参阅“技术：起针与针法”），9 针反针，放置针织标记，12 针反针，放置针织标记，6 针反针，放置针织标记，反针织到结尾。（39 针）

第 6 行：3 针反针，1 针正针，左加 1 针（正针织到标记物，右加 1 针，滑针标记，1 针正针，左加 1 针）3 次，正针织到剩余 4 个针脚，右加 1 针，1 针正针，3 针反针。（47 针）

从此处开始编织条纹：首先使用纱线 B 编织 2 行，再换成纱线 A 编

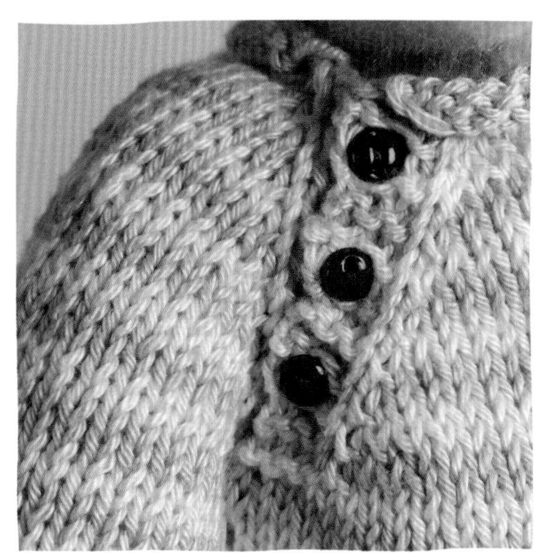

织2行，交替进行。

第7行（扣眼行）：反针编织直到剩余2个针脚，空针，2针反针并为1针。

第8行：3针反针，1针正针，左加1针，（正针织到标记物，右加1针，滑针标记，1针正针，左加1针）3次，正针织到剩余4个针脚，右加1针，1针正针，3针反针。（55针）

第9行：反针。

第10~12行：重复1次前面的最后2行，之后重复1次第8行。（71针）

第13行（扣眼行）：与第7行相同。

第14~18行：重复1次第8~12行。（95针）

第19行（扣眼行）：与第7行相同。

第20~23行：重复2次第8~9行。（111针）

第24行（扣眼行）：把针脚挪到3.5mm环形针上，3针反针，1针正针，左加1针，（正针织到标记物，右加1针，滑针标记，1针正针，左加1针）3次，正针织到剩余4个针脚，右加1针，1针正针，把剩余的3针滑到麻花针上（不用编织）。（119针）

连起来进行圈织

第25圈：把麻花针放在左手针前3针的后面，并标记为第1圈的起点，同时编织左手针和麻花针的第1针，接下来的2针重复同样操作，29针正针，滑针标记，1针正针（前片），把接下来的25针（不用编织）放到回丝纱线上（袖子），移除标记物，32针正针，移除标记物，1针正针（后片），把接下来的25针（不用编织）放到回丝纱线上（袖子）。（66针）

第26圈：1针正针，左加1针，正针织到标记物，右加1针，滑针标记，2针正针，左加1针，正针织到最后剩余1个针脚，右加1针，1针正针。（70针）

第27~29圈：正针织3圈。

第30~41圈：再重复3次第26~29圈。（82针）

第42~44圈：正针织3圈。

改用3mm环形针，并且使用纱线A。

第45圈：正针。

第46圈：反针。

第47~48圈：重复1次最后2圈。

收针。

袖子

从手臂下面开始编织，把一只袖子回丝纱线上的25针均匀整齐地滑到3根3.5mm双尖头编织针上，重新把线连接起来。

编织袖子的条纹：首先使用纱线A编织2行，再换成纱线B编织2行，交替进行。

使用第4根双尖头编织针开始这一圈的编织。

第1~3圈：正针织3圈。

第4圈：1针正针，左加1针，正针织到最后剩余1个针脚，右加1针，1针正针。（27针）

第5~11圈：正针织7圈。

第12圈：1针正针，左加1针，正针织到最后剩余1个针脚，右加1针，1针正针。（29针）

第13~20圈：正针织8圈。

改用一套3mm双尖头编织针，并且使用纱线A。

第21圈：正针。

第22圈：反针。

第23~24圈：重复1次最后2圈。

收针。

装扮

1. 如有必要，把袖子下面的洞洞用几针封闭上。
2. 整平毛衣。
3. 把纽扣缝在右侧，使其与扣眼相匹配。

牛仔裤

牛仔裤从上自下编织，除了口袋之外，没有接缝。口袋单独编织后，缝在裤子上。

牛仔裤的上半部分织往返针，后面留有钉纽扣的位置，并且多织一些短行来塑造臀围的大小。裤子的下半部分和腿部进行圈织。

使用纱线D，3mm棒针，起针52针。

第1行（反面）：正针。

第2行：正针。

第3行（扣眼行）：正针织到剩余3个针脚，2针正针并为1针，空针，1针正针。

第4~5行：正针织2行。

改用3.5mm棒针。

第6行：［1针正针，在同一个线圈里织2针正针（从线圈的前面织1针正针，再从线圈的后面织1针正针）］11次，在同一个线圈里织2针正针（3次），1针正针，在同一个线圈里织2针正针（4次），（1针正针，在同一个线圈里织2针正针）10次，2针正针。（80针）

第7行：2针正针，8针反针，翻面。

第8行：空针，正针织到结尾。

第9行：2针正针，8针反针，以正针方式滑2针，穿过后面线圈反针织在一起，2针反针，翻面。

第10行：空针，正针织到结尾。

第11行：2针正针，11针反针，以正针方式滑2针，穿过后面线圈反针织在一起，2针反针，翻面。

第12行：空针，正针织到结尾。

第13行：2针正针，14针反针，以正针方式滑2针，穿过后面线圈反针织在一起，2针反针，翻面。

第14行：空针，正针织到结尾。

第15行：2针正针，17针反针，以正针方式滑2针，穿过后面线圈反针织在一起，反针织到最后剩余2针，2针正针。

第16行：10针正针，翻面。

第17行：空针，反针织到最后剩余2个针脚，2针正针。

第18行：10针正针，2针正针并为1针，2针正针，翻面。

第19行（扣眼行）：空针，反针织到剩余3个针脚，2针反针并为1针，空针，1针正针。

第20行：13针正针，2针正针并为1针，2针正针，翻面。

第21行：空针，反针织到剩余2个针脚，2针正针。

第22行：16针正针，2针正针并为1针，2针正针，翻面。

第23行：空针，反针织到剩余2个针脚，2针正针。

第24行：19针正针，2针正针并为1针，正针织到结尾。

第25行：2针正针，反针织到剩余2个针脚，2针正针。

第26行：正针。

第27行（扣眼行）：2针正针，反针织到剩余3个针脚，2针反针并为1针，空针，1针正针。

第28行：正针。

第29行：2针正针，反针织到剩余2个针脚，2针正针。

第30~31行：重复1次前面的最后2行。

第32行：换成3.5mm环形针，正针织到最后剩余2个针脚，把最后2针滑到麻花针上（不用编织）。

连接在一起进行圈织

第33圈：把麻花针放在左手针前2针的后面，同时编织左手针和麻花针的第1针，并标记为第1圈的起点，接下来左手针的针脚与麻花针剩余的针脚一起进行编织，正针织到结尾。（78针）

第34~37圈：正针织4圈。

第38圈：1针正针，左加1针，正针织到最后剩余1个针脚，右加1针，1针正针。（80针）

第39~40圈：正针织2圈。

第41圈：1针正针，左加1针，正针织到最后剩余1个针脚，右加1针，1针正针。（82针）

第42圈：40针正针，右加1针，2针正针，左加1针，正针织到结尾。（84针）

第43圈：1针正针，左加1针，正针织到最后剩余1个针脚，右加1针，1针正针。（86针）

第44圈：正针。

第45圈：1针正针，左加1针，41针正针，右加1针，2针正针，左加1针，41针正针，右加1针，1针正针。（90针）

第46圈：正针。

第47圈：1针正针，左加1针，43针正针，右加1针，2针正针，左加1针，43针正针，右加1针，1针正针。（94针）

第48圈：正针。

分开织腿部

第49圈：47针正针（右腿），把接下来的47针（不用编织）放到回丝纱线上（左腿）。

右腿

第50~53圈：正针织4圈。

第54圈：以正针方式滑2针，穿过后面线圈正针织在一起，22针正针，2针正针并为1针，正针织到结尾。（45针）

第55~63圈：正针织9圈。

第64圈：以正针方式滑2针，穿过后面线圈正针织在一起，20针正针，2针正针并为1针，正针织到结尾。（43针）

第65~73圈：正针织9圈。

第74圈：以正针方式滑2针，穿过后面线圈正针织在一起，18针正针，2针正针并为1针，正针织到结尾。（41针）

第75~83圈：正针织9圈。

第84圈：以正针方式滑2针，穿过后面线圈正针织在一起，18针正针，2针正针并为1针，正针织到结尾。（39针）

第85~97圈：正针织13圈。

换成3mm环形针。

第98圈：正针。

第99圈：反针。

第100~103圈：重复2次前面的最后2圈。

收针。

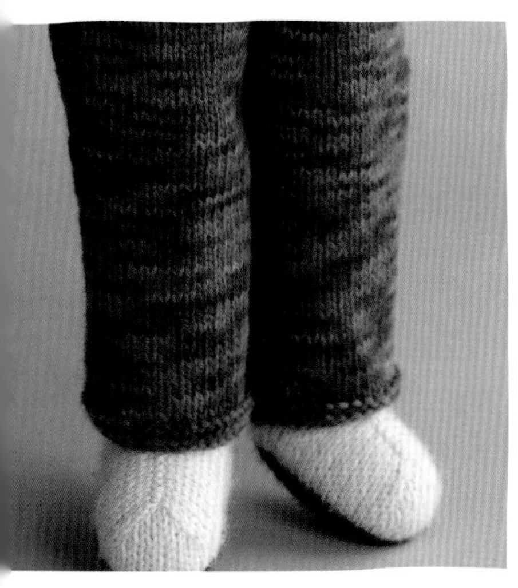
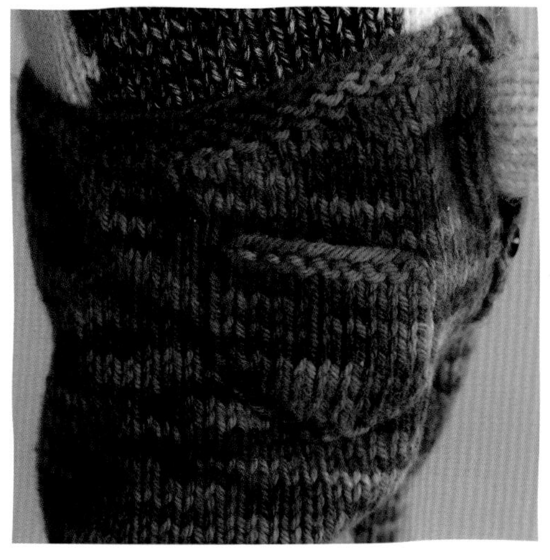

左腿

第 49 圈：把回丝纱线上的针脚转移到 3.5mm 环形针上，重新连接纱线，正针织 1 圈，放置标记作为圈织的起点。

第 50~53 圈：正针织 4 圈。

第 54 圈：21 针正针，以正针方式滑 2 针，穿过后面线圈正针织在一起，22 针正针，2 针正针并为 1 针。（45 针）

第 55~63 圈：正针织 9 圈。

第 64 圈：21 针正针，以正针方式滑 2 针，穿过后面线圈正针织在一起，20 针正针，2 针正针并为 1 针。（43 针）

第 65~73 圈：正针织 9 圈。

第 74 圈：21 针正针，以正针方式滑 2 针，穿过后面线圈正针织在一起，18 针正针，2 针正针并为 1 针。（41 针）

第 75~83 圈：正针织 9 圈。

第 84 圈：21 针正针，以正针方式滑 2 针，穿过后面线圈正针织在一起，16 针正针，2 针正针并为 1 针。（39 针）

第 85~97 圈：正针织 13 圈。

换成 3mm 环形针。

第 98 圈：正针。

第 99 圈：反针。

第 100~103 圈：重复 2 次前面的最后 2 圈。

收针。

口袋（制作 2 个）

使用纱线 D，3mm 棒针，起针 11 针。

第 1 行（反面）：正针。

换成 3.5mm 棒针。

第 2~10 行：正面所有针织正针，反面所有针织反针，9 行。

第 11 行：反针织到最后剩余 1 个针脚，滑 1 针。

第 12 行：将线放在织物后面滑 2 针，把滑掉的第 1 针放到第 2 针上，收 1 针，正针织到最后剩余 1 个针脚，滑 1 针。（9 针）

第 13 行：将线放在织物前面滑 2 针，把滑掉的第 1 针放到第 2 针上，以反针的方式收 1 针，反针织到最后剩余 1 个针脚，滑 1 针。（7 针）

第 14~15 行：重复 1 次前面的最后 2 行。（3 针）

第 16 行：将线放在织物后面滑 2 针，把滑掉的第 1 针放到第 2 针上，滑 1 针。（2 针）

第 17 行：将线放在织物前面滑 2 针，把滑掉的第 1 针放到第 2 针上。（1 针）

剪断纱线，留长线尾。使用挂毯手工缝纫针，将线尾从针的左侧穿过针脚，然后拉紧固定。

装扮

1. 如有必要，在两条腿的连接处缝上几针，使洞洞闭合。
2. 整平牛仔裤和口袋。
3. 把口袋缝在牛仔裤的后片，口袋里面最上角每一端距离后面开口边缘大约为 3cm（11/4in），距离腰部顶端 4cm（11/4in）。用别针固定。口袋顶端留开口，其余三边缝好。
4. 在牛仔裤的后片左侧缝上纽扣，使它们与扣眼相匹配。

围巾

使用纱线 C，3.5mm 棒针，起针 36 针。

第 1 行（反面）：正针。

第 2 行：正针。

第 3 行（扣眼行）：7 针正针，空针，2 针正针并为 1 针，正针织到结尾。

第 4 行：正针。

第 5 行：收针 19 针，正针织到结尾。（17 针）

第 6 行：正针织到最后剩余 2 个针脚，2 针正针并为 1 针。（16 针）

第 7 行：正针。

第 8~31 行：重复 12 次前面的最后 2 行。（4 针）

第 32~59 行：正针织 28 行。

收针。

装扮

1. 整平围巾。
2. 在围巾右侧，距离收针结尾处 2.5cm（1in），在扣眼的对面缝上一粒扣子。

美猫贝拉

因为贝拉时不时地就会觉得寒气袭人，所以她喜欢穿得暖暖的。她身上穿的是她最爱的毛衣和裙子。倘若百无聊赖时，她会摆弄围巾上的绒球自娱自乐。

您需要准备

编织贝拉的身体需要准备

斯卡巴德石洗（Scheepjes Stonewashed）纱线（50g/130m；78% 棉/22%丙烯酸纤维）颜色如下：

- 纱线A芥末黄色（黄碧玉809）2团
- 纱线B乳白色（月亮石801）1团

2.75mm（美国2）棒针

玩具填充物

2mm × 10mm（1/2in）的纽扣

少许4合股纱线，用于手绣鼻子

编织贝拉的装束需要准备

斯卡巴德卡托纳（Scheepjes Catona）纱线（10g/25m, 25g/62m 或者50g/125m; 100% 棉）颜色如下：

- 纱线A浅粉色（粉末粉238）1 × 50g/团
- 纱线B紫色（紫晶240）1 × 50g/团
- 纱线C深粉色（珊瑚玫瑰398）1 × 10g/团
- 纱线D乳白色（老花边130）1 × 25g/团

3mm（美国2 1/2）棒针

3mm（美国2 1/2）环形针（23cm/9in长）

一套4根3mm（美国2 1/2）双尖头编织针

3.5mm（美国4）棒针

3.5mm（美国4）环形针（23cm/9in长）

一套4根3.5mm（美国4）双尖头编织针

麻花针

回丝纱线

9个小纽扣

35mm （1 3/8 in）绒球制作材料

在开始编织之前，请您阅读本书开头部分的“注意事项”

猫各部位的花样图案

头

从颈部开始：

使用纱线A，2.75mm棒针，起针11针。

第1行（反面）：反针。

第2行：（1针正针，加1针）织到最后剩余1个针脚，1针正针。（21针）

第3行：反针。

第4行：（2针正针，加1针）织到最后剩余1个针脚，1针正针。（31针）

第5行：反针。

第6行：1针正针，左加1针，正针织到最后剩余1个针脚，右加1针，1针正针。（33针）

第7行：反针。

第8行：（1针正针，左加1针，15针正针，右加1针）2次，1针正针。（37针）

第9行：18针反针，左加1针反针，1针反针，右加1针反针，18针反针。（39针）

第10行：（A）1针正针，左加1针，16针正针，（B）（左加1针，1针正针）2次，左加1针，（A）1针正针，（B）（右加1针，1针正针）2次，右加1针，（A）16针正针，右加1针，1针正针。（47针）

第11行：（A）18针反针，（B）1针反针，右加1针反针，4针反针，（A）1针正针，（B）4针反针，左加1针反针，1针反针，（A）18针反针。（49针）

第12行：（A）1针正针，左加1针，17针正针，（B）1针正针，左加1针，11针正针，右加1针，1针正针，（A）17针正针，右加1针，1针正针。（53针）

第13行：（A）19针反针，（B）1针反针，右加1针反针，13针反针，左加1针反针，1针反针，（A）19针反针。（55针）

第14行：（A）19针正针，（B）1针正针，左加1针，15针正针，右加1针，1针正针，（A）19针正针。（57针）

第15行：（A）19针反针，（B）19针反针，（A）19针反针。

第16行：（A）1针正针，左加1针，18针正针，（B）19针正针，（A）18针正针，右加1针，1针正针。（59针）

第17行：（A）20针反针，（B）19针反针，（A）20针反针。

第18行：（A）20针正针，（B）19针正针，（A）20针正针。

第19行：（A）20针反针，（B）3针反针并为1针，13针反针，以正针方式滑3针，穿过后面线圈反针织在一起，（A）20针反针。（55针）

第20行：（A）20针反针，（B）以正针方式滑3针，穿过后面线圈正针织在一起，9针正针，3针正针并为1针，（A）20针正针。（51针）

第21行：（A）20针反针，（B）3针反针并为1针，5针反针，以正针方式滑3针，穿过后面线圈反针织在一起，（A）20针反针。（47针）

第22行：（A）20针反针，（B）以正针方式滑3针，穿过后面线圈正针织在一起，1针正针，3针正针并为1针，（A）20针正针。（43

针）

第23行：（A）20针反针，（B）3针反针，（A）20针反针。

第24行：（A）20针正针，（B）3针正针，（A）20针正针。

第25行：（A）20针反针，（B）3针反针，（A）20针反针。

仅使用纱线A继续进行编织。

第26行：21针正针，滑1针，21针正针。

第27行：反针。

第28行：1针正针，2针正针并为1针，18针正针，滑1针，18针正针，以正针方式滑2针，穿过后面线圈正针织在一起，1针正针。（41针）

第29行：反针。

第30行：20针正针，滑1针，20针正针。

第31行：反针。

第32行：1针正针，2针正针并为1针，17针正针，滑1针，17针正针，以正针方式滑2针，穿过后面线圈正针织在一起，1针正针。（39针）

第33行：反针。

第34行：19针正针，滑1针，19针正针。

第35行：反针。

第36行：1针正针，2针正针并为1针，16针正针，滑1针，16针正针，以正针方式滑2针，穿过后面线圈正针织在一起，1针正针。（37针）

第37行：反针。

第38行：18针正针，滑1针，18针正针。

第39行：反针。

第40行：1针正针，2针正针并为1针，3针正针，2针正针并为1针（4次），3针正针，中间减2针，3针正针，（以正针方式滑2针，穿过后面线圈正针织在一起）4次，3针正针，以正针方式滑2针，穿过后面线圈正针织在一起，1针正针。（25针）

第41行：反针。

第42行：1针正针，2针正针并为1针（5次），中间减2针，（以正针方式滑2针，穿过后面线圈正针织在一起）5次，1针正针。（13针）

第43行：反针。

收针。

耳朵（制作两只耳朵）

使用2.75mm棒针，纱线A和纱线B，起针21针。

第1行（反面）：（A）8针反针，（B）5针反针，（A）8针反针。

第2行：（A）8针正针，（B）（1针正针，加1针）4次，1针正针，（A）8针正针。（25针）

第3行：（A）8针反针，（B）9针反针，（A）8针反针。

第4行：（A）5针正针，2针正针并为1针，1针正针，（B）以正针方式滑2针，穿过后面线圈正针

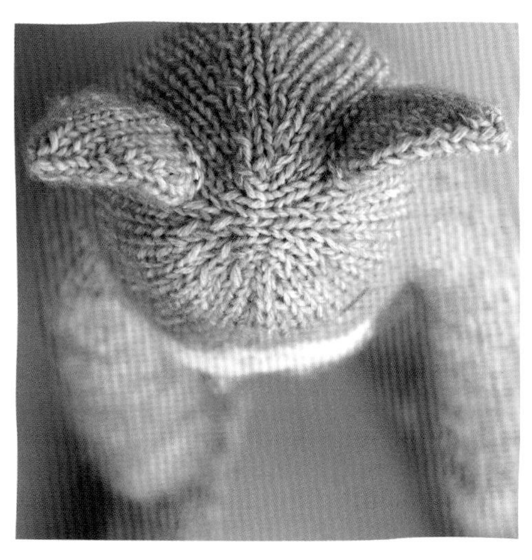

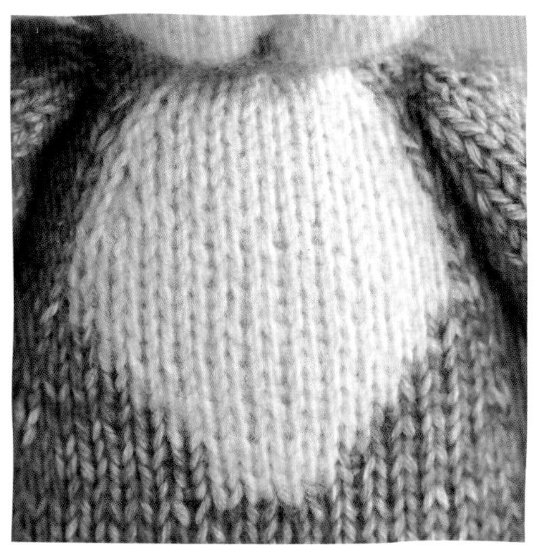

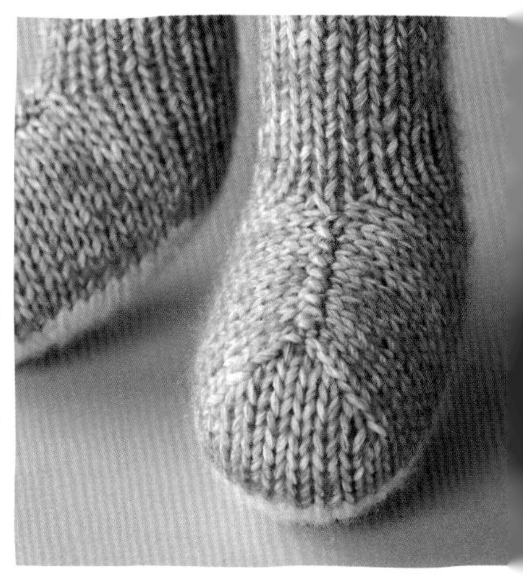

织在一起，5针正针，2针正针并为1针，（A）1针正针，以正针方式滑2针，穿过后面线圈正针织在一起，5针正针。（21针）

第5行：（A）7针反针，（B）7针反针，（A）7针反针。

第6行：（A）4针正针，2针正针并为1针，1针正针，（B）以正针方式滑2针，穿过后面线圈正针织在一起，3针正针，2针正针并为1针，（A）1针正针，以正针方式滑2针，穿过后面线圈正针织在一起，4针正针。（17针）

第7行：（A）6针反针，（B）5针反针，（A）6针反针。

第8行：（A）3针正针，2针正针并为1针，1针正针，（B）以正针方式滑2针，穿过后面线圈正针织在一起，1针正针，2针正针并为1针，（A）1针正针，以正针方式滑2针，穿过后面线圈正针织在一起，3针正针。（13针）

第9行：（A）5针反针，（B）3针反针，（A）5针反针。

第10行：（A）2针正针，2针正针并为1针，以正针方式滑2针，穿过后面线圈正针织在一起，（B）1针正针，（A）2针正针并为1针，以正针方式滑2针，穿过后面线圈正针织在一起，2针正针。（9针）

仅使用纱线A继续进行编织。

第11行：反针。

第12行：1针正针，2针正针并为1针，以正针方式滑1针，2针正针并为1针，越过滑针，以正针方式滑2针，穿过后面线圈正针织在一起，1针正针。（5针）

剪断纱线，留长线尾。使用挂毯手工缝纫针，将线尾从针的左侧穿过针脚，然后拉紧收拢针脚。

尾巴

使用纱线A，2.75mm棒针，起针12针。

第1行（反面）：反针。

第2~79行：正面所有针织正针，反面所有针织反针，78行。

换成纱线B。

第80~86行：正面所有针织正针，反面所有针织反针，7行。

剪断纱线，留长线尾。使用挂毯手工缝纫针，将线尾从针的左侧穿过针脚，然后拉紧收拢针脚。

身体躯干

与“身体躯干—胸部带花纹”织法相同（参阅“通用的身体各部分”）。

手臂（制作两只手臂）

与“手臂”织法相同（参阅“通用的身体各部分”）。

腿（制作两条腿）

与“腿—不同色彩的脚掌”织法相同（参阅“通用的身体各部分”）。

合成

按照技术那一章节的要领操作（参阅“技术：合成你的动物”）。

服装的花样图案

甜美毛衣

这件毛衣是自上而下编织的，插肩袖，无接缝。上半部分是往返针，主体（前片和后片）和袖子用圈织针法。

使用纱线A，3.5mm棒针，起针36针。

第1行（反面）：反针。

第2~4行：正面所有针织正针，反面所有针织反针，3行。

第5行：使用反针起针法起3针（参阅“技术：起针与针法”），9针反针，放置针织标记，12针反针，放置针织标记，6针反针，放置针织标记，反针织到结尾。（39针）

第6行：3针反针，1针正针，左加1针（正针织到标记物，右加1针，滑针标记，1针正针，左加1针）2次，2针正针，2针正针并为1针，（1针正针，空针）2次，1针正针，以正针方式滑2针，穿过后面线圈正针织在一起，2针正针，右加1针，滑针标记，1针正针，左加1针，正针织到剩余4个针脚，右加1针，1针正针，3针反针。

第7行（扣眼行）：反针编织直到剩余2个针脚，空针，2针反针并为1针。

第8行：3针反针，1针正针，左加1针，（正针织到标记物，右加

1针，滑针标记，1针正针，左加1针）2次，2针正针，2针正针并为1针，1针正针，空针，3针正针，空针，1针正针，以正针方式滑2针，穿过后面线圈正针织在一起，2针正针，右加1针，滑针标记，1针正针，左加1针，正针织到剩余4个针脚，右加1针，1针正针，3针反针。（55针）

第9行：反针。

第10行：3针反针，1针正针，左加1针，（正针织到标记物，右加1针，滑针标记，1针正针，左加1针）2次，2针正针，2针正针并为1针，1针正针，空针，5针正针，空针，1针正针，以正针方式滑2针，穿过后面线圈正针织在一起，2针正针，右加1针，滑针标记，1针正针，左加1针，正针织到剩余4个针脚，右加1针，1针正针，3针反针。（63针）

第11行：反针。

第12行：3针反针，1针正针，左加1针，（正针织到标记物，右加1针，滑针标记，1针正针，左加1针）2次，2针正针，2针正针并为1针，1针正针，空针，7针正针，空针，1针正针，以正针方式滑2针，穿过后面线圈正针织在一起，2针正针，右加1针，滑针标记，1针正针，左加1针，正针织到剩余4个针脚，右加1针，1针正针，3针反针。（71针）

第13行（扣眼行）：35针反针，放置标记（图案标记物），反针编织到剩余2个针脚，空针，2针反针并为1针。

第14行：3针反针，1针正针，左加1针，（正针织到标记物，右加1针，滑针标记，1针正针，左加1针）2次，正针织到图案标记物，（1针正针，2针正针并为1针，1针正针，空针）2次，（1针正针，空针，1针正针，以正针方式滑2针，穿过后面线圈正针织在一起）2次，1针正针，正针织到标记物，右加1针，滑针标记，1针正针，左加1针，正针织到剩余4个针脚，右加1针，1针正针，3针反针。（79针）

第15行：反针。

第16行：3针反针，1针正针，左加1针，（正针织到标记物，右加1针，滑针标记，1针正针，左加1针）2次，正针织到图案标记物，4针正针，2针正针并为1针，1针正针，空针，3针正针，空针，1针正针，以正针方式滑2针，穿过后面线圈正针织在一起，4针正针，正针织到标记物，右加1针，滑针标记，1针正针，左加1针，正针织到剩余4个针脚，右加1针，1针正针，3针反针。（87针）

第17行：反针。

第18行：3针反针，1针正针，左加1针，（正针织到标记物，右加1针，滑针标记，1针正针，左加1针）2次，正针织到图案标记物，3针正针，2针正针并为1针，1针正针，空针，5针正针，空针，1针正针，以正针方式滑2针，穿过后面线圈正针织在一起，3针正针，正针织到标记物，右加1针，滑针标记，1针正针，左加1针，正针织到剩余4个针脚，右加1针，1针正针，3针反针。（95针）

第19行（扣眼行）：反针织到剩余2个针脚，空针，2针反针并为1针。

第20行：3针反针，1针正针，左加1针，（正针织到标记物，右加1针，滑针标记，1针正针，左加1针）2次，正针织到图案标记物，2针正针，2针正针并为1针，1针正针，空针，7针正针，空针，1针正针，以正针方式滑2针，穿过后面线圈正针织在一起，2针正针，正针织到标记物，右加1针，滑针标记，1针正针，左加1针，正针织到剩余4个针脚，右加1针，1针正针，3针反针。（103针）

第21行：反针。

第22~23行：重复1次第14~15行。（111针）

第24行：把针脚挪到3.5mm环形针上，3针反针，1针正针，左加1针，（正针织到标记物，右加1针，滑

针标记，1针正针，左加1针）2次，正针织到图案标记物，4针正针，2针正针并为1针，1针正针，空针，3针正针，空针，1针正针，以正针方式滑2针，穿过后面线圈正针织在一起，4针正针，正针织到标记物，右加1针，滑针标记，1针正针，左加1针，正针织到剩余4个针脚，右加1针，1针正针，把最后3针（不需编织）滑到麻花针上。（119针）

连接在一起进行圈织

第25圈：把麻花针放在左手针前3针的后面，并把它们织在一起：把右针插入左针的第1个针脚，然后再插入麻花针的第1个针脚，把两针一起进行正针编织，接下来的2针重复同样的操作，29针正针，滑针标记，1针正针（后片），不用编织接下来的25针，把它们放到回丝纱线上（袖子），移除标记物，32针正针，移除标记物，1针正针（前片），不用编织接下来的25针，把它们放到回丝纱线上（袖子）。（66针）

第26圈：1针正针，左加1针，正针织到标记物，右加1针，滑针标记，2针正针，左加1针，正针织到图案标记物，3针正针，2针正针并为1针，1针正针，空针，5针正针，空针，1针正针，以正针方式滑2针，穿过后面线圈正针织在一起，3针正针，正针织到剩余1个针脚，右加1针，1针正针。（70针）

第27圈：正针。

第28圈：正针织到图案标记物，2针正针，2针正针并为1针，1针正针，空针，7针正针，空针，1针正针，以正针方式滑2针，穿过后面线圈正针织在一起，2针正针，正针织到结尾。

第29圈：正针。

第30圈：1针正针，左加1针，正针织到标记物，右加1针，滑针标记，2针正针，左加1针，正针织到图案标记物，（1针正针，2针正针并为1针，1针正针，空针）2次，（1针正针，空针，1针正针，以正针方式滑2针，穿过后面线圈正针织在一起）2次，1针正针，正针织到最后1个针脚，右加1针，1针正针。（74针）

第31圈：正针。

第32圈：正针织到图案标记物，4针正针，2针正针并为1针，1针正针，空针，3针正针，空针，1针正针，以正针方式滑2针，穿过后面线圈正针织在一起，4针正针，正针织到结尾。

第33圈：正针。

第34~41圈：重复1次第26~33圈。（82针）

第42圈：正针织到图案标记物，3针正针，2针正针并为1针，1针正针，空针，5针正针，空针，1针正针，以正针方式滑2针，穿过后面线圈正针织在一起，3针正针，正针织到结尾。

第43~44圈：重复1次第27~28圈。

换成3mm环形针。

第45圈：正针。

第46圈：反针。

第47~48圈：重复1次前面的最后2圈。

收针。

袖子

从手臂下面开始编织，把一只袖子回丝纱线上的25针滑到3根3.5mm双尖头编织针上，重新把线连接起来。

使用第4根双尖头编织针开始这一圈的编织。

第1~3圈：正针织3圈。

第4圈：1针正针，左加1针，正针织到最后剩余1个针脚，右加1针，1针正针。（27针）

第5~11圈：正针织7圈。

第12圈：与第4圈相同。（29针）

第13圈：正针。

第14圈：9针正针，2针正针，2针正针并为1针，（1针正针，空针）2次，1针正针，以正针方式滑2针，穿过后面线圈正针织在一起，2针正针，9针正针。

第15圈：正针。

第 16 圈：8 针正针，2 针正针，2 针正针并为 1 针，1 针正针，空针，3 针正针，空针，1 针正针，以正针方式滑 2 针，穿过后面线圈正针织在一起，2 针正针，8 针正针。

第 17 圈：正针。

第 18 圈：7 针正针，2 针正针，2 针正针并为 1 针，1 针正针，空针，5 针正针，空针，1 针正针，以正针方式滑 2 针，穿过后面线圈正针织在一起，2 针正针，7 针正针。

第 19 圈：正针。

第 20 圈：6 针正针，2 针正针，2 针正针并为 1 针，1 针正针，空针，7 针正针，空针，1 针正针，以正针方式滑 2 针，穿过后面线圈正针织在一起，2 针正针，6 针正针。

换成一套 3mm 双尖头编织针。

第 21 圈：正针。

第 22 圈：反针。

第 23~24 圈：重复 1 次最后 2 圈。

收针。

重复上述操作编织第二只袖子。

装扮

1. 如有必要，把袖子下面的洞洞缝几针封闭上。
2. 整平毛衣。
3. 把纽扣缝在左侧，使其与扣眼相匹配。

裙子

从裙子底部开始向上编织，往返编织并留有一个小接缝，纽扣放在裙子的背面。

使用纱线 B，3mm 棒针，起针 193 针。

第 1 行（反面）：*5 针正针，翻面，3 针正针并为 1 针，翻面，滑 1 针，将线放在织物前面；从 * 处开始重复，织到剩余 3 个针脚，3 针正针。（117 针）

第 2~3 行：正针织 2 行。

换成 3.5mm 棒针。

第 4~21 行：正面所有针织正针，反面所有针织反针，18 行。

第 22 行：（1 针正针，2 针正针并为 1 针）织到结尾。（78 针）

第 23~24 行：正针织 2 行。

第 25 行：1 针起针，2 针正针，反针织到最后剩余 1 个针脚，1 针正针。（79 针）

第 26 行：1 针起针，正针织到结尾。（80 针）

第 27 行：2 针正针，反针织到最后剩余 2 个针脚，2 针正针。

第 28 行：正针。

第 29~30 行：重复 1 次前面的最后 2 行。

第 31 行（扣眼行）：1 针正针，空针，以正针方式滑 2 针，穿过后面线圈反针织在一起，反针织到最后剩余 2 个针脚，2 针正针。

第 32 行：正针。

第 33 行：2 针正针，反针织到最后剩余 2 个针脚，2 针正针。

第 34~38 行：重复 2 次前面的最后 2 行，然后再重复 1 次第 24 行。

第 39 行（扣眼行）：1 针正针，空针，以正针方式滑 2 针，穿过后面线圈反针织在一起，反针织到最后剩余 2 个针脚，2 针正针。

第 40 行：正针。

第 41 行：2 针正针，反针织到最后剩余 2 针，2 针正针。

第 42 行：（1 针正针，2 针正针并为 1 针）12 次，2 针正针并为 1 针（5 次），（1 针正针，2 针正针并为 1 针）11 次，1 针正针。（52 针）

换成 3mm 棒针。

第 43~46 行：正针织 4 行。

第 47 行（扣眼行）：1 针正针，空针，2 针正针并为 1 针，正针织到结尾。

收针。

装扮

1. 整平裙子。
2. 从裙边开始到最底端的扣眼，把裙子背面中间的两边缝在一起。
3. 把纽扣缝在左侧，使其与扣眼相匹配。

鞋带式围巾

使用 3.5mm 双尖头编织针，纱线 B，起针 4 针。

制作一根绳带（参阅“技术：起针与针法，制作绳带”），长 72cm/30in（190 行）。

使用纱线 C，制作直径大约为 35mm（13/8in）绒球。重复制作 2 个。

装扮

1. 把绒球缝在绳带的两端。
2. 把围巾松松地在猫的脖子上绕 2 圈，打一个蝴蝶结，使绒球垂在胸前。

法式短裤

使用纱线 D，按照法式短裤的图案（参阅“鞋子及配饰”）进行编织。

骏马诺亚

没有什么能让诺亚慢下来，他只有一个喜好，那就是飞奔疾驰！因此他需要一套像T恤衫和工装裤这样的实用服装，它们非常舒适耐穿。

您需要准备

编织诺亚的身体需要准备

斯卡巴德石洗（Scheepjes Stonewashed）纱线（50g/130m；78% 棉/22%丙烯酸纤维）颜色如下：

- 纱线A棕色（博尔德蛋白石804）2团
- 纱线B乳白色（月亮石801）1团

2.75mm（美国2）棒针

玩具填充物

2mm × 10mm（1/2in）的纽扣

少许4合股纱线，用于手绣鼻孔

编织诺亚的装束需要准备

斯卡巴德卡托纳牛仔布（Scheepjes Catona Denim）纱线（50g/125m；100% 棉）颜色如下：

- 纱线A牛仔蓝（深蓝米克斯150）2× 50g/团

斯卡巴德卡托纳（Scheepjes Catona）纱线（10g/25m，25g/62m或者50g/125m；100% 棉）颜色如下：

- 纱线B浅蓝色（淡蓝色509）1 × 25g/团
- 纱线C乳白色（老花边130）1 × 25g/团

3mm（美国2 1/2）棒针

3mm（美国2 1/2）环形针（23cm/9in长）

一套4根3mm（美国2 1/2）双尖头编织针

3.5mm（美国4）棒针

3.5mm（美国4）环形针（23cm/9in长）

一套4根3.5mm（美国4）双尖头编织针

麻花针

回丝纱线

15个小纽扣

在开始编织之前，请您阅读本书开头部分的“注意事项”

马各部位的花样图案

头

从颈部开始：

使用纱线A，2.75mm棒针，起针11针。

第1行（反面）：反针。

第2行：（1针正针，加1针）织到最后剩余1个针脚，1针正针。（21针）

第3行：反针。

第4行：（2针正针，加1针）织到最后剩余1个针脚，1针正针。（31针）

第5行：反针。

第6行：1针正针，左加1针，13针正针，右加1针，3针正针，左加1针，13针正针，右加1针，1针正针。（35针）

第7行：反针。

第8行：1针正针，左加1针，15针正针，右加1针，3针正针，左加1针，15针正针，右加1针，1针正针。（39针）

第9行：18针反针，左加1针反针，3针反针，右加1针反针，18针反针。（41针）

第10行：1针正针，左加1针，18针正针，右加1针，3针正针，左加1针，18针正针，右加1针，1针正针。（45针）

第11行：21针反针，左加1针反针，3针反针，右加1针反针，21针反针。（47针）

第12行：1针正针，左加1针，21针正针，右加1针，3针正针，左加1针，21针正针，右加1针，1针正针。（51针）

第13行：24针反针，左加1针反针，3针反针，右加1针反针，24针反针。（53针）

第14行：25针正针，右加1针，3针正针，左加1针，25针正针。（55针）

第15行：（A）25针反针，（B）（右加1针反针，1针反针）3次，（左加1针反针，1针反针）2次，左加1针反针，（A）25针反针。（61针）

第16行：（A）1针正针，左加1针，24针正针，（B）1针正针，左加1针，9针正针，右加1针，1针正针，（A）24针正针，右加1针，1针正针。（65针）

第17行：（A）26针反针，（B）1针反针，右加1针反针，11针反针，左加1针反针，1针反针，（A）26针反针。（67针）

第18行：（A）26针正针，（B）1针正针，左加1针，13针正针，右加1针，1针正针，（A）26针正针。（69针）

第19行：（A）26针反针，（B）1针反针，右加1针反针，15针反针，左加1针反针，1针反针，（A）26针反针。（71针）

第20行：（A）26针正针，（B）1针正针，左加1针，17针正针，右加1针，1针正针，（A）26针正针。（73针）

第21行：（A）26针反针，（B）21针反针，（A）26针反针。

第22行：（A）26针正针，（B）21针正针，（A）26针正针。

第23~25行：重复1次前面的最后2行，然后再编织1次第21行。

第26行：（A）26针正针，（B）以正针方式滑2针，穿过后面线圈正针织在一起，17针正针，2针正针并为1针，（A）26针正针。（71针）

第27行：（A）26针反针，（B）3针反针并为1针，13针反针，以正

针方式滑3针，穿过后面线圈反针织在一起，（A）26针反针。（67针）

第28行：（A）1针正针，2针正针并为1针，23针正针，（B）以正针方式滑3针，穿过后面线圈正针织在一起，9针正针，3针正针并为1针，（A）23针正针，以正针方式滑2针，穿过后面线圈正针织在一起，1针正针。（61针）

第29行：（A）25针反针，（B）3针反针并为1针，5针反针，以正针方式滑3针，穿过后面线圈反针织在一起，（A）25针反针。（57针）

第30行：（A）25针正针，（B）以正针方式滑3针，穿过后面线圈正针织在一起，1针正针，3针正针并为1针，（A）25针正针。（53针）

第31行：（A）23针反针，以正针方式滑2针，穿过后面线圈反针织在一起，（B）3针反针，（A）2针反针并为1针，23针反针。（51针）

第32行：（A）1针正针，2针正针并为1针，19针正针，2针正针并为1针，（B）3针正针，（A）以正针方式滑2针，穿过后面线圈正针织在一起，19针正针，以正针方式滑2针，穿过后面线圈正针织在一起，1针正针。（47针）

第33行：（A）20针反针，以正针方式滑2针，穿过后面线圈反针织在一起，（B）3针反针，（A）2针反针并为1针，20针反针。（45针）

第34行：（A）19针正针，2针正针并为1针，（B）3针正针，（A）以正针方式滑2针，穿过后面线圈正针织在一起，19针正针。（43针）

第35行：（A）18针反针，以正针方式滑2针，穿过后面线圈反针织在一起，（B）3针反针，（A）2针反针并为1针，18针反针。（41针）

第36行：（A）1针正针，2针正针并为1针，14针正针，2针正针并为1针，（B）3针正针，（A）以正针方式滑2针，穿过后面线圈正针织在一起，14针正针，以正针方式滑2针，穿过后面线圈正针织在一起，1针正针。（37针）

第37行：（A）17针反针，（B）3针反针，（A）17针反针。

第38行：（A）17针正针，（B）3针正针，（A）17针正针。

第39行：（A）17针反针，（B）3针反针，（A）17针反针。

第40行：（A）1针正针，2针正针并为1针，3针正针，2针正针并为1针（4次），3针正针，（B）3针正针，（A）3针正针，（以正针方式滑2针，穿过后面线圈正针织在一起）4次，3针正针，以正针方式滑2针，穿过后面线圈正针织在一起，1针正针。（27针）

第41行：（A）12针反针，（B）3针反针，（A）12针反针。

仅用纱线A继续编织

第42行：1针正针，2针正针并为1针（5次），1针正针，以正针的方式滑1针，2针正针并为1针，越过滑针，1针正针，（以正针方式滑2针，穿过后面线圈正针织在一起）5次，1针正针。（15针）

第43行：反针。

收针。

耳朵（制作两只耳朵）

使用纱线A，2.75mm棒针，起针14针。

第1行（反面）：反针。

第2行：5针正针，（1针正针，加1针）3次，正针织到结尾。（17针）

第3~9行：正面所有针织正针，反面所有针织反针，7行。

第10行：（3针正针，2针正针并为1针，以正针方式滑2针，穿过后面线圈正针织在一起）2次，3针正针。（13针）

第11行：反针。

第12行：1针正针，（1针正针，2针正针并为1针，以正针方式滑2针，穿过后面线圈正针织在一起）2次，2针正针。（9针）

第13行：反针。

第14行：1针正针，2针正针并为1针，以正针方式滑1针，2针正针并为1针，越过滑针，以正针方式滑2针，穿过后面线圈正针织在

一起，1针正针。（5针）

第15行：反针。

第16行：正针。

剪断纱线，留长线尾。使用挂毯手工缝纫针，将线尾从针的左侧穿过针脚，然后拉紧收拢针脚。

鬃毛

每一条绳带都使用纱线B，2.75mm棒针，起针4针（参阅“技术：起针与针法，制作绳带”）。制作14根绳带，每根长8行。

尾巴

使用纱线B，2.75mm棒针，每条绳带都起针4针（参阅“技术：起针与针法，制作绳带”）。

制作2根绳带，每根长45行。

制作1根绳带，长40行。

制作1根绳带，长35行。

制作1根绳带，长30行。

身体躯干

与“身体躯干—单色”织法相同（参阅“通用的身体各部分”）。

手臂（制作两只手臂）

与“手臂”织法相同（参阅“通用的身体各部分”）。

腿（制作两条腿）

与“腿—单色”织法相同（参阅“通用的身体各部分”）。

合成

按照技术那一章节的要领操作（参阅“技术：合成你的动物”）。

服装的花样图案

牛仔工装裤

牛仔工装裤从下自上编织，除了口袋之外，没有接缝。口袋单独编织后，缝在裤子上。裤腿和裤身的下半部分进行圈织，裤子上半部分往返针进行编织，后面留有钉纽扣的位置，并且多织一些短行来塑造臀围的大小。

左腿

使用纱线A，1套4根3mm双尖头编织针，起针39针。

把39针平均分配到3根针上，用第4根针开始进行圈织。

第1圈：反针。

第2圈：正针。

第3~5圈：重复1次前面的2圈，然后再重复1次第1圈。

换成3.5mm环形针，在此圈起点放置标记。

第6~18圈：织13圈正针。

第19圈：1针正针，左加1针，16针正针，右加1针，正针织到结尾。（41针）

第20~28圈：织9圈正针。

第29圈：1针正针，左加1针，18针正针，右加1针，正针织到结尾。（43针）

第30~38圈：织9圈正针。

第39圈：1针正针，左加1针，20针正针，右加1针，正针织到结尾。（45针）

第40~48圈：织9圈正针。

第49圈：1针正针，左加1针，22针正针，右加1针，正针织到结尾。（47针）

第50~55圈：织6圈正针。

剪断纱线，留长线尾，用于后面的编织，并把针脚放在回丝纱线上。

右腿

使用纱线A，1套4根3mm双尖头编织针，起针39针。

把39针平均分配到3根针上，用第4根针开始进行圈织。

第1圈：反针。

第2圈：正针。

第3~5圈：重复1次前面的2圈，然后再重复1次第1圈。

换成3.5mm环形针，在此圈起点放置标记。

第6~18圈：织13圈正针。

第19圈：22针正针，左加1针，16针正针，右加1针，1针正针。（41针）

第20~28圈：织9圈正针。

第29圈：22针正针，左加1针，18针正针，右加1针，1针正针。（43针）

第30~38圈：织9圈正针。

第39圈：22针正针，左加1针，20针正针，右加1针，1针正针。（45针）

第40~48圈：织9圈正针。

第49圈：22针正针，左加1针，22针正针，右加1针，1针正针。（47针）

第50~55圈：织6圈正针。

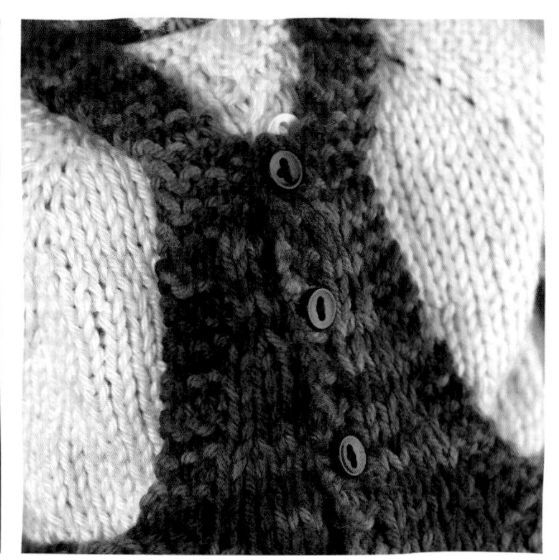

连接2条裤腿

从剪断线尾的针脚往回编织，把针脚从回丝纱线上转移到环形针的左端（图1）。（94针）

第56~57圈： 织2圈正针。

第58圈： 以正针方式滑2针，穿过后面线圈正针织在一起，43针正针，2针正针并为1针，以正针方式滑2针，穿过后面线圈正针织在一起，正针织到剩余2个针脚，2针正针并为1针。（90针）

第59圈： 正针。

第60圈： 以正针方式滑2针，穿过后面线圈正针织在一起，41针正针，2针正针并为1针，以正针方式滑2针，穿过后面线圈正针织在一起，正针织到剩余2个针脚，2针正针并为1针。（86针）

第61圈： 正针。

第62圈： 以正针方式滑2针，穿过后面线圈正针织在一起，正针织到剩余2个针脚，2针正针并为1针。（84针）

第63圈： 40针正针，2针正针并为1针，以正针方式滑2针，穿过后面线圈正针织在一起，正针织到结尾。（82针）

第64圈： 以正针方式滑2针，穿过后面线圈正针织在一起，正针织到剩余2个针脚，2针正针并为1针。（80针）

第65~66圈： 织2圈正针。

第67圈： 以正针方式滑2针，穿过后面线圈正针织在一起，正针织到剩余2个针脚，2针正针并为1针。（78针）

第68~71圈： 织4圈正针。

第72圈： 正针织到这一圈结尾，移除标记物，1针正针。

现在开始用往返针编织工装裤。

第73行（反面）： 2针正针，18针反针，3针正针，34针反针，3针正针，18针反针，从起始行的反面挑起并编织2针，按照如下操作：将线放在织物后面，使右针从左针上的第1个针脚正下方的反针凸起线向上插入，把反针线圈从针上放掉。第2针重复同样的操作。（80针）

第74行： 正针。

第75行： 2针正针，18针反针，3针正针，34针反针，3针正针，18针反针，2针正针。

第76~77行： 重复1次前面的最后2行。

第78行（扣眼行）： 正针织到剩余3个针脚，以正针方式滑2针，穿过后面线圈正针织在一起，空针，1针正针。

第79行： 与第75行相同。

第80~81行： 重复1次第74~75行。

第82行： 19针正针，翻面。

第83行： 空针，17针反针，2针正针。

第84行： 16针正针，翻面。

第85行： 空针，14针反针，2针正针。

第86行： 13针正针，翻面。

第87行： 空针，11针反针，2针正针。

第88行： 13针正针，（2针正针并为1针，2针正针）3次，正针织到结尾。

第89行： 2针正针，17针反针，翻面。

第90行： 空针，19针正针。

第91行（扣眼行）： 1针正针，空针，以正针方式滑2针，穿过后面线圈反针织在一起，13针反针，翻面。

第92行： 空针，16针正针。

第93行： 2针正针，11针反针，翻面。

第94行： 空针，13针正针。

第95行： 2针正针，11针反针，（以正针方式滑2针，穿过后面线圈反针织在一起，2针反针）2次，以正针方式滑2针，穿过后面线圈反针织在一起，3针正针，34针反针，3针正针，反针织到最后剩余2个针脚，2针正针。

第96行： 6针正针，2针正针并为1针，10针正针，2针正针并为1针，3针正针，以正针方式滑2针，穿过后面线圈正针织在一起，5针正针，以正针方式滑2针，穿过后面线圈正针织在一起，16针正针，2针正针并为1针，5针正针，2针正针并为1针，3针正针，以正针方式滑2针，穿过后面线圈正针织在一起，10针正针，以正针方式滑2针，穿过后面线圈正针织在一起，6针正针。（72针）

第97行： 2针正针，5针反针，20针正针，18针反针，20针正针，5针反针，2针正针。

第98行（扣眼行）： 正针织到最后剩余3个针脚，以正针方式滑2针，穿过后面线圈正针织在一起，空针，1针正针。

第99行： 与第97行相同。

第100行： 正针。

第101行： 与第97行相同。

第102行： 5针正针，2针正针并为1针，3针正针，刚刚完成的9针保持不动（左后片），收14针，3针正针，以正针方式滑2针，穿过后面线圈正针织在一起，14针正针，2针正针并为1针，3针正针，刚刚完成的22针保持不动（前片围兜），收14针，3针正针，以正针方式滑2针，穿过后面线圈正针织在一起，5针正针（右后片）。（40针）

现在将工装裤分为3片编织。

右后片

第103行： 2针正针，4针反针，3针正针。

第104行： 正针。

第105行： 2针正针，4针反针，3针正针。

第106行（扣眼行）： 正针织到最后剩余3个针脚，以正针方式滑2针，穿过后面线圈正针织在一起，空针，1针正针。

第107行： 2针正针，4针反针，3针正针。

第108行： 3针正针，以正针方式滑2针，穿过后面线圈正针织在一起，4针正针。（8针）

第109行： 2针正针，3针反针，3针正针。

第110行： 正针。

第111~113行： 重复1次第109~110行，然后再重复1次第109行。

第114行（扣眼行）： 3针正针，（以正针方式滑2针，穿过后面线圈正针织在一起）2次，空针，1针正针。（7针）

第115行： 2针正针，2针反针，3针正针。

第116行： 正针。

第117~119行： 重复1次第115~116行，然后再重复编织1次第115行。

第120行： 3针正针，以正针方式滑2针，穿过后面线圈正针织在一起，2针正针。（6针）

第121行： 正针。

第122行（扣眼行）： 3针正针，以正针方式滑2针，穿过后面线圈正针织在一起，空针，1针正针。

第123行： 收2针，正针织到结尾。（4针）

第124~153行： 正针织30行。

第154行： 2针正针并为1针，以正针方式滑2针，穿过后面线圈正针织在一起。（2针）

剪断纱线，留短线尾。使用挂毯手工缝纫针，将线尾从针的左侧穿过针脚并收紧。把线尾织入背带的后面。

前片围兜

把中间22针放到3.5mm棒针上，然后重新把线连起来。

第103行（反面）： 3针正针，反针织到最后剩余3个针脚，3针正针。

第104行： 正针。

第105~107行： 重复1次第103~104行，然后再重复1次第103行。

第108行： 3针正针，以正针方式滑2针，穿过后面线圈正针织在一起，正针织到最后剩余5个针脚，2针正针并为1针，3针正针。（20针）

第109~120行： 重复2次第103~108行。（16针）

第121行： 正针。

第122行（扣眼行）： 2针正针，空针，以正针方式滑2针，穿过后面线圈正针织在一起，8针正针，以正针方式滑2针，穿过后面线圈正针织在一起，空针，2针正针。

第123行： 正针。

收针。

左后片

把剩余9针放到3.5mm棒针上，然后重新把线连起来。

第103行（反面）： 3针正针，反针织到最后剩余2个针脚，2针正针。

第104行： 正针。

第105~107行： 重复1次前面的最后2行，然后再重复1次第103行。

第108行： 正针织到最后剩余5个针脚，2针正针并为1针，3针正针。（8针）

第109~120行： 重复2次第103~108行。（6针）

第121~123行： 正针织3行。

第124行： 收2针，正针织到结尾。（4针）

第125~153行： 正针织29行。

第154行： 2针正针并为1针，以正针方式滑2针，穿过后面线圈正针织在一起。（2针）

剪断纱线，留短线尾。使用挂毯手工缝纫针，将线尾从针的左侧穿过针脚并收紧。把线尾织入背带的后面。

口袋

使用纱线A，3mm棒针，起针10针。

第1行（反面）： 正针。

换成3.5mm棒针。

第2~11行： 正面所有针织正针，反面所有针织反针，10行。

收针。

装扮

1. 如有必要，在两条腿的连接处缝上几针，让洞洞闭合。
2. 整平工装裤和口袋。

3.将口袋放在前片围兜的中间，用别针固定，然后在口袋顶端留有开口，把其余三边缝好。

4.把扣子缝在背带背面左侧的位置，使其与扣眼相匹配。

5.在工装裤两侧的吊带末端各缝1个扣子。

T恤衫

这件T恤衫是自上而下编织的，插肩袖，无接缝。上半部分是往返针，背后留有纽扣开口的位置，主体（前片和后片）和袖子用圈织针法。

纽扣的位置自始至终都使用纱线B编织，使用嵌花技术（参阅“技术：配色”）。

使用3mm棒针，纱线B，起针31针。

第1行（反面）：正针。

第2行（扣眼行）：1针正针，空针，2针正针并为1针，正针织到结尾。

第3行：正针。

第4行：3针正针，（1针正针，在同一个线圈里织2针正针，1针正针）这样一直织到剩余4个针脚，4针正针。（39针）

换成3.5mm棒针。

现在开始编织T恤衫的条纹图案：从纱线C开始，织2行纱线C，然后织2行纱线B。纽扣的位置（每行的第1针和第3针）从头到尾都使用纱线B。

第5行：（B）3针正针，（C）5针反针，放置针织标记，6针反针，放置针织标记，12针反针，放置针织标记，6针反针，放置针织标记，4针反针，（B）3针正针。

第6行：（B）3针正针，（C）（正针织到标记物，右加1针，滑针标记，1针正针，左加1针）4次，正针织到最后剩余3个针脚，（B）3针正针。（47针）

第7行：3针正针，反针织到最后剩余3个针脚，3针正针。

第8行：（正针织到标记物，右加1针，滑针标记，1针正针，左加1针）4次，正针织到结尾。（55针）

第9行：（B）3针正针，（C）反针织到最后剩余3个针脚，（B）3针正针。

第10行（扣眼行）：（B）1针正针，空针，2针正针并为1针，（C）（正针织到标记物，右加1针，滑针标记，1针正针，左加1针）4次，正针织到最后剩余3个针脚，（B）3针正针。（63针）

第11行：与第7行相同。

第12行：与第8行相同。（71针）

第13行：与第9行相同。

第14行：与第6行相同。（79针）

第15~20行：重复1次第7~10行，然后再重复1次第7~8行。（103针）

第21行：与第9行相同。

第22行：把针脚换到3.5mm环形针上，（B）3针正针，（C）（正针织到标记物，右加1针，滑针标记，1针正针，左加1针）4次，正针织到最后剩余3个针脚，把最后3针（不用编织）滑到麻花针上。（111针）

连接起来进行圈织

从此处开始，编织T恤衫的条纹图案：从纱线B开始，织2行纱线B，然后织2行纱线C，不留纽扣的位置。

第23圈：把麻花针放到左手针前3针的后面，在圈织的起点放置标记，将左手针的第1针与麻花针的第1针一起进行正针编织，随后的2针重复同样的操作，正针织到标记物，移除标记，1针正针，带1针（右后片），接下来的23针不用编织，把它们放到回丝纱线（袖子）上，移除标记，带1针，正针织到标记物，移除标记，1针正针，带1针（前片），接下来的23针不用编织，把它们放到回丝纱线（袖子）上，移除标记，带1针，正针织到结尾（左后片）。（66针）

第24圈：17针正针，放置针织标记，33针正针，放置针织标记，正针织到结尾。

第25圈：（正针织到标记物，右加1针，滑针标记，2针正针，左加1针）2次，正针织到结尾。（70针）

第26~28圈：织3圈正针。

第29~36圈：再重复2次第25~28圈。（78针）

第37~38圈：织2圈正针。

换成3mm环形针和纱线B。

第39圈：正针。

第40圈：反针。

第41~42圈：再重复1次前面的最后2圈。

收针。

袖子

从手臂下面开始编织，把一只袖子回丝纱线上的23针均匀整齐地滑到3根3.5mm双尖头编织针上，重新把线连接起来。

使用第4根双尖头编织针开始这一圈的编织。

编织袖子的条纹：首先使用纱线B编织2行，再换成纱线C编织2行，交替重复进行。

第1圈：从腋下挑起线圈织1针正针，正针织到结尾，从腋下挑起线圈织1针正针。（25针）

第2~4圈：正针织3圈

换成一套3mm双尖头编织针，使用纱线B。

第5圈：正针。

第6圈：反针。

第7~8圈：再重复1次前面的最后2圈。

收针。

重复上述操作编织第二只袖子。

装扮

1.如有必要，把袖子下面的洞洞用几针封闭上。

2.整平T恤衫。

3.把纽扣缝在右侧，使其与扣眼相匹配。

俏丽鼠多萝西

当朋友到访时，多萝西会热情地款待他们，她对友人细心的关照就如同她精心挑选衣物一样，颜色和谐的毛衣开衫与鞋子，甜美的荷叶边修身上衣和带有纽扣装饰的七分裤。

您需要准备

编织多萝西的身体需要准备

斯卡巴德石洗（Scheepjes Stonewashed）纱线（50g/130m；78% 棉/22%丙烯酸纤维）颜色如下：

- 纱线A浅灰色（水晶石英814）2团

2.75mm（美国2）棒针

玩具填充物

2mm×10mm（1/2in）的纽扣

少许4合股纱线，用于手绣鼻子

编织多萝西的装束需要准备

斯卡巴德卡托纳（Scheepjes Catona）纱线（10g/25m，25g/62m 或者50g/125m；100% 棉）颜色如下：

- 纱线A乳白色（老花边130）1×50g/团
- 纱线B浅棕色（月亮礁石254）1×50g/团
- 纱线C浅橘色（甜蜜橘523）1×50g/团

3mm（美国2 1/2）棒针

3mm（美国2 1/2）环形针（23cm/9in长）

一套4根3mm（美国2 1/2）双尖头编织针

3.5mm（美国4）棒针

3.5mm（美国4）环形针（23cm/9in长）

一套4根3.5mm（美国4）双尖头编织针

麻花针

回丝纱线

16个小纽扣

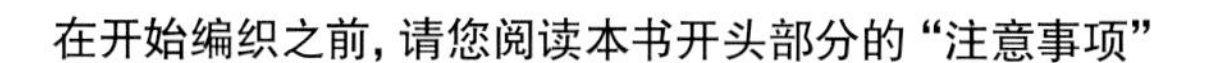

在开始编织之前，请您阅读本书开头部分的“注意事项”

鼠各部位的花样图案

头

从颈部开始：

使用纱线A，2.75mm棒针，起针11针。

第1行（反面）：反针。

第2行：（1针正针，加1针）织到最后剩余1个针脚，1针正针。（21针）

第3行：反针。

第4行：（2针正针，加1针）织到最后剩余1个针脚，1针正针。（31针）

第5行：反针。

第6行：（1针正针，左加1针，14针正针，右加1针）2次，1针正针。（35针）

第7行：反针。

第8行：（1针正针，左加1针，16针正针，右加1针）2次，1针正针。（39针）

第9行：19针反针，左加1针反针，1针反针，右加1针反针，19针反针。（41针）

第10行：（1针正针，左加1针，19针正针，右加1针）2次，1针正针。（45针）

第11行：22针反针，左加1针反针，1针反针，右加1针反针，22针反针。（47针）

第12行：（1针正针，左加1针，22针正针，右加1针）2次，1针正针。（51针）

第13行：25针反针，左加1针反针，1针反针，右加1针反针，25针反针。（53针）

第14行：26针正针，右加1针，1针正针，左加1针，26针正针。（55针）

第15行：反针。

第16行：（1针正针，左加1针，26针正针，右加1针）2次，1针正针。（59针）

第17行：反针。

第18行：29针正针，滑1针，29针正针。

第19行：反针。

第20行：28针正针，中间减2针，28针正针。（57针）

第21行：反针。

第22行：27针正针，中间减2针，27针正针。（55针）

第23行：反针。

第24行：26针正针，中间减2针，26针正针。（53针）

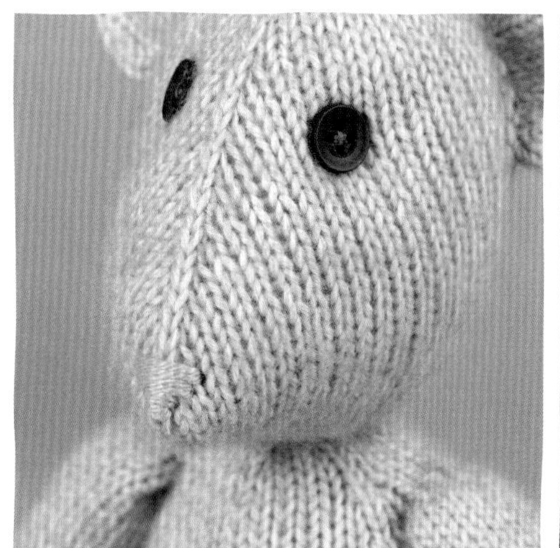

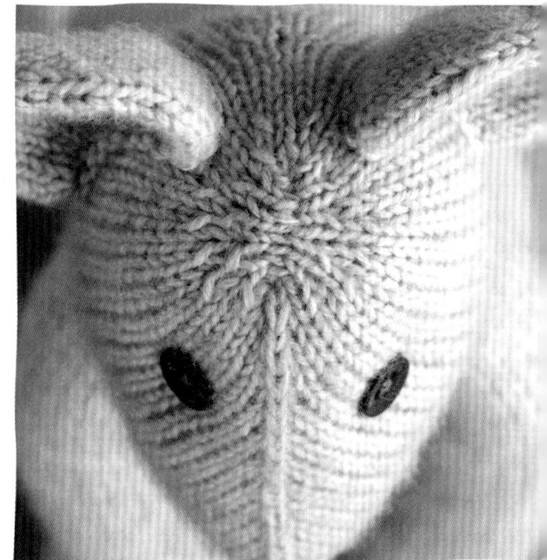

第 25 行：反针。

第 26 行：25 针正针，中间减 2 针，25 针正针。（51 针）

第 27 行：反针。

第 28 行：1 针正针，2 针正针并为 1 针，21 针正针，中间减 2 针，21 针正针，以正针方式滑 2 针，穿过后面线圈正针织在一起，1 针正针。（47 针）

第 29 行：反针。

第 30 行：22 针正针，中间减 2 针，22 针正针。（45 针）

第 31 行：反针。

第 32 行：1 针正针，2 针正针并为 1 针，18 针正针，中间减 2 针，18 针正针，以正针方式滑 2 针，穿过后面线圈正针织在一起，1 针正针。（41 针）

第 33 行：反针。

第 34 行：19 针正针，中间减 2 针，19 针正针。（39 针）

第 35 行：反针。

第 36 行：1 针正针，2 针正针并为 1 针，16 针正针，滑 1 针，16 针正针，以正针方式滑 2 针，穿过后面线圈正针织在一起，1 针正针。（37 针）

第 37 行：反针。

第 38 行：18 针正针，滑 1 针，18 针正针。

第 39 行：反针。

第 40 行：1 针正针，2 针正针并为 1 针，3 针正针，（2 针正针并为 1 针）4 次，3 针正针，中间减 2 针，3 针正针，（以正针方式滑 2 针，穿过后面线圈正针织在一起）4 次，3 针正针，以正针方式滑 2 针，穿过后面线圈正针织在一起，1 针正针。（25 针）

第 41 行：反针。

第 42 行：1 针正针，2 针正针并为 1 针（5 次），中间减 2 针，（以正针方式滑 2 针，穿过后面线圈正针织在一起）5 次，1 针正针。（13 针）

第 43 行：反针。

收针。

耳朵（制作两只耳朵）

使用纱线 A，2.75mm 棒针，起针 25 针。

第 1 行（反面）：反针。

第 2 行：7 针正针，加 1 针，2 针正针，（加 1 针，1 针正针）8 次，1 针正针，加 1 针，7 针正针。（35 针）

第 3~7 行：正面所有针织正针，反面所有针织反针，5 行。

第 8 行：（7 针正针，2 针正针并为 1 针，一次以正针方式滑 2 针，穿过后面线圈正针织在一起，6 针正针）2 次，1 针正针。（31 针）

第 9~11 行：正面所有针织正针，反面所有针织反针，3 行。

第 12 行：（6 针正针，2 针正针并为 1 针，一次以正针方式滑 2 针，穿过后面线圈正针织在一起，5 针正针）2 次，1 针正针。（27 针）

第 13 行：反针。

第 14 行：（5 针正针，2 针正针并为 1 针，一次以正针方式滑 2 针，穿过后面线圈正针织在一起，4 针正针）2 次，1 针正针。（23 针）

第 15 行：反针。

第 16 行：（4 针正针，2 针正针并为 1 针，一次以正针方式滑 2 针，穿过后面线圈正针织在一起，3 针正针）2 次，1 针正针。（19 针）

第 17 行：（3 针反针，以正针方式滑 2 针，穿过后面线圈反针织在一起，2 针反针并为 1 针，2 针反针）2 次，1 针反针。（15 针）

剪断纱线，留长线尾。使用挂毯手工缝纫针，将线尾从针的左侧穿过针脚，然后拉紧收拢针脚。

尾巴

使用纱线 A，2.75mm 棒针，起针 16 针。

第 1 行（反面）：反针。

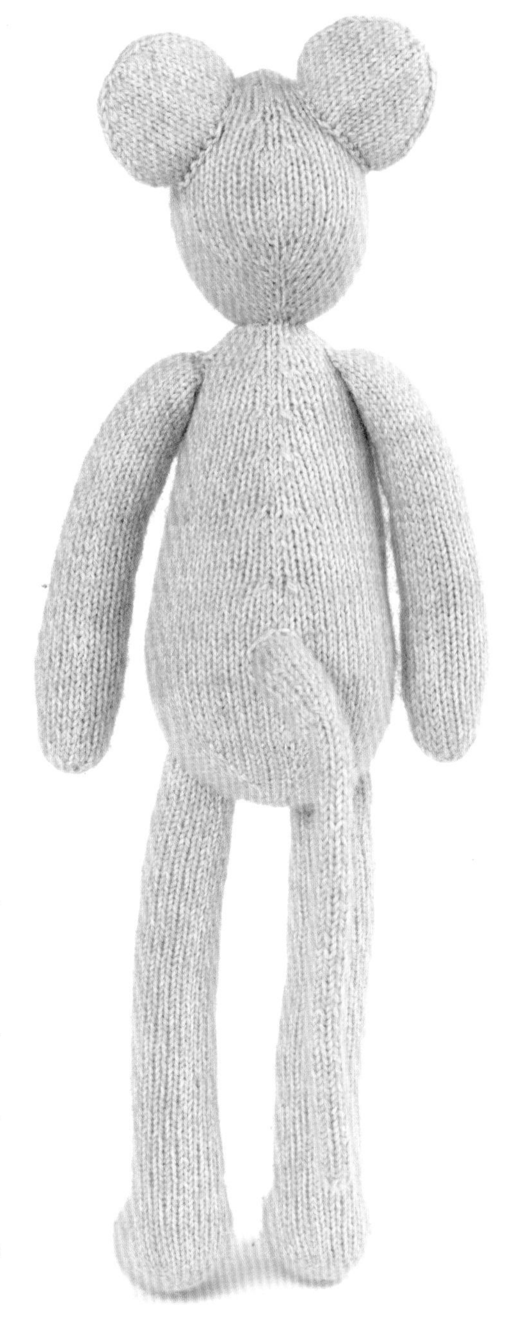

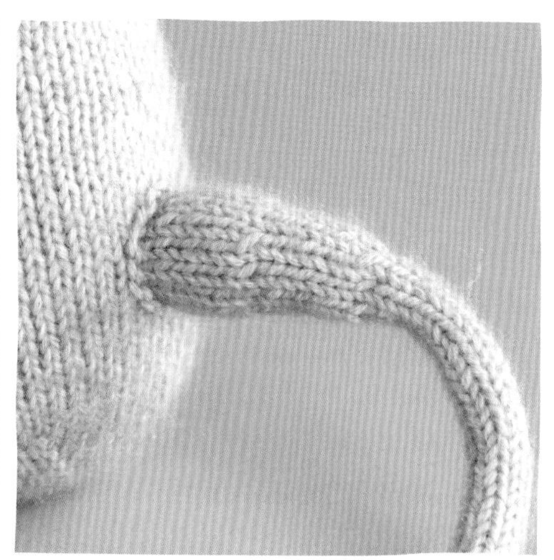

第 2~7 行：正面所有针织正针，反面所有针织反针，6 行。

第 8 行：（1 针正针，2 针正针并为 1 针，2 针正针，一次以正针方式滑 2 针，穿过后面线圈正针织在一起，1 针正针）2 次。（12 针）

第 9~15 行：正面所有针织正针，反面所有针织反针，7 行。

第 16 行：（1 针正针，2 针正针并为 1 针，1 针正针，一次以正针方式滑 2 针，穿过后面线圈正针织在一起）2 次。（8 针）

第 17~77 行：正面所有针织正针，反面所有针织反针，61 行。

第 78 行：1 针正针，2 针正针并为 1 针（3 次），1 针正针。（5 针）

第 79 行：反针。

剪断纱线，留长线尾。使用挂毯手工缝纫针，将线尾从针的左侧穿过针脚，然后拉紧收拢针脚。

身体躯干

与“身体躯干一单色”织法相同（参阅“通用的身体各部分”）。

手臂（制作两只手臂）

与“手臂”织法相同（参阅“通用的身体各部分”）。

腿（制作两条腿）

与“腿一单色”织法相同（参阅“通用的身体各部分”）。

合成

按照技术那一章节的要领操作（参阅“技术：合成你的动物”）。

服装的花样图案

荷叶边上衣

这件上衣是自上而下编织的，无接缝，往返针，插肩袖，后片有一个纽扣的位置。

使用纱线 A，3mm 棒针，起针 31 针。

第 1 行（反面）：正针。

第 2 行（扣眼行）：1 针正针，空针，2 针正针并为 1 针，正针织到结尾。

换成 3.5mm 棒针。

第 3 行：3 针正针，4 针反针，放置针织标记，4 针反针，放置针织标记，10 针反针，放置针织标记，4 针反针，放置针织标记，3 针反针，3 针正针。

第 4 行：（正针织到标记物，右加 1 针，滑针标记，1 针正针，左加 1 针）4 次，正针织到结尾。（39 针）

第 5 行：3 针正针，反针织到剩余 3 个针脚，3 针正针。

第 6 行：2 针正针，（3 针正针，1 针反针）织到标记物前 1 个针脚，（正针织到标记物，右加 1 针，滑针标记，1 针正针，左加 1 针）2 次，1 针正针，（1 针反针，3 针正针）织到标记物前 2 个针脚，1 针反针，（正针织到标记物，右加 1 针，滑针标记，1 针正针，左加 1 针）2 次，1 针正针，（1 针反针，3 针正针）织到剩余 2 个针脚，2 针正针。（47 针）

第 7 行：3 针正针，反针织到剩余 3 个针脚，3 针正针。

第 8 行：（正针织到标记物，右加 1 针，滑针标记，1 针正针，左加 1 针）4 次，正针织到结尾。（55 针）

第 9 行：3 针正针，反针织到剩余 3 个针脚，3 针正针。

第 10 行：（3 针正针，1 针反针）织到标记物前 1 个针脚，（正针织到标记物，右加 1 针，滑针标记，1 针正针，左加 1 针）2 次，1 针正针，（1 针反针，3 针正针）织到标记物前 2 个针脚，1 针反针，（正针织到标记物，右加 1 针，滑针标记，1 针正针，左加 1 针）2 次，1 针正针，（1 针反针，3 针正针）织到结尾。（63 针）

第 11~13 行：重复 1 次第 7~9 行。（71 针）

第 14 行（扣眼行）：1 针正针，空针，2 针正针并为 1 针，（2 针正针，1 针反针，1 针正针）2 次，（正针织到标记物，右加 1 针，滑针标记，1 针正针，左加 1 针）2 次，1 针正针，（1 针反针，3 针正针）织到标记物前 2 个针脚，1 针反针，（正针织到标记物，右加 1 针，滑针标记，1 针正针，左加 1 针）2 次，

1针正针，（1针反针，3针正针）织到剩余2个针脚，2针正针。（79针）

第15~17行：重复1次第7~9行。（87针）

第18行：与第10行相同。（95针）

第19~21行：重复1次第7~9行。（103针）

第22行：与第6行相同。（111针）

第23行：编织过程中移除标记物，3针正针，14针反针（左后片），以反针的方式收23针（袖子），31针反针（前片），以反针的方式收23针（袖子），14针反针，3针正针（右后片）。（65针）

第24行：17针正针，放置针织标记，带1针（2次），31针正针，放置针织标记，带1针（2次），正针织到结尾。（69针）

第25行：3针正针，反针织到最后剩余3个针脚，3针正针。

第26行（扣眼行）：1针正针，空针，2针正针并为1针，*（1针反针，3针正针）织到标记物前2个针脚，1针反针，4针正针；从*处开始重复编织1次，（1针反针，3针正针）织到结尾。

第27行：3针正针，反针织到剩余3个针脚，3针正针。

第28行：（正针织到标记物，右加1针，滑针标记，2针正针，左加1针）2次，正针织到结尾。（73针）

第29行：3针正针，反针织到剩余3个针脚，3针正针。

第30行：2针正针，（3针正针，1针反针）织到标记物，2针正针，（1针反针，3针正针）织到标记物前1个针脚，1针反针，2针正针，（1针反针，3针正针）织到剩余2个针脚，2针正针。

第31~33行：重复1次第27~29行。（77针）

第34行：（3针正针，1针反针）织到标记物前3个针脚，4针正针，（1针反针，3针正针）织到标记物，1针反针，4针正针，（1针反针，3针正针）织到结尾。

第35~37行：重复1次第27~29行。（81针）

第38行（扣眼行）：1针正针，空针，2针正针并为1针，2针正针，*（1针反针，3针正针）织到标记物前3个针脚，1针反针，2针正针；从*处开始重复编织1次，（1针反针，3针正针）织到最后剩余2个针脚，2针正针。

第39行：3针正针，反针织到剩余3个针脚，3针正针。

第40行：正针。

第41行：3针正针，反针织到剩余3个针脚，3针正针。

第42行：3针正针，（3针反针，左加1针，1针正针，右加1针）织到最后剩余6个针脚，3针反针，3针正针。（117针）

第43行：3针正针，（3针正针，3针反针）织到最后剩余6个针脚，6针正针。

第44行：3针正针，（3针反针，左加1针，3针正针，右加1针）织到最后剩余6个针脚，3针反针，3针正针。（153针）

第45行：3针正针，（3针正针，5针反针）织到最后剩余6个针脚，6针正针。

第46行：3针正针（3针反针，左加1针，5针正针，右加1针）织到最后剩余6个针脚，3针反针，3针正针。（189针）

第47行：3针正针，（3针正针，7针反针）织到最后剩余6个针脚，6针正针。

第48行：3针正针，（3针反针，7针正针）织到最后剩余6个针脚，3针反针，3针正针。

第49行：正针。

收针行：重复1次第48行，同时收针所有针脚。

装扮

1. 整平毛衣。
2. 把纽扣缝在上衣背面左侧位置，使其与扣眼相匹配。

七分裤

裤子自上而下进行编织，除褶边外没有任何接缝，褶边分开制作，然后缝到裤子上。

裤子的上半部分织往返针，后面留有钉纽扣的位置，并且多织一些短行来塑造臀围的大小。裤子的下半部分和腿部进行圈织。

使用纱线B，3mm棒针，起针52针。

第1行（反面）：正针。

第2行：正针。

第3行（扣眼行）：正针编织直到剩余3个针脚，2针正针并为1针，空针，1针正针。

第4~5行：正针织2行。

换成3.5mm棒针。

第6行：［1针正针，在同一个线圈里织2针正针（从线圈的前面织1针正针，再从线圈的后面织1针正针）］11次，在同一个线圈里织2针正针（3次），1针正针，在同一个线圈里织2针正针（4次），（1针正针，在同一个线圈里织2针正针）10次，2针正针。（80针）

第7行：2针正针，8针反针，翻面。

第8行：空针，正针织到结尾。

第9行：2针正针，8针反针，以正针方式滑2针，穿过后面线圈反针织在一起，2针反针，翻面。

第10行：空针，正针织到结尾。

第11行：2针正针，11针反针，以正针方式滑2针，穿过后面线圈反针织在一起，2针反针，翻面。

第12行：空针，正针织到结尾。

第13行：2针正针，14针反针，以正针方式滑2针，穿过后面线圈反针织在一起，2针反针，翻面。

第14行：空针，正针织到结尾。

第15行：2针正针，17针反针，以正针方式滑2针，穿过后面线圈反针织在一起，反针织到最后剩余2针，2针正针。

第16行：10针正针，翻面。

第17行：空针，反针织到最后剩余2针，2针正针。

第18行：10针正针，2针正针并为1针，2针正针，翻面。

第19行（扣眼行）：空针，反针编织直到剩余3个针脚，2针反针并为1针，空针，1针正针。

第20行：13针正针，2针正针并为1针，2针正针，翻面。

第21行：空针，反针织到最后剩余2个针脚，2针正针。

第22行：16针正针，2针正针并为1针，2针正针，翻面。

第23行：空针，反针织到最后剩余2个针脚，2针正针。

第24行：19针正针，2针正针并为1针，正针织到结尾。

第25行：2针正针，反针织到最后剩余2个针脚，2针正针。

第26行：正针。

第27行（扣眼行）：2针正针，反针编织直到剩余3个针脚，2针反针并为1针，空针，1针正针。

第28行：正针。

第29行：2针正针，反针织到最后剩余2个针脚，2针正针。

第30~31行：再重复1次前面的最后2行。

第32行：换成3.5mm环形针，正针织到最后剩余2个针脚，把最后2针滑到麻花针上（不用编织）。连接在一起进行圈织。

第33圈：把麻花针放在左手针前2针的后面，同时编织左手针和麻花针的第1针，并标记为第1圈的起点，接下来将左手针的针脚与麻花针剩余的针脚一起进行编织，正针织到结尾。（78针）

第34~37圈：正针织4圈。

第38圈：1针正针，左加1针，正针织到最后剩余1个针脚，右加1针，1针正针。（80针）

第39~40圈：正针织2圈。

第41圈：1针正针，左加1针，正针织到最后剩余1个针脚，右加1针，1针正针。（82针）

第42圈：40针正针，右加1针，2针正针，左加1针，正针织到结尾。（84针）

第43圈：1针正针，左加1针，正针织到最后剩余1个针脚，右加1针，1针正针。（86针）

第44圈：正针。

第45圈：1针正针，左加1针，41针正针，右加1针，2针正针，左加1针，41针正针，右加1针，1针正针。（90针）

第46圈：正针。

第47圈：1针正针，左加1针，43针正针，右加1针，2针正针，左加1针，43针正针，右加1针，1针正针。（94针）

第48圈：正针。

分开织腿部

第49圈：47针正针（右腿），把接下来的47针（不用编织）放到回丝纱线上（左腿）。

右腿

第50~53圈：正针织4圈。

第54圈：以正针方式滑2针，穿过后面线圈正针织在一起，22针正针，2针正针并为1针，正针织到结尾。（45针）

第55~61圈：正针织7圈。

第62圈：以正针方式滑2针，穿过后面线圈正针织在一起，20针正针，2针正针并为1针，正针织到结尾。（43针）

第63~67圈：正针织5圈。

第68圈：以正针方式滑2针，穿过后面线圈正针织在一起，18针正针，2针正针并为1针，正针织到结尾。（41针）

第69圈：19针正针，1针反针，3针正针，1针反针，正针织到结尾。

第70~73圈：重复4次前面的最

后 1 圈。

第 74 圈： 以正针方式滑 2 针，穿过后面线圈正针织在一起，15 针正针，2 针正针并为 1 针，1 针反针，3 针正针，1 针反针，正针织到结尾。（39 针）

第 75 圈： 17 针正针，1 针反针，3 针正针，1 针反针，正针织到结尾。

第 76~79 圈： 重复 4 次前面的最后 1 圈。

换成 3mm 环形针。

第 80 圈： 正针。

第 81 圈： 反针。

第 82 圈：（2 针正针，2 针正针并为 1 针）织到最后剩余 3 个针脚，3 针正针。（30 针）

第 83 圈： 反针。

狗牙针收针：2 针正针，把右手针上这两针的底部一针挪到顶部一针的上面（图 1），* 再把这一针滑回到左手针上，再起 2 针正针（图 2），收 4 针（图 3）；从 * 处开始重复编织，直到所有针脚完成收针。

左腿

第 49 圈： 把回丝纱线上的针脚转移到 3.5mm 环形针上，重新连接纱线，正针织 1 圈，放置标记作为圈织的起点。

第 50~53 圈： 正针织 4 圈。

第 54 圈： 21 针正针，以正针方式滑 2 针，穿过后面线圈正针织在一起，22 针正针，2 针正针并为 1 针。（45 针）

第 55~61 圈： 正针织 7 圈。

第 62 圈： 21 针正针，以正针方式滑 2 针，穿过后面线圈正针织在一起，20 针正针，2 针正针并为 1 针。（43 针）

第 63~67 圈： 正针织 5 圈。

第 68 圈： 21 针正针，以正针方式滑 2 针，穿过后面线圈正针织在一起，18 针正针，2 针正针并为 1 针。（41 针）

第 69 圈： 17 针正针，1 针反针，3 针正针，1 针反针，正针织到结尾。

第 70~73 圈： 重复 4 次前面的最后 1 圈。

第 74 圈： 17 针正针，1 针反针，3 针正针，1 针反针，以正针方式滑 2 针，穿过后面线圈正针织在一起，15 针正针，2 针正针并为 1 针。（39 针）

第 75 圈： 17 针正针，1 针反针，3 针正针，1 针反针，正针织到结尾。

第 76~79 圈： 重复 4 次前面的最后 1 圈。

换成 3mm 环形针。

第 80 圈： 正针。

第 81 圈： 反针。

第 82 圈： 1 针正针，（2 针正针，2 针正针并为 1 针）织到最后剩余 2 个针脚，2 针正针。（30 针）

第 83 圈： 反针。

狗牙针收针：2 针正针，把右手针上这两针的底部一针挪到顶部一针的上面，* 再把这一针滑回到左手针上，再起 2 针正针，收 4 针；从 * 处开始重复编织，直到所有针脚完成收针。

褶边（制作 4 条）

使用纱线 A，3.5mm 棒针，起针 11 针。

第 1 行（反面）：（1 针正针，1 针反针）织到最后剩余 1 个针脚，1 针正针。

收针行：1 针正针，（1 针正针，1 针反针）织到最后剩余 2 个针脚，2 针正针（一边编织，一边完成收针）。

装扮

1. 如有必要，在两条腿的连接处缝上几针，使洞洞闭合。
2. 整平裤子。
3. 让褶边的正面对着你，沿着每条腿底部反针针迹的竖纹垂直线形成的凹槽进行缝制。
4. 在每条腿底部的两条褶边中间缝上 3 粒纽扣。
5. 在裤子背面左侧纽扣的位置缝上几粒扣子，使它们与扣眼相匹配。

开衫

开衫从上至下进行编织，没有接缝，

插肩袖。开衫的主体部分往返针编织，袖子进行圈织。

使用纱线C，3mm棒针，起针39针。

第1行（反面）： 正针。

第2行（扣眼行）： 1针正针，空针，2针正针并为1针，正针织到结尾。换成3.5mm棒针。

第3行： 3针正针，5针反针，放置针织标记，6针反针，放置针织标记，12针反针，放置针织标记，6针反针，放置针织标记，4针反针，3针正针。

第4行：（正针织到标记物，右加1针，滑针标记，1针正针，左加1针）4次，正针织到结尾。（47针）

第5行： 3针正针，反针织到剩余3个针脚，3针正针。

第6~11行： 重复3次前面的最后2行。（71针）

第12行： 3针正针，以正针方式滑2针，穿过后面线圈正针织在一起，（正针织到标记物，右加1针，滑针标记，1针正针，左加1针）4次，正针织到剩余5个针脚，2针正针并为1针，3针正针。（77针）

第13行： 3针正针，反针织到剩余3个针脚，3针正针。

第14行：（正针织到标记物，右加1针，滑针标记，1针正针，左加1针）4次，正针织到结尾。（85针）

第15行： 3针正针，反针织到剩余3个针脚，3针正针。

第16~19行： 重复1次第12~15行。（99针）

第20~23行： 重复2次第12~13行。（111针）

第24行： 3针正针，以正针方式滑2针，穿过后面线圈正针织在一起，*正针织到标记物，滑针标记，1针正针（左前片），把接下来的25针（不用编织）放到回丝纱线上（袖子），移除针织标记；从*

处开始再重复编织1次（后片和第二只袖子），正针织到最后剩余5个针脚，2针正针并为1针，3针正针（右前片）。（59针）

第25行：3针正针，反针织到剩余3个针脚，3针正针。

第26行：3针正针，以正针方式滑2针，穿过后面线圈正针织在一起，（正针织到标记物，右加1针，滑针标记，2针正针，左加1针）2次，正针织到剩余5个针脚，2针正针并为1针，3针正针。（61针）

第27行：3针正针，反针织到剩余3个针脚，3针正针。

第28行：3针正针，以正针方式滑2针，穿过后面线圈正针织在一起，正针织到剩余5个针脚，2针正针并为1针，3针正针。（59针）

第29行：3针正针，2针反针并为1针，反针织到剩余5个针脚，以正针方式滑2针，穿过后面线圈反针织在一起，3针正针。（57针）

第30~32行：重复1次前面的最后2行，然后再重复1次第28行。（51针）

换成3mm棒针。

第33~35行：正针织3行。

狗牙针收针：2针正针，把右手针上这两针的第1针挪到第2针上面，*再把这一针滑到左手针上，再起2针正针，收4针；从*处开始重复编织，直到所有针脚完成收针。

袖子

从手臂下面开始编织，把一只袖子回丝纱线上的25针均匀整齐地滑到3根3.5mm双尖头编织针上，重新把线连接起来。使用第4根双尖头编织针开始进行圈织。

第1~3圈：正针织3圈。

第4圈：1针正针，左加1针，织到最后剩余1针，右加1针，1针正针。（27针）

第5~11圈：正针织7圈。

第12圈：1针正针，左加1针，正针织到最后剩余1针，右加1针，1针正针。（29针）

第13~18圈：正针织6圈。

换成一套3mm双尖头编织针。

第19圈：正针。

第20圈：反针。

第21圈：（2针正针，2针正针并为1针）织到最后剩余1个针脚，1针正针。（22针）

第22圈：反针。

狗牙针收针：2针正针，把右手针上这两针的第1针挪到第2针的上面，*再把这一针滑到左手针上，再起2针正针，收4针；从*处开始重复编织，直到所有针脚完成收针。

装扮

1.整平开衫。

3.把纽扣缝在右侧上面，使其与扣眼相匹配。

玛丽珍鞋

使用纱线B编织鞋底，按照玛丽珍鞋的图案（参阅“鞋子及配饰”），用纱线C编织鞋面。

聪慧狐夏洛特

从方方面面来看，夏洛特都是非常聪明的狐狸！她漂亮的连衣裙和亚麻外套是到城市旅行的最佳组合。她背着挎包，里面放着打包的午餐，去了科学博物馆。

您需要准备

编织夏洛特的身体需要准备

斯卡巴德石洗（Scheepjes Stonewashed）纱线（50g/130m；78% 棉/22%丙烯酸纤维）颜色如下：

- 纱线A橙色（珊瑚816）2团
- 纱线B乳白色（月亮石801）1团

2.75mm（美国2）棒针

玩具填充物

2mm × 10mm（1/2in）的纽扣

少许4合股纱线，用于手绣鼻子

编织夏洛特的装束需要准备

斯卡巴德卡托纳（Scheepjes Catona）纱线（10g/25m、25g/62m 或者50g/125m；100% 棉）颜色如下：

- 纱线A绿色（鼠尾草212）2 × 50g/团
- 纱线B浅蓝色（淡蓝509）1 × 50g/团
- 纱线C乳白色（老花边130）1 × 25g/团
- 纱线D棕色（根汁汽水157）1 × 10g/团

3.5mm（美国4）棒针

3.5mm（美国4）环形针（23cm/9in长）

一套4根3.5mm（美国4）双尖头编织针

3mm（美国2 1/2）棒针

3mm（美国2 1/2）环形针（23cm/9in长）

一套4根3mm（美国2 1/2）双尖头编织针

回丝纱线

麻花针

针织夹子

14个小纽扣

在开始编织之前，请您阅读本书开头部分的"注意事项"

狐狸各部位的花样图案

头

从颈部开始：

使用纱线A，2.75mm棒针，起针11针。

第1行（反面）：（A）4针反针，（B）3针反针，（A）4针反针。

第2行：（A）（1针正针，加1针）3次，1针正针，（B）（加1针，1针正针）3次，加1针，（A）（1针正针，加1针）3次，1针正针。（21针）

第3行：（A）7针反针，（B）7针反针，（A）7针反针。

第4行：（A）（2针正针，加1针）3次，1针正针，（B）1针正针，加1针，（2针正针，加1针）3次，（A）（2针正针，加1针）3次，1针正针。（31针）

第5行：（A）10针反针，（B）11针反针，（A）10针反针。

第6行：（A）1针正针，左加1针，9针正针，（B）11针正针，（A）9针正针，右加1针，1针正针。（33针）

第7行：（A）11针反针，（B）11针反针，（A）11针反针。

第8行：（A）1针正针，左加1针，10针正针，（B）5针正针，右加1针，1针正针，左加1针，5针正针，（A）10针正针，右加1针，1针正针。（37针）

第9行：（A）12针反针，（B）13针反针，（A）12针反针。

第10行：（A）1针正针，左加1针，11针正针，（B）6针正针，右加1针，1针正针，左加1针，6针正针，（A）11针正针，右加1针，1针正针。（41针）

第11行：（A）13针反针，（B）7针反针，左加1针反针，1针反针，右加1针反针，7针反针，（A）13针反针。（43针）

第12行：（A）1针正针，左加1针，12针正针，（B）8针正针，右加1针，1针正针，左加1针，8针正针，（A）12针正针，右加1针，1针正针。（47针）

第13行：（A）14针反针，（B）9针反针，左加1针反针，1针反针，右加1针反针，9针反针，（A）14针反针。（49针）

第14行：（A）14针正针，（B）10针正针，右加1针，1针正针，左加1针，10针正针，（A）14针正针。（51针）

第15行：（A）14针反针，（B）11针反针，左加1针反针，1针反针，右加1针反针，11针反针，（A）14针反针。（53针）

第16行：（A）1针正针，左加1针，13针正针，（B）12针正针，右加1针，1针正针，左加1针，12针正针，（A）13针正针，右加1针，1针正针。（57针）

第17行：（A）15针反针，（B）27针反针，（A）15针反针。

第18行：（A）15针正针，（B）13针正针，右加1针，1针正针，左加1针，13针正针，（A）15针正针。（59针）

第19行：（A）15针反针，（B）29针反针，（A）15针反针。

第20行：（A）16针正针，（B）13针正针，滑1针，13针正针，（A）16针正针。

第21行：（A）16针反针，（B）27针反针，（A）16针反针。

第22行：（A）17针正针，（B）11针正针，中间减2针，11针正针，（A）17针正针。（57针）

仅使用纱线A继续进行编织。

第23行：反针。

第24行：27针正针，中间减2针，27针正针。（55针）

第25行：26针反针，反针中间减2针，26针反针。（53针）

第26行：25针正针，中间减2针，25针正针。（51针）

第27行：24针反针，反针中间减2针，24针反针。（49针）

第28行：1针正针，2针正针并为1针，20针正针，中间减2针，20针正针，以正针方式滑2针，穿过后面线圈正针织在一起，1针正针。（45针）

第29行：21针反针，反针中间减2针，21针反针。（43针）

第30行：20针正针，中间减2针，20针正针。（41针）

第31行：反针。

第32行：1针正针，2针正针并为1针，17针正针，滑1针，17针正针，以正针方式滑2针，穿过后面线圈正针织在一起，1针正针。（39针）

第33行：反针。

第34行：19针正针，滑1针，19针正针。

第35行：反针。

第36行：1针正针，2针正针并为1针，16针正针，滑1针，16针正针，以正针方式滑2针，穿

过后面线圈正针织在一起，1针正针。（37针）

第37行：反针。

第38行：18针正针，滑1针，18针正针。

第39行：反针。

第40行：1针正针，2针正针并为1针，3针正针，2针正针并为1针（4次），3针正针，中间减2针，3针正针，（以正针方式滑2针，穿过后面线圈正针织在一起）4次，3针正针，以正针方式滑2针，穿过后面线圈正针织在一起，1针正针。（25针）

第41行：反针。

第42行：1针正针，2针正针并为1针（5次），中间减2针，（以正针方式滑2针，穿过后面线圈正针织在一起）5次，1针正针。（13针）

第43行：反针。

收针。

耳朵（制作两只耳朵）

使用纱线A，2.75mm棒针，起针21针。

第1行（反面）：（A）8针反针，（B）5针反针，（A）8针反针。

第2行：（A）8针正针，（B）（1针正针，加1针）4次，1针正针，（A）8针正针。（25针）

第3行：（A）8针反针，（B）9针反针，（A）8针反针。

第4行：（A）8针正针，（B）9针正针，（A）8针正针。

第5~7行：重复1次前面的最后2行，然后再重复1次第3行。

第8行：（A）5针正针，2针正针并为1针，1针正针，（B）以正针方式滑2针，穿过后面线圈正针织在一起，5针正针，2针正针并为1针，（A）1针正针，以正针方式滑2针，穿过后面线圈正针织在一起，5针正针。（21针）

第9行：（A）7针反针，（B）7针反针，（A）7针反针。

第10行：（A）7针正针，（B）7针正针，（A）7针正针。

第11行：（A）7针反针，（B）7针反针，（A）7针反针。

第12行：（A）4针正针，2针正针并为1针，1针正针，（B）以正针方式滑2针，穿过后面线圈正针织在一起，3针正针，2针正针并为1针，（A）1针正针，以正针方式滑2针，穿过后面线圈正针织在一起，4针正针。（17针）

第13行：（A）6针反针，（B）5针反针，（A）6针反针。

第14行：（A）3针正针，2针正针并为1针，1针正针，（B）以正针方式滑2针，穿过后面线圈正针织在一起，1针正针，2针正针并为1针，（A）1针正针，以正针方式滑2针，穿过后面线圈正针织在一起，3针正针。（13针）

第15行：（A）5针反针，（B）3针反针，（A）5针反针。

仅使用纱线A继续进行编织。

第16行：2针正针，2针正针并为1针，以正针方式滑2针，穿过后面线圈正针织在一起，1针正针，2针正针并为1针，以正针方式滑2针，穿过后面线圈正针织在一起，2针正针。（9针）

第17行：反针。

第18行：1针正针，2针正针并为1针，以正针方式滑1针，2针正针并为1针，越过滑针，以正针方式滑2针，穿过后面线圈正针织在一起，1针正针。（5针）

第19行：反针。

剪断纱线，留长线尾。使用挂毯手工缝纫针，将线尾从针的左侧穿过针脚，然后拉紧收拢针脚。

尾巴

使用纱线A，2.75mm棒针，起针19针。

第1行（反面）：反针。

第2~5行：正面所有针织正针，反面所有针织反针，4行。

第6行：4针正针，（加1针，6针正针）2次，加1针，3针正针。（22针）

第7~9行：正面所有针织正针，反面所有针织反针，3行。

第10行：1针正针，（加1针，7针正针）3次。（25针）

第11~13行：正面所有针织正针，反面所有针织反针，3行。

第14行：3针正针，（加1针，4针正针）5次，加1针，2针正针。（31针）

第15~36行：正面所有针织正针，反面所有针织反针，22行。

换成纱线B。

第37行：反针。

第38行：6针正针，以正针方式滑2针，穿过后面线圈正针织在一起，1针正针，2针正针并为1针，20针正针。（29针）

第39行：反针。

第40行：19针正针，以正针方式滑2针，穿过后面线圈正针织在一起，1针正针，2针正针并为1针，5针正针。（27针）

第41行：反针。

第42行：5针正针，以正针方式滑2针，穿过后面线圈正针织在一起，1针正针，2针正针并为1针，17针正针。（25针）

第43行：反针。

第44行：（4针正针，以正针方式滑2针，穿过后面线圈正针织在一起，1针正针，2针正针并为1针，3针正针）2次，1针正针。（21针）

第45行：反针。

第46行：（3针正针，以正针方式滑2针，穿过后面线圈正针织在一起，1针正针，2针正针并为1针，2针正针）2次，1针正针。（17针）

第47行：反针。

第48行：（2针正针，以正针方式滑2针，穿过后面线圈正针织在一起，1针正针，2针正针并为1针，1针正针）2次，1针正针。（13针）

第49行：反针。

第50行：（1针正针，以正针方式滑2针，穿过后面线圈正针织在一起，1针正针，2针正针并为1针）2次，1针正针。（9针）

第51行：反针。

第52行：以正针方式滑2针，穿过后面线圈正针织在一起，1针正针，2针正针并为1针，中间减2针，1针正针。（5针）

第53~54行：正面所有针织正针，反面所有针织反针，2行。

剪断纱线，留长线尾。使用挂毯手工缝纫针，将线尾从针的左侧穿过针脚，然后拉紧收拢针脚。

身体躯干

与“身体躯干—前后不同色”织法相同（参阅“通用的身体各部分”）。

手臂（制作两只手臂）

与“手臂”织法相同（参阅“通用的身体各部分”）。

腿（制作两条腿）

与“腿—不同色彩的脚掌”织法相同（参阅“通用的身体各部分”）。

合成

按照技术那一章节的要领操作（参阅“技术：合成你的动物”）。

服装的花样图案

亚麻针织外套

外套从上至下编织，插肩袖，除了口袋没有接缝，口袋单独编织后缝到外套上面。外套、衣领和口袋往返针编织，袖子进行圈织。

使用纱线A，3.5mm棒针，起针55针。

第1行（反面）：1针正针，（1针反针，滑1针，将线放在织物后面）4次，2针反针，放置针织标记，（1针反针，滑1针，将线放在织物后面）3次，2针反针，放置针织标记，（1针反针，滑1针，将线放在织物后面）8次，2针反针，放置针织标记，（1针反针，滑1针，将线放在织物后面）3次，2针反针，放置针织标记，（1针反针，滑1针，将线放在织物后面）织到最后剩余2个针脚，1针反针，1针正针。

第2行：（1针正针，滑1针，将线放在织物前面）织到针织标记处，右加1针，滑针标记，1针正针，左加1针，*（滑1针，将线放在织物前面，1针正针）织到标记物前1针，滑1针，将线放在织物前面，右加1针，滑针标记，1针正针，左加1针；从*处开始重复2次，（滑1针，将线放在织物前面，1针正针）织到结尾。（63针）

第3行：1针正针，（1针反针，滑1针，将线放在织物后面）织到最后剩余2个针脚，1针反针，1针正针。

第4行（扣眼行）：1针正针，滑1针，将线放在织物前面，空针，以正针方式滑2针，穿过后面线圈正针织在一起，1针正针，（滑1针，将线放在织物前面，1针正针）织到标记物，右加1针，滑针标记，1针正针，左加1针，*（1针正针，滑1针，将线放在织物前面）织到标记物前1针，1针正针，右加1针，滑针标记，1针正针，左加1针；从*处开始重复2次，1针正针（滑1针，将线放在织物前面，1针正针）织到结尾。（71针）

第5行：1针正针，*（1针反针，滑1针，将线放在织物后面）织

到最后剩余 2 个针脚，2 针反针，滑针标记；从 * 处开始重复 3 次，（1 针反针，滑 1 针，将线放在织物后面）织到最后剩余 2 个针脚，1 针反针，1 针正针。

第 6 行：（1 针正针，滑 1 针，将线放在织物前面）织到针织标记处，右加 1 针，滑针标记，1 针正针，左加 1 针，*（滑 1 针，将线放在织物前面，1 针正针）织到标记物前 1 针，滑 1 针，将线放在织物前面，右加 1 针，滑针标记，1 针正针，左加 1 针；从 * 处开始重复 2 次，（滑 1 针，将线放在织物前面，1 针正针）织到结尾。（79 针）

第 7 行：1 针正针，（1 针反针，滑 1 针，将线放在织物后面）织到最后剩余 2 个针脚，1 针反针，1 针正针。

第 8 行：*（1 针正针，滑 1 针，将线放在织物前面）织到针织标记处，1 针正针，右加 1 针，滑针标记，1 针正针，左加 1 针；从 * 处开始重复 3 次，（1 针正针，滑 1 针，将线放在织物前面）织到剩余 1 针，1 针正针。（87 针）

第 9~19 行：重复 2 次第 5~8 行，之后再重复 1 次第 5~7 行。（127 针）

第 20 行（扣眼行）：与第 4 行相同。（135 针）

第 21~33 行：重复 3 次第 5~8 行，之后再重复 1 次第 5 行。（183 针）

第 34 行：（1 针正针，滑 1 针，将线放在织物前面）织到针织标记处，移除标记，1 针正针（左前片），把接下来的 39 针（不用编织）放到回丝纱线上（袖子），滑针标记，带 1 针，（1 针正针，滑 1 针，将线放在织物前面）织到标记物，移除标记，1 针正针（后片），把接下来的 39 针（不用编织）放到回丝纱线上（袖子），滑针标记，带 1 针，（1 针正针，滑 1 针，将线放在织物前面）织到剩余 1 个针脚，1 针正针（右前片）。（107 针）

第 35 行：1 针正针，（1 针反针，滑 1 针，将线放在织物后面）织到最后剩余 2 个针脚，1 针反针，1 针正针。

第 36 行（扣眼行）：1 针正针，滑 1 针，将线放在织物前面，空针，以正针方式滑 2 针，穿过后面线圈正针织在一起，（1 针正针，滑 1 针，将线放在织物前面）织到剩余 1 个针脚，1 针正针。

第 37 行：1 针正针，（1 针反针，滑 1 针，将线放在织物后面）织到最后剩余 2 个针脚，1 针反针，1 针正针。

第 38 行：（1 针正针，滑 1 针，将线放在织物前面）织到最后剩余 1 个针脚，1 针正针。

第 39 行：1 针正针，（1 针反针，滑 1 针，将线放在织物后面）织到最后剩余 2 个针脚，1 针反针，1 针正针。

第 40 行：*（1 针正针，滑 1 针，将线放在织物前面）织到针织标记处前 1 针，1 针正针，右加 1 针，滑针标记，滑 1 针，将线放在织物前面，左加 1 针；从 * 处开始重复 1 次，（1 针正针，滑 1 针，将线放在织物前面）织到剩余 1 个针脚，1 针正针。（111 针）

第 41~43 行：重复第 37~39 行。

现在开始分开编织外套的左右两片，沿后背中间向下做一个重叠的开衩，分成 2 片。

左片

第 44 行：（1 针正针，滑 1 针，将线放在织物前面）28 次，1 针正针，把接下来的 54 针（不用编织）放到针织夹子上。（57 针）

第 45 行：1 针正针，（1 针反针，滑 1 针，将线放在织物后面）织到最后剩余 2 个针脚，1 针反针，1 针正针。

第 46 行：（1 针正针，滑 1 针，将线放在织物前面）织到剩余 1

个针脚，1针正针。

第47~48行：再重复1次前面的最后2行。

第49行：1针正针，（1针反针，滑1针，将线放在织物后面）织到标记物前2个针脚，1针反针，右加1针反针，滑1针，将线放在织物后面，滑针标记，左加1针反针，（1针反针，滑1针，将线放在织物后面）织到最后剩余2个针脚，1针反针，1针正针。（59针）

第50~51行：重复第38~39行。

第52行（扣眼行）：与外套的第36行相同。

第53~57行：重复2次外套的第37~38行，然后再重复1次外套的第37行。

第58行：（1针正针，滑1针，将线放在织物前面）织到标记物前1个针脚，1针正针，右加1针，滑针标记，滑1针，将线放在织物前面，左加1针，（1针正针，滑1针，将线放在织物前面）织到剩余1个针脚，1针正针。（61针）

第59~66行：重复4次外套的第37~38行。

第67行：1针正针，（1针反针，滑1针，将线放在织物后面）织到标记物前剩余2个针脚，1针反针，右加1针反针，滑1针，将线放在织物后面，滑针标记，左加1针反针，（1针反针，滑1针，将线放在织物后面）织到最后剩余2个针脚，1针反针，1针正针。（63针）

第68~75行：重复4次外套的第38~39行。

第76行：（1针正针，滑1针，将线放在织物前面）织到标记物前1个针脚，1针正针，右加1针，滑针标记，滑1针，将线放在织物前面，左加1针，（1针正针，滑1针，将线放在织物前面）织到剩余1个针脚，1针正针。（65针）

第77~94行：重复1次第59~76行。（69针）

第95~115行：重复外套的第37~38行10次，然后再重复1次外套的第37行。

按图案收针。

右片

第44行：把针织夹子上的针脚放回到针上。正面对着你，从后片中间开始编织，从左边第1行后面挑3针（参阅“技术：起针与针法，挑针”），（滑1针，将线放在织物前面，1针正针）织到结尾。（57针）

第45~51行：与左片第45~51行织法相同。

第52行：（1针正针，滑1针，将线放在织物前面）织到剩余1个针脚，1针正针。

第53~115行：与左片第53~115行织法相同。

按图案收针。

袖子

从手臂下面开始编织，把一只袖子回丝纱线上的39针均匀整齐地滑到3根3.5mm双尖头编织针上，重新把线连接起来。

使用第4根双尖头编织针开始这一圈的编织。

第1圈：从手臂下面挑1针，并且织1针正针，（滑1针，将线放在织物前面，1针正针）织到剩余1个针脚，滑1针，将线放在织物前面，从手臂下面挑1针，并且织1针正针。（41针）

第2圈：（滑1针，将线放在织物前面，1针正针）织到剩余1个针脚，滑1针，将线放在织物前面。

第3圈：（1针正针，滑1针，将线放在织物前面）织到剩余1个针脚，1针正针。

第4~5圈：重复1次前面的最后2圈。

第6圈：滑1针，将线放在织物前面，左加1针，（1针正针，滑

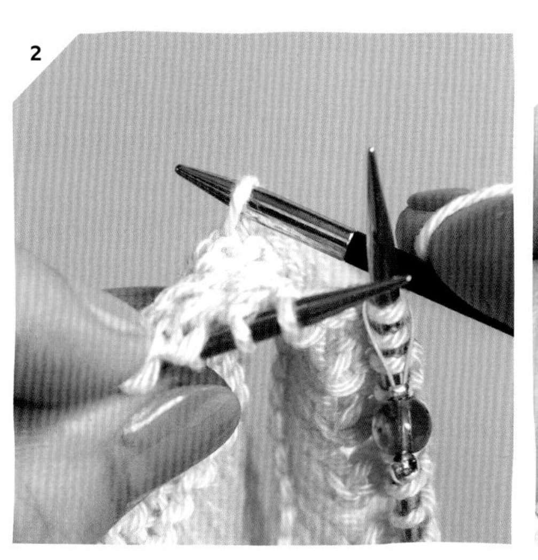

2

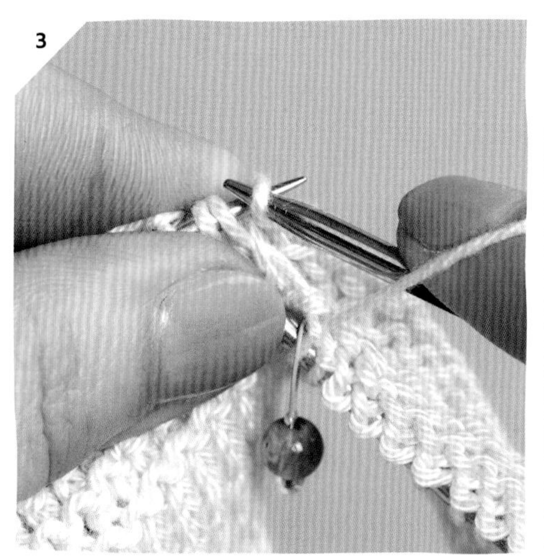

3

4

1针，将线放在织物前面）织到剩余2个针脚，1针正针，右加1针，滑1针，将线放在织物前面。（43针）

第7圈：（滑1针，将线放在织物前面，1针正针）织到剩余1个针脚，滑1针，将线放在织物前面。

第8圈：（1针正针，滑1针，将线放在织物前面）织到剩余1个针脚，1针正针。

第9~12圈：重复1次前面的最后2圈。

第13~33圈：重复3次第6~12圈。（49针）

第34~36圈：重复1次第7~8圈，然后再重复1次第7圈。

按图案收针。

重复以上操作编织第二只袖子。

衣领

使用3.5mm棒针，将外套的反面对着你，从距离前边中间3个针脚开始，到距离前边中间3个针脚结束，绕着脖子一侧的边缘挑起49针（参阅“技术：起针与针法，挑针”）。把衣领的正面对着外套的反面缝制，这样翻过衣领时，就是正面朝外了。

第1行（反面）：1针正针，（1针反针，滑1针，将线放在织物后面）织到最后剩余2个针脚，1针反针，1针正针。

第2行：1针正针，左加1针，（滑1针，将线放在织物前面，1针正针）织到最后剩余2个针脚，滑1针，将线放在织物前面，右加1针，1针正针。（51针）

第3行：1针正针，1针反针，（1针反针，滑1针，将线放在织物后面）织到最后剩余3个针脚，2针反针，1针正针。

第4行：1针正针，左加1针，（1针正针，滑1针，将线放在织物前面）织到最后剩余2个针脚，1针正针，右加1针，1针正针。（53针）

第5~8行：重复1次前面的最后4行。（57针）

第9行：1针正针，（1针反针，滑1针，将线放在织物后面）织到最后剩余2个针脚，1针反针，1针正针。

第10行：（1针正针，滑1针，将线放在织物前面）织到最后剩余1个针脚，1针正针。

第11~13行：重复1次前面的最后2行，然后再重复1次第9行。

第14行：（1针正针，滑1针，将线放在织物前面）织到最后剩余1个针脚，滑1针，将线放在织物后面。

第15行：滑1针，将线放在织物前面，1针反针，越过滑针，（滑1针，将线放在织物后面，1针反针）织到最后剩余1个针脚，滑1针，将线放在织物前面。（56针）

第16行：滑1针，将线放在织物后面，滑1针，将线放在织物前面，将右手针上的第一针放到第二针上面，（1针正针，滑1针，将线放在织物前面）织到最后剩余2个针脚，1针正针，滑1针，将线放在织物后面。（55针）

第17行：滑1针，将线放在织物前面，滑1针，将线放在织物后面，将右手针上的第一针放到第二针上面，（1针反针，滑1针，将线放在织物后面）织到最后剩余1个针脚，滑1针，将线放在织物前面。（54针）

收针行：滑1针，将线放在织物后面，1针正针，越过滑针，滑1针，将线放在织物前面，把右手针底部1针放到顶部1针的前面，*1针正针，把左手针插入右手针2个针脚的前面线圈，再穿过后面线圈正针织在一起（图1），滑1针，将线放在织物后面，并像刚才那样穿过后面线圈将右手针上的2针一起编织；从*处开始重复编织，织到左手针上剩余3个针脚，1针

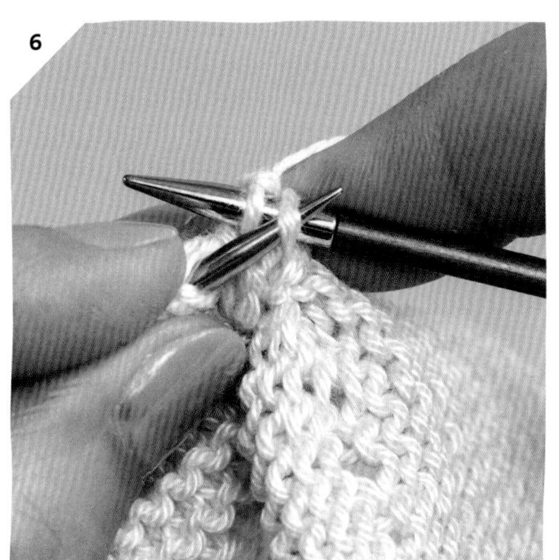

正针，把右手针底部1针放到顶部1针的前面，滑1针，将线放在织物前面，把右手针底部1针放到顶部1针的前面，再把针脚滑回到左手针上，翻面，把底部1针挪到顶部1针前面。

剪断纱线，收紧剩余的针脚。

袖袢（制作2个）

使用纱线A，3.5mm棒针，起针17针。

第1行（反面）：1针正针，（1针反针，滑1针，将线放在织物后面）织到最后剩余2个针脚，1针反针，1针正针。

第2行：（1针正针，滑1针，将线放在织物前面）织到最后剩余1个针脚，1针正针。

第3~5行：重复1次前面的最后2行，然后再重复1次第1行。

按图案收针。

口袋（制作2个）

使用纱线A，3mm棒针，起针15针。

第1行（反面）：1针正针，（1针反针，滑1针，将线放在织物后面）织到最后剩余2个针脚，1针反针，1针正针。

第2行：（1针正针，滑1针，将线放在织物前面）织到最后剩余1个针脚，1针正针。

第3~21行：重复9次前面的最后2行，然后再重复1次第1行。

按图案收针。

装扮

1.整平所有针织物品。

2.把袖袢放置在袖子的前面，使袖袢的短边与手臂中心线在一条线上，距离袖口边缘大约0.5cm（1/4in）。沿着袖袢短边的底部缝在袖子上，穿过袖袢和袖子的前面部分，缝上一个纽扣。用同样方法装饰第二只袖子。

3.把口袋放置在外套的前片两侧，距离前片侧边大约2cm（3/4in），距离底边大约4cm（11/2in）。用别针固定，只留口袋顶部开口，其余3边缝好。

4.把纽扣缝在外套前片右边中间的位置，使其与扣眼相匹配。

裙子

裙子从上至下进行编织，无接缝，插肩袖。上半部分用往返针进行编织，沿着后片留有纽扣的位置，圈织裙子的下半部分。

使用纱线B，3mm棒针，起针31针。

第1行（反面）：正针。

第2行（扣眼行）：1针正针，空针，2针正针并为1针，正针织到结尾。

第3行：正针。

第4行：3针正针，［1针正针，在同一个线圈里织2针正针（从线圈的前面织1针正针，再从线圈的后面织1针正针）］织到剩余4个针脚，4针正针。（43针）

第5~7行：正针织3行。

第8行：3针正针，（2针正针，在同一个线圈里织2针正针）织到剩余4个针脚，4针正针。（55针）

换成3.5mm棒针。

第9行：3针正针，7针反针，放置针织标记，10针反针，放置针织标记，16针反针，放置针织标记，10针反针，放置针织标记，6针反针，3针正针。

第10行：*（正针织到标记物，右加1针，滑针标记，1针正针，左加1针）2次*，2针正针，（空针，3针正针，把刚才这3针正针的第1针挑到第2针和第3针的前面）4次，再重复1次两个*之间的针法，正针织到结尾。（63针）

第11行：3针正针，反针织到剩余3个针脚，3针正针。

第12行：*（正针织到标记物，右加1针，滑针标记，1针正针，左加1针）2次*，2针正针，（3针正针，把刚才这3针正针的第1针挑到第2针和第3针的前面，空针）4次，再重复1次两个*之间的针法，正针织到结尾。（71针）

第 13 行：3 针正针，反针织到剩余 3 个针脚，3 针正针。

第 14 行：*（正针织到标记物，右加 1 针，滑针标记，1 针正针，左加 1 针）2 次 *，4 针正针，（空针，3 针正针，把刚才这 3 针正针的第 1 针挑到第 2 针和第 3 针的前面）4 次，再重复 1 次两个 * 之间的针法，正针织到结尾。（79 针）

第 15 行：3 针正针，反针织到剩余 3 个针脚，3 针正针。

第 16 行（扣眼行）：1 针正针，空针，2 针正针并为 1 针，*（正针织到标记物，右加 1 针，滑针标记，1 针正针，左加 1 针）2 次 *，4 针正针，（3 针正针，把刚才这 3 针正针的第 1 针挑到第 2 针和第 3 针的前面，空针）4 次，再重复 1 次两个 * 之间的针法，正针织到结尾。（87 针）

第 17 行：3 针正针，反针织到剩余 3 个针脚，3 针正针。

第 18 行：*（正针织到标记物，右加 1 针，滑针标记，1 针正针，左加 1 针）2 次 *，6 针正针，（空针，3 针正针，把刚才这 3 针正针的第 1 针挑到第 2 针和第 3 针的前面）4 次，再重复 1 次两个 * 之间的针法，正针织到结尾。（95 针）

第 19 行：3 针正针，反针织到剩余 3 个针脚，3 针正针。

第 20 行：*（正针织到标记物，右加 1 针，滑针标记，1 针正针，左加 1 针）2 次 *，6 针正针，（3 针正针，把刚才这 3 针正针的第 1 针挑到第 2 针和第 3 针的前面，空针）4 次，再重复 1 次两个 * 之间的针法，正针织到结尾。（103 针）

第 21 行：3 针正针，反针织到剩余 3 个针脚，3 针正针。

第 22 行：*（正针织到标记物，右加 1 针，滑针标记，1 针正针，左加 1 针）2 次 *，8 针正针，（空针，3 针正针，把刚才这 3 针正针的第 1 针挑到第 2 针和第 3 针的前面）4 次，再重复 1 次两个 * 之间的针法，正针织到结尾。（111 针）

第 23 行：3 针正针，反针织到剩余 3 个针脚，3 针正针。

第 24 行：*（正针织到标记物，右加 1 针，滑针标记，1 针正针，左加 1 针）2 次 *，8 针正针，（3 针正针，把刚才这 3 针正针的第 1 针挑到第 2 针和第 3 针的前面，空针）4 次，再重复 1 次两个 * 之间的针法，正针织到结尾。（119 针）

第 25 行：3 针正针，* 反针织到标记物（移除标记），把接下来的 25 针进行收针，滑针标记；从 * 开始再重复 1 次，反针织到剩余 3 个针脚，3 针正针。（69 针）

第 26 行：29 针正针，（空针，3 针正针，把刚才这 3 针正针的第 1 针挑到第 2 针和第 3 针的前面）4 次，正针织到结尾。

第 27 行：3 针正针，反针织到剩余 3 个针脚，3 针正针。

第 28 行：* 正针织到标记物，右加 1 针，滑针标记，2 针正针，左加 1 针 *，10 针正针，11 针反针，再重复 1 次两个 * 之间的针法，正针织到结尾。（73 针）

第 29 行：3 针正针，反针织到剩余 3 个针脚，3 针正针。

第 30 行（扣眼行）：1 针正针，空针，2 针正针并为 1 针，28 针正针，11 针反针，正针织到结尾。

第 31 行：3 针正针，反针织到剩余 3 个针脚，3 针正针。

第 32 行：31 针正针，11 针反针，正针织到结尾。

第 33 行：3 针正针，反针织到剩余 3 个针脚，3 针正针。

第 34 行：* 正针织到标记物，右加 1 针，滑针标记，2 针正针，左加 1 针 *，11 针正针，右加 1 针，3 针正针，右加 1 针，2 针正针，右加 1 针，1 针正针，左加 1 针，2 针正针，左加 1 针，3 针正针，左加 1 针，重复 1 次两个 * 之间的针法，正针织到结尾。（83 针）

第 35 行：3 针正针，反针织到剩余 3 个针脚，3 针正针。

第 36 行：正针。

第 37~39 行：重复 1 次前面的最后 2 行，然后再重复 1 次第 35 行。

第 40 行：（正针织到标记物，右加 1 针，滑针标记，2 针正针，左加 1 针）2 次，正针织到结尾。（87 针）

第 41 行：3 针正针，反针织到剩余 3 个针脚，3 针正针。

第 42 行（扣眼行）：1 针正针，空针，2 针正针并为 1 针，正针织到结尾。

第 43~45 行：重复 1 次第 35~36 行，然后再重复 1 次第 35 行。

第 46 行：与第 40 行相同。（91 针）

第 47~51 行：重复 1 次第 35~36 行，然后再重复 1 次第 35 行。

第 52 行：与第 40 行相同。（95 针）

第 53 行：3 针正针，反针织到剩余 3 个针脚，3 针正针。

第 54 行：把针脚挪到 3.5mm 环形针上，正针织到剩余 3 个针脚，把这 3 针（不用编织）滑到麻花针上。

连起来进行圈织

第 55 圈：把麻花针放在左手针前 3 针的后面，并标记为第 1 圈的起点，同时编织左手针和麻花针的第 1 针，接下来的 2 针重复同样操作，正针织到结尾。（92 针）

第 56~57 圈：正针织 2 圈。

第 58 圈：（正针织到标记物，右加 1 针，滑针标记，2 针正针，左加 1 针）2 次，正针织到结尾。（96 针）

第 59~65 圈：正针织 7 圈。

第 66 圈：与第 58 圈相同。（100 针）

第 67~74 圈：正针织 8 圈。

第 75 圈：反针。

第 76 圈：正针。

第 77~80 圈：重复 2 次前面的最后 2 圈。

第 81~83 圈：正针织 3 圈。

第 84 圈：（空针，2 针正针并为 1 针）织到结尾。

换成 3mm 环形针。

第 85~87 圈：正针织 3 圈。

镶边狗牙针收针：使用更大一点的针收针会更宽松，挑起下面第 8 圈（图 2）的反针凸起（这是起伏针行前面的第一个 U 形反针凸起），把它放到左手针上（图 3），然后与下一个针脚一起织正针（图 4）。挑起下面第 8 圈的下一个反针凸起，与接下来的 1 针一起织正针，现在右手针上有 2 个针脚（图 5），把底部针脚挑到顶部针脚的前面（图 6）。重复操作直到所有针脚完成收针。

装扮

1. 整平裙子。
2. 把纽扣缝到裙子背面纽扣所在的位置，使其与扣眼相匹配。

斜挎包

斜挎包织成一片，两侧接缝，接有绳带和背带。

使用纱线 D，3mm 棒针，起针 17 针。

第 1 行（反面）：正针。

第 2~37 行：正面所有针织正针，反面所有针织反针，36 行。

第 38 行：正针。

第 39 行：2 针正针，反针织到剩余 2 个针脚，2 针正针。

第 40~45 行：重复 3 次前面的最后 2 行。

第 46 行：2 针正针，以正针方式滑 2 针，穿过后面线圈正针织在一起，正针织到剩余 4 个针脚，2 针正针并为 1 针，2 针正针。（15 针）

第 47 行：2 针正针，2 针反针并为 1 针，反针织到剩余 4 个针脚，以正针方式滑 2 针，穿过后面线圈反针织在一起，2 针正针。（13 针）

第 48~49 行：重复 1 次前面的最后 2 行。（9 针）

第 50 行（扣眼行）：2 针正针，滑 1 针，2 针正针并为 1 针，越过滑针，空针，2 针正针并为 1 针，2 针正针。（7 针）

第 51 行：1 针正针，2 针正针并为 1 针，1 针反针，以正针方式滑 2 针，穿过后面线圈正针织在一起，1 针正针。（5 针）

第 52 行：1 针正针，滑 1 针，2 针正针并为 1 针，越过滑针，1 针正针。（3 针）

第 53 行：正针。

剪断纱线，留长线尾。使用挂毯手工缝纫针，将线尾从针的左侧穿过针脚，然后拉紧收拢针脚。

挎包背带

使用纱线 D，2 根 3.5mm 双尖头编织针，起针 4 针。

制作 1 个 85 行的绳带，长大约 24cm（91/2in）（参阅“技术：起针与针法，制作绳带”）。

装扮

1. 整平背包。
2. 对折背包，使正面朝外，起针边对齐，稍稍低于包盖上起伏针边缘的起点。缝好两侧的接缝。
3. 折叠盖上包盖并轻轻按平。
4. 在包的前面中心位置缝上一个纽扣，使其与扣眼相匹配。
5. 把背带的两端缝在接缝的顶部。

法式短裤

使用纱线 C，按照法式短裤的图案（参阅“鞋子及配饰”）进行编织。

机敏松鼠阿奇

幸运的是，阿奇擅长使用电子表格程序，否则他就永远也记不清楚他去年的坚果藏在了哪里。他打好领带，穿上马甲和夏季短裤，蹬上T字带鞋子，现在就要去查看数据了。

您需要准备

编织阿奇的身体需要准备

斯卡巴德石洗（Scheepjes Stonewashed）纱线（50g/130m；78% 棉/22%丙烯酸纤维）颜色如下：

- 纱线A橙色（珊瑚816）2团
- 纱线B乳白色（月亮石801）1团

2.75mm（美国2）棒针

玩具填充物

2mm×10mm（1/2in）的纽扣

少许4合股纱线，用于手绣鼻子

编织阿奇的装束需要准备

斯卡巴德卡托纳（Scheepjes Catona）纱线（10g/25m，25g/62m或者50g/125m；100% 棉）颜色如下：

- 纱线A乳白色（老花边130）1×50g/团
- 纱线B深蓝色（海军蓝164）1×50g/团
- 纱线C绿色（灰绿色212）1×50g/团

2.75mm棒针

3mm（美国2 1/2）棒针

3mm（美国2 1/2）环形针（23cm/9in长）

一套4根3mm（美国2 1/2）双尖头编织针

3.5mm（美国4）棒针

3.5mm（美国4）环形针（23cm/9in长）

一套4根3.5mm（美国4）双尖头编织针

麻花针

回丝纱线

11个小纽扣

在开始编织之前，请您阅读本书开头部分的“注意事项”

松鼠各部位的花样图案

头

从颈部开始：

使用纱线A，2.75mm棒针，起针11针。

第1行（反面）：反针。

第2行：（1针正针，加1针）织到最后剩余1个针脚，1针正针。（21针）

第3行：反针。

第4行：（2针正针，加1针）织到最后剩余1个针脚，1针正针。（31针）

第5行：反针。

第6行：1针正针，左加1针，织到最后剩余1个针脚，右加1针，1针正针。（33针）

第7行：反针。

第8行：（1针正针，左加1针，15针正针，右加1针）2次，1针正针。（37针）

第9行：反针。

第10行：（1针正针，左加1针，17针正针，右加1针）2次，1针正针。（41针）

第11行：20针反针，左加1针反针，1针反针，右加1针反针，20针反针。（43针）

第12行：（A）1针正针，左加1针，20针正针，右加1针，（B）1针正针，（A）左加1针，20针正针，右加1针，1针正针。（47针）

第13行：（A）23针反针，（B）左加1针反针，1针反针，右加1针反针，（A）23针反针。（49针）

第14行：（A）22针正针，（B）2针正针，右加1针，1针正针，左加1针，2针正针，（A）22针正针。（51针）

第15行：（A）21针反针，（B）9针反针，（A）21针反针。

第16行：（A）1针正针，左加1针，20针正针，（B）4针正针，右加1针，1针正针，左加1针，4针正针（A）20针正针，右加1针，1针正针。（55针）

第17行：（A）22针反针，（B）11针反针，（A）22针反针。

第18行：（A）22针正针，（B）5针正针，滑1针，5针正针，（A）22针正针。

第19行：（A）22针反针，（B）11针反针，（A）22针反针。

第20行：（A）23针正针，（B）4针正针，滑1针，4针正针，（A）23针正针。

仅使用纱线A继续进行编织。

第21行：反针。

第22行：26针正针，中间减2针，26针正针。（53针）

第23行：反针。

第24行：25针正针，中间减2针，25针正针。（51针）

第25行：反针。

第26行：24针正针，中间减2针，24针正针。（49针）

第27行：反针。

第28行：1针正针，2针正针并为1针，20针正针，中间减2针，20针正针，以正针方式滑2针，穿过后面线圈正针织在一起，1针正针。（45针）

第29行：反针。

第30行：21针正针，中间减2针，21针正针。（43针）

第31行：反针。

第32行：1针正针，2针正针并为

1针，17针正针，中间减2针，17针正针，以正针方式滑2针，穿过后面线圈正针织在一起，1针正针。（39针）

第33行：反针。

第34行：19针正针，滑1针，19针正针。

第35行：反针。

第36行：1针正针，2针正针并为1针，16针正针，滑1针，16针正针，以正针方式滑2针，穿过后面线圈正针织在一起，1针正针。（37针）

第37行：反针。

第38行：18针正针，滑1针，18针正针。

第39行：反针。

第40行：1针正针，2针正针并为1针，3针正针，2针正针并为1针（4次），3针正针，中间减2针，3针正针，（以正针方式滑2针，穿过后面线圈正针织在一起）4次，3针正针，以正针方式滑2针，穿过后面线圈正针织在一起，1针正针。（25针）

第41行：反针。

第42行：1针正针，2针正针并为1针（5次），中间减2针，（以正针方式滑2针，穿过后面线圈正针织在一起）5次，1针正针。（13针）

第43行：反针。

收针。

耳朵（制作两只耳朵）

使用纱线A，2.75mm棒针，起针14针。

第1行（反面）：反针。

第2行：5针正针，（1针正针，加1针）3次，正针织到结尾。（17针）

第3~7行：正面所有针织正针，反面所有针织反针，5行。

第8行：（3针正针，2针正针并为1针，以正针方式滑2针，穿过后面线圈正针织在一起）2次，3针正针。（13针）

第9行：反针。

第10行：1针正针，（1针正针，2针正针并为1针，以正针方式滑2针，穿过后面线圈正针织在一起）2次，2针正针。（9针）

第11行：反针。

第12行：1针正针，2针正针并为1针，以正针方式滑1针，2针正针并为1针，越过滑针，以正针方式滑2针，穿过后面线圈正针织在一起，1针正针。（5针）

第13行：反针。

第14行：正针。

剪断纱线，留长线尾。使用挂毯手工缝纫针，将线尾从针的左侧穿过针脚，然后拉紧收拢针脚。

尾巴

使用纱线A，2.75mm棒针，起针25针。

第1行（反面）：3针反针，翻面。

第2行：空针，3针正针。

第3行：3针反针，以正针方式滑2针，穿过后面线圈反针织在一起，1针反针，翻面。

第4行：空针，5针正针。

第5行：5针反针，以正针方式滑2针，穿过后面线圈反针织在一起，1针反针，翻面。

第6行：空针，7针正针。

第7行：7针反针，以正针方式滑2针，穿过后面线圈反针织在一起，1针反针，翻面。

第8行：空针，9针正针。

第9行：9针反针，以正针方式滑2针，穿过后面线圈反针织在一起，1针反针，翻面。

第10行：空针，11针正针。

第11行：11针反针，以正针方式滑2针，穿过后面线圈反针织在一起，反针织到结尾。

第12行：3针正针，翻面。

第13行：空针，3针反针。

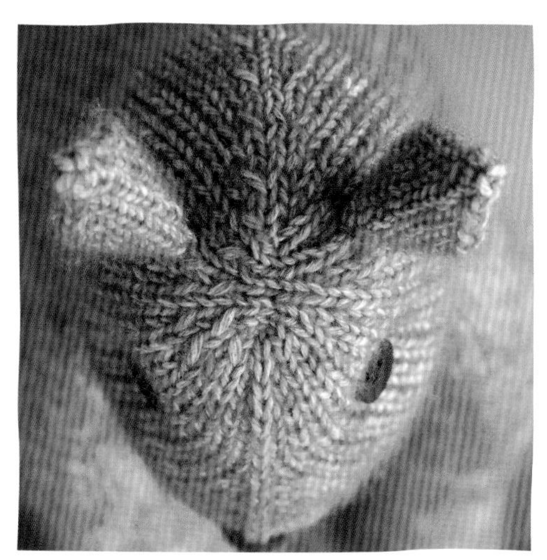

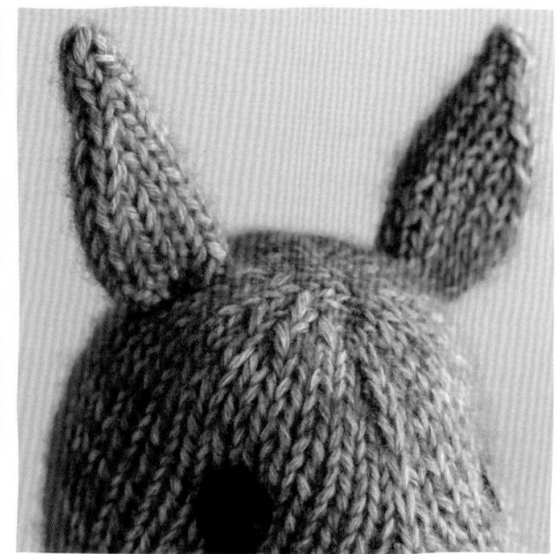

第 14 行：3 针正针，2 针正针并为 1 针，1 针正针，翻面。

第 15 行：空针，5 针反针。

第 16 行：5 针正针，2 针正针并为 1 针，1 针正针，翻面。

第 17 行：空针，7 针反针。

第 18 行：7 针正针，2 针正针并为 1 针，1 针正针，翻面。

第 19 行：空针，9 针反针。

第 20 行：9 针正针，2 针正针并为 1 针，1 针正针，翻面。

第 21 行：空针，11 针反针。

第 22 行：11 针正针，2 针正针并为 1 针，正针织到结尾。

第 23~66 行：重复 2 次第 1~22 行。

第 67~75 行：正面所有针织正针，反面所有针织反针，9 行。

第 76 行：（1 针正针，左加 1 针，11 针正针，右加 1 针）2 次，1 针正针。（29 针）

第 77~87 行：正面所有针织正针，反面所有针织反针，11 行。

第 88 行：（1 针正针，左加 1 针，13 针正针，右加 1 针）2 次，31 针正针。

第 89~99 行：正面所有针织正针，反面所有针织反针，11 行。

第 100 行：（1 针正针，左加 1 针，15 针正针，右加 1 针）2 次，1 针正针。（37 针）

第 101 行：反针。

第 102 行：35 针正针，翻面。

第 103 行：空针，33 针反针，翻面。

第 104 行：空针，31 针正针，翻面。

第 105 行：空针，29 针反针，翻面。

第 106 行：空针，27 针正针，翻面。

第 107 行：空针，25 针反针，翻面。

第 108 行：空针，23 针正针，翻面。

第 109 行：空针，21 针反针，翻面。

第 110 行：空针，19 针反针，翻面。

第 111 行：空针，17 针反针，翻面。

第 112 行：空针，15 针正针，翻面。

第 113 行：空针，13 针反针，翻面。

第 114 行：空针，13 针正针，（2 针正针并为 1 针，1 针正针）织到结尾。

第 115 行：25 针反针，（以正针方式滑 2 针，穿过后面线圈反针织在一起，1 针反针）织到结尾。

第 116~143 行： 重复 2 次第 102~115 行。

第 144~145 行：正面所有针织正针，反面所有针织反针，2 行。

第 146 行：1 针正针，2 针正针并为 1 针，31 针正针，以正针方式滑 2 针，穿过后面线圈正针织在一起，1 针正针。（35 针）

第 147 行：反针。

第 148 行：16 针正针，中间减 2 针，16 针正针。（33 针）

第 149 行：反针。

第 150 行：1 针正针，2 针正针并为 1 针，27 针正针，以正针方式滑 2 针，穿过后面线圈正针织在一起，1 针正针。（31 针）

第 151 行：反针。

第 152 行：14 针正针，中间减 2 针，14 针正针。（29 针）

第 153 行：反针。

第 154 行：1 针正针，2 针正针并为 1 针，10 针正针，中间减 2 针，10 针正针，以正针方式滑 2 针，穿过后面线圈正针织在一起，1 针正针。（25 针）

第 155 行：反针。

第 156 行：11 针正针，中间减 2 针，11 针正针。（23 针）

第 157 行：反针。

第 158 行：10 针正针，中间减 2 针，10 针正针。（21 针）

第 159 行：反针。

第 160 行：9 针正针，中间减 2 针，9 针正针。（19 针）

第 161 行：8 针反针，反针中间减 2 针，8 针反针。（17 针）

第 162 行：7 针正针，中间减 2 针，7 针正针。（15 针）

第 163 行：6 针反针，反针中间减 2 针，6 针反针。（13 针）

第 164 行：5 针正针，中间减 2 针，5 针正针。（11 针）

第 165 行：4 针反针，反针中间减 2 针，4 针反针。（9 针）

针法图表

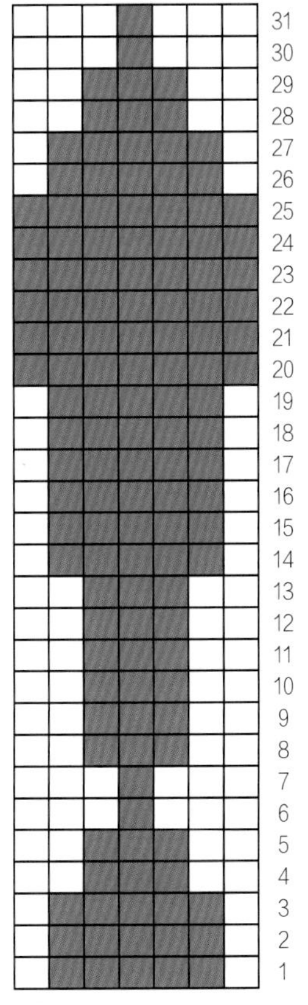

图例

纱线A

纱线B

第166行：3针正针，中间减2针，3针正针。（7针）

第167行：2针反针，反针中间减2针，2针反针。（5针）

第168~169行：正面所有针织正针，反面所有针织反针，2行。

剪断纱线，留长线尾。使用挂毯手工缝纫针，将线尾从针的左侧穿过针脚，然后拉紧收拢针脚。

身体躯干

与"身体躯干—前后不同色"织法相同(参阅"通用的身体各部分")。

手臂(制作两只手臂)

与"手臂"织法相同(参阅"通用的身体各部分")。

腿(制作两条腿)

与"腿—单色"织法相同(参阅"通用的身体各部分")。

合成

按照技术那一章节的要领操作(参阅"技术：合成你的动物")。

服装的花样图案

领带T恤衫

这件T恤衫是自上而下编织的，插肩袖。上半部分是往返针，背后留有纽扣的位置与接缝，袖子用圈织针法。领带图案采用嵌花技术(参阅"技术：配色")。

使用3mm棒针，纱线A，起针31针。

第1行(反面)：正针。

第2行(扣眼行)：1针正针，空针，2针正针并为1针，正针织到结尾。

第3行：正针。

第4行：3针正针，(1针正针，在同一个线圈里织2针正针，1针正针)织到剩余4个针脚，4针正针。(39针)

换成3.5mm棒针。

接下来的31行按照领带针法图表操作，正面所有针织正针，反面所有针织反针，采用嵌花技术(参阅"技术：配色")。从图表左侧的底部开始，反面行从左至右阅读，正面行从右至左阅读。

第5行：3针正针，5针反针，放置针织标记，6针反针，放置针织标记，2针反针，按照领带针法图表编织，3针反针，放置针织标记，6针反针，放置针织标记，4针反针，3针正针。

第6行：(正针织到标记物，右加1针，滑针标记，1针正针，左加1针)2次，2针正针，按照领带针法图表编织，(正针织到标记物，右加1针，滑针标记，1针正针，左加1针)2次，正针织到结尾。(47针)

第7行：3针正针，17针反针，按照领带针法图表编织，反针织到最后剩余3个针脚，3针正针。

第8行：(正针织到标记物，右加

1针，滑针标记，1针正针，左加1针）2次，3针正针，按照领带针法图表编织，（正针织到标记物，右加1针，滑针标记，1针正针，左加1针）2次，正针织到结尾。（55针）

第9行：3针正针，21针反针，按照领带针法图表编织，反针织到最后剩余3个针脚，3针正针。

第10行（扣眼行）：1针正针，空针，2针正针并为1针，（正针织到标记物，右加1针，滑针标记，1针正针，左加1针）2次，4针正针，按照领带针法图表编织，（正针织到标记物，右加1针，滑针标记，1针正针，左加1针）2次，正针织到结尾。（63针）

第11行：3针正针，25针反针，按照领带针法图表编织，反针织到最后剩余3个针脚，3针正针。

第12行：（正针织到标记物，右加1针，滑针标记，1针正针，左加1针）2次，5针正针，按照领带针法图表编织，（正针织到标记物，右加1针，滑针标记，1针正针，左加1针）2次，正针织到结尾。（71针）

第13行：3针正针，29针反针，按照领带针法图表编织，反针织到最后剩余3个针脚，3针正针。

第14行：（正针织到标记物，右加1针，滑针标记，1针正针，左加1针）2次，6针正针，按照领带针法图表编织，（正针织到标记物，右加1针，滑针标记，1针正针，左加1针）2次，正针织到结尾。（79针）

第15行：3针正针，33针反针，按照领带针法图表编织，反针织到最后剩余3个针脚，3针正针。

第16行：（正针织到标记物，右加1针，滑针标记，1针正针，左加1针）2次，7针正针，按照领带针法图表编织，（正针织到标记物，右加1针，滑针标记，1针正针，左加1针）2次，正针织到结尾。（87针）

第17行：3针正针，37针反针，按照领带针法图表编织，反针织到最后剩余3个针脚，3针正针。

第18行（扣眼行）：1针正针，空针，2针正针并为1针，（正针织到标记物，右加1针，滑针标记，1针正针，左加1针）2次，8针正针，按照领带针法图表编织，（正针织到标记物，右加1针，滑针标记，1针正针，左加1针）2次，正针织到结尾。（95针）

第19行：3针正针，41针反针，按照领带针法图表编织，反针织到最后剩余3个针脚，3针正针。

第20行：（正针织到标记物，右加1针，滑针标记，1针正针，左加1针）2次，9针正针，按照领带针法图表编织，（正针织到标记物，右加1针，滑针标记，1针正针，左加1针）2次，正针织到结尾。（103针）

第21行：3针正针，45针反针，按照领带针法图表编织，反针织到最后剩余3个针脚，3针正针。

第22行：（正针织到标记物，右加1针，滑针标记，1针正针，左加1针）2次，10针正针，按照领带针法图表编织，（正针织到标记物，右加1针，滑针标记，1针正针，左加1针）2次，正针织到结尾。（111针）

第23行：收3针，49针反针（包括收针的最后1针），按照领带针法图表编织，反针织到最后剩余3个针脚，3针正针。（108针）

第24行：正针织到标记物，移除标记，1针正针，带1针（右后片），接下来的23针不用编织，把它们放到回丝纱线上（袖子），滑针标记，带1针，12针正针，按照领带针法图表编织，正针织到标记物，移除标记，1针正针，带1针（前片），接下来的23针不用编织，把它们放到回丝纱线上（袖子），滑针标记，带1针，正针织到结尾（左后片）。（66针）

第25行：28针反针，按照领带针法图表编织，反针织到结尾。

第26行：正针织到标记物前1针，右加1针，1针正针，滑针标记，1针正针，左加1针，12针正针，按照领带针法图表编织，正针织到标记物前1针，右加1针，1针正针，滑针标记，1针正针，左加1针，正针织到结尾。（70针）

第27行：30针反针，按照领带针法图表编织，反针织到结尾。

第28行：33针正针，按照领带针法图表编织，正针织到结尾。

第29行：与第27行相同。

第30行：正针织到标记物前1针，右加1针，1针正针，滑针标记，1针正针，左加1针，13针正针，按照领带针法图表编织，正针织到标记物前1针，右加1针，1针正针，滑针标记，1针正针，左加1针，正针织到结尾。（74针）

第31行：32针反针，按照领带针法图表编织，反针织到结尾。

第32行：35针正针，按照领带针法图表编织，正针织到结尾。

第33行：与第31行相同。

第34行：正针织到标记物前1针，右加1针，1针正针，滑针标记，1针正针，左加1针，14针正针，按照领带针法图表编织，正针织到标记物前1针，右加1针，1针正针，滑针标记，1针正针，左加1针，正针织到结尾。（78针）

第35行：34针反针，按照领带针法图表编织，反针织到结尾。

第36行：正针。

第37行：反针。

换成 3mm 棒针。

第 38~41 行：正针织 4 行。

收针。

袖子

从手臂下面开始编织，把一只袖子回丝纱线上的 23 针均匀整齐地滑到 3 根 3.5mm 双尖头编织针上，重新把线连接起来。

使用第 4 根双尖头编织针开始这一圈的编织。

第 1 圈：从手臂下面挑线并且织 1 针正针，正针织到结尾，从手臂下面挑线并且织 1 针正针。（25 针）

第 2~4 圈：正针织 3 圈。

第 5 圈：1 针正针，左加 1 针，正针织到最后剩余 1 个针脚，右加 1 针，1 针正针。（27 针）

第 6~12 圈：正针织 7 圈。

第 13 圈：1 针正针，左加 1 针，正针织到最后剩余 1 个针脚，右加 1 针，1 针正针。（29 针）

第 14~20 圈：正针织 7 圈。

换成一套 3mm 双尖头编织针。

第 21 圈：正针。

第 22 圈：反针。

第 23~24 圈：重复 1 次前面的最后 2 圈。

按照上述针法编织第 2 只袖子。

装扮

1. 如有必要，把袖子下面的洞洞用几针封闭上。

2. 整平 T 恤。

3. 把纽扣缝在左侧位置，使其与扣眼相匹配。

马甲

将马甲从底部向上整片进行编织，一行一行地织往返针，肩膀处有接缝。

使用 3mm 棒针，纱线 C，起针 100 针。

第 1 行（反面）：正针。

第 2~3 行：正针织 2 行。

换成 3.5mm 棒针。

第 4 行（扣眼行）：12 针正针，中间减 2 针，70 针正针，中间减 2 针，9 针正针，2 针正针并为 1 针，空针，1 针正针。（96 针）

第 5 行：3 针正针，19 针反针，10 针正针，32 针反针，10 针正针，19 针反针，3 针正针。

第 6 行：11 针正针，中间减 2 针，68 针正针，中间减 2 针，11 针正针。（92 针）

第 7 行：3 针正针，17 针反针，10 针正针，32 针反针，10 针正针，17 针反针，3 针正针。

第 8 行：10 针正针，中间减 2 针，66 针正针，中间减 2 针，10 针正针。（88 针）

第 9 行：3 针正针，15 针反针，5 针正针，放置针织标记，5 针正针，32 针反针，5 针正针，放置针织标记，5 针正针，15 针反针，3 针正针。

第 10 行：9 针正针，中间减 2 针，（正针织到标记物前 2 针，2 针正针并为 1 针，滑针标记，以正针方式滑 2 针，穿过后面线圈正针织在一起）2 次，9 针正针，中间减 2 针，9 针正针。（80 针）

第 11 行：3 针正针，3 针反针，7 针正针，3 针反针，8 针正针，32 针反针，8 针正针，3 针反针，7 针正针，3 针反针，3 针正针。

第 12 行（扣眼行）：正针织到剩余 3 个针脚，2 针正针并为 1 针，空针，1 针正针。

第 13 行：与第 11 行相同。

第 14 行：（正针织到标记物前 2 针，2 针正针并为 1 针，滑针标记，以正针方式滑 2 针，穿过后面线圈正针织在一起）2 次，正针织到结尾。（76 针）

第 15 行：3 针正针，3 针反针，7 针正针，3 针反针，6 针正针，32 针反针，6 针正针，3 针反针，7 针正针，3 针反针，3 针正针。

第 16 行：正针。

第 17 行：3 针正针，13 针反针，6 针正针，32 针反针，6 针正针，13 针反针，3 针正针。

第 18 行：与第 14 行相同。（72 针）

第 19 行：3 针正针，10 针反针，10 针正针，26 针反针，10 针正针，10 针反针，3 针正针。

第 20 行（扣眼行）：16 针正针（右前片），收 4 针，32 针正针（包括收针的最后 1 针）（后片），收 4 针，13 针正针（包括收针的最后 1 针）（后片），2 针正针并为 1 针，空针，1 针正针。（64 针）

现在分成 3 部分编织马甲。

左前片

仅编织前 16 针。

第 21 行：3 针正针，10 针反针，3 针正针。

第 22 行：3 针正针，以正针方式滑 2 针，穿过后面线圈正针织在一起，11 针正针。（15 针）

第 23 行：3 针正针，9 针反针，3 针正针。

第 24 行：3 针正针，以正针方式滑 2 针，穿过后面线圈正针织在一起，5 针正针，2 针正针并为 1 针，3 针正针。（13 针）

第 25 行：3 针正针，7 针反针，3 针正针。

第 26 行：正针织到剩余 5 个针脚，2 针正针并为 1 针，3 针正针。（12 针）

第 27 行：3 针正针，反针织到剩余 3 个针脚，3 针正针。

第 28~37 行：重复 5 次第 26~27 行。（7 针）

第 38 行：2 针正针，2 针正针并为 1 针，3 针正针。（6 针）

第 39 行：正针。

第 40 行：1 针正针，2 针正针并为 1 针，3 针正针。（5 针）

第 41~43 行：织 3 行正针。

收针。

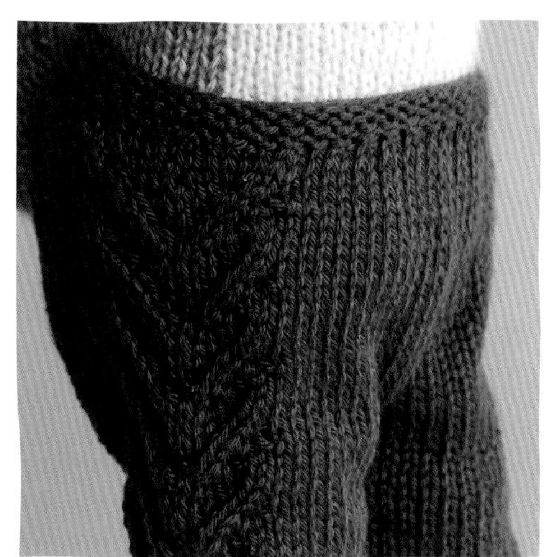

后片

面对着正面，重新连接纱线，仅编织接下来的32针。

第21行：3针正针，反针织到剩余3个针脚，3针正针。

第22行：3针正针，以正针方式滑2针，穿过后面线圈正针织在一起，正针织到剩余5个针脚，2针正针并为1针，3针正针。（30针）

第23~24行：重复1次第21~22行。（28针）

第25行：3针正针，反针织到剩余3个针脚，3针正针。

第26行：正针。

第27~34行：重复4次第25~26行。

第35行：3针正针，3针反针，16针正针，3针反针，3针正针。

第36行：正针。

第37行：3针正针，2针反针，18针正针，2针反针，3针正针。

第38行：3针正针，2针正针并为1针，3针正针（右肩），收12针，（包括收针的最后1针），以正针方式滑2针，穿过后面线圈正针织在一起，3针正针（左肩）。（14针）

左右肩分开编织。

左肩

仅编织接下来的7针。

第39行：正针。

第40行：2针正针，以正针方式滑2针，穿过后面线圈正针织在一起，3针正针。（6针）

第41行：正针。

第42行：2针正针，以正针方式滑2针，穿过后面线圈正针织在一起，2针正针。（5针）

第43行：正针。

收针。

右肩

面对着反面，重新连接纱线，仅编织右肩的7针。

第39行：正针。

第40行：3针正针，2针正针并为1针，2针正针。（6针）

第41行：正针。

第42行：2针正针，2针正针并为1针，2针正针。（5针）

第43行：正针。

收针。

右前片

面对着反面，重新连接纱线，仅编织剩余的16针。

第21行：3针正针，10针反针，3针正针。

第22行：11针正针，2针正针并为1针，3针正针。（15针）

第23行：3针正针，9针反针，3针正针。

第24行：3针正针，以正针方式滑2针，穿过后面线圈正针织在一起，5针正针，2针正针并为1针，3针正针。（13针）

第25行：3针正针，7针反针，3针正针。

第26行：3针正针，以正针方式滑2针，穿过后面线圈正针织在一起，正针织到结尾。（12针）

第27行：3针正针，反针织到剩余3个针脚，3针正针。

第28~37行：重复5次第26~27行。（7针）

第38行：3针正针，以正针方式滑2针，穿过后面线圈正针织在一起，2针正针。（6针）

第39行：正针。

第40行：3针正针，以正针方式滑2针，穿过后面线圈正针织在一起，1针正针。（5针）

第41~43行：正针织3行。

收针。

装扮

1. 整平马甲。
2. 缝合好肩部接缝。
3. 把纽扣缝在右侧位置，使其与扣眼相匹配。
4. 在每个口袋的中间缝一个纽扣（位于前片左右两侧减针中心线上面一点的起伏针一带）。

麻花针织短裤

将短裤从上至下进行编织，无接缝。上半部分织往返针，后面留有纽扣的位置，并且多织一些短行来塑造臀围的大小；裤子的下半部分和腿部进行圈织。

使用3mm棒针，纱线B，起针52针。

第1行（反面）：正针。

第2行：正针。

第3行（扣眼行）：正针织到剩余3个针脚，2针正针并为1针，空针，1针正针。

第4~5行：正针织2行。

换成3.5mm棒针。

第6行：［1针正针，在同一个线圈里织2针正针（从线圈的前面织1针正针，再从线圈的后面织1针正针）］11次，在同一个线圈里织2针正针（3次），1针正针，在同一个线圈里织2针正针（4次），（1针正针，在同一个线圈里织2针正针）10次，2针正针。（80针）

第7行：2针正针，8针反针，翻面。

第8行：空针，正针织到结尾。

第9行：2针正针，8针反针，以正针方式滑2针，穿过后面线圈反针织在一起，2针反针，翻面。

第10行：空针，正针织到结尾。

第11行：2针正针，11针反针，以正针方式滑2针，穿过后面线圈反针织在一起，2针反针，翻面。

第12行：空针，正针织到结尾。

第13行：2针正针，14针反针，以正针方式滑2针，穿过后面线圈反针织在一起，2针反针，翻面。

第14行：空针，正针织到结尾。

第15行：2针正针，17针反针，以正针方式滑2针，穿过后面线圈反针织在一起，反针织到最后剩余2个针脚，2针正针。

第16行：10针正针，翻面。

第17行：空针，反针织到最后剩余2个针脚，2针正针。

第18行：10针正针，2针正针并为1针，2针正针，翻面。

第19行（扣眼行）：空针，反针织到剩余3个针脚，2针反针并为1针，空针，1针正针。

第20行：13针正针，2针正针并为1针，2针正针，翻面。

第21行：空针，反针织到最后剩余2个针脚，2针正针。

第22行：16针正针，2针正针并为1针，2针正针，翻面。

第23行：空针，反针织到最后剩余2个针脚，2针正针。

第24行：19针正针，2针正针并为1针，正针织到结尾。

第25行：2针正针，15针反针，从线圈的前面织1针反针，再从线圈的后面织反针，4针反针，从线圈的前面织1针反针，再从线圈的后面织反针，3针反针，从线圈的前面织1针反针，再从线圈的后面织反针，2针反针，放置图案标记，23针反针，从线圈的前面织1针反针，再从线圈的后面织反针，3针反针，从线圈的前面织1针反针，再从线圈的后面织反针，2针反针，放置图案标记，14针反针，2针正针。（86针）

第26行：（正针织到图案标记处，滑2针到麻花针上，并保持在织物前面，织2针正针，从麻花针上织2针正针，8针正针，滑2针到麻花针上，并保持在织物后面，织2针正针，从麻花针上织2针正针）2次，正针织到结尾。

第27行（扣眼行）：2针正针，反针织到剩余3个针脚，2针反针并为1针，空针，1针正针。

第28行：（正针织到图案标记处，2针正针，滑2针到麻花针上，并保持在织物前面，织2针正针，从麻花针上织2针正针，4针正针，滑2针到麻花针上，并保持在织物后面，织2针正针，从麻花针上织2针正针，2针正针）2次，正针织到结尾。

第29行：2针正针，反针织到剩余2个针脚，2针正针。

第30行：（正针织到图案标记处，4针正针，滑2针到麻花针上，并保持在织物前面，织2针正针，从麻花针上织2针正针，滑2针到麻花针上，并保持在织物后面，织2针正针，从麻花针上织2针正针，4针正针）2次，正针织到结尾。

第31行：2针正针，反针织到剩余2个针脚，2针正针。

第32行：把针脚挪到3.5mm环形针上，（正针织到图案标记处，滑2针到麻花针上，并保持在织物前面，织2针正针，从麻花针上织2针正针，8针正针，滑2针到麻花针上，并保持在织物后面，织2针正针，从麻花针上织2针正针）2次，正针织到剩余2个针脚，把最后这2针（不用编织）滑到麻花针上。

连接起来进行圈织

第33圈：把麻花针放在左手针前2针的后面，同时编织左手针和麻花针的第1针，并标记为第1圈的起点，接下来将左手针的针脚与麻花针剩余的针脚一起进行编织，正针织到结尾。（84针）

第34圈：（正针织到图案标记处，2针正针，滑2针到麻花针上，并保持在织物前面，织2针正针，从麻花针上织2针正针，4针正针，滑2针到麻花针上，并保持在织物后面，织2针正针，从麻花针上织2针正针，2针正针）2次，正针织到结尾。

第35圈：正针。

第36圈：（正针织到图案标记处，4针正针，滑2针到麻花针上，并保持在织物前面，织2针正针，从麻花针上织2针正针，滑2针到麻花针上，并保持在织物后面，织2针正针，从麻花针上织2针正针，4针正针）2次，正针织到结尾。

第37圈：正针。

第38圈：1针正针，左加1针，（正针织到图案标记处，滑2针到麻花针上，并保持在织物前面，织2针正针，从麻花针上织2针正针，8针正针，滑2针到麻花针上，并保持在织物后面，织2针正针，从麻花针上织2针正针）2次，正针织到剩余1个针脚，右加1针，1针正针。（86针）

第39圈：正针。

第40圈：（正针织到图案标记处，2针正针，滑2针到麻花针上，并保持在织物前面，织2针正针，从麻花针上织2针正针，4针正针，滑2针到麻花针上，并保持在织物后面，织2针正针，从麻花针上织2针正针，2针正针）2次，正针织到结尾。

第41圈：1针正针，左加1针，正针织到剩余1个针脚，右加1针，1针正针。（88针）

第42圈：正针织到图案标记处，4针正针，滑2针到麻花针上，并保持在织物前面，织2针正针，从麻花针上织2针正针，滑2针到麻花针上，并保持在织物后面，织2针正针，从麻花针上织2针正针，14针正针，右加1针，2针正针，左加1针，正针织到图案标记处，4针正针，滑2针到麻花针上，并保持在织物前面，织2针正针，从麻花针上织2针正针，滑2针到麻花针上，并保持在织物后面，织2针正针，从麻花针上织2针正针，正针织到结尾。（90针）

第43圈：1针正针，左加1针，正针织到剩余1个针脚，右加1针，1针正针。（92针）

第44圈：（正针织到图案标记处，滑2针到麻花针上，并保持在织物前面，织2针正针，从麻花针上织2针正针，8针正针，滑2针到麻花针上，并保持在织物后面，织2针正针，从麻花针上织2针正针）2次，正针织到结尾。

第45圈：1针正针，左加1针，44针正针，右加1针，2针正针，左加1针，44针正针，右加1针，1针正针。（96针）

第46圈：（正针织到图案标记处，2针正针，滑2针到麻花针上，并保持在织物前面，织2针正针，从麻花针上织2针正针，4针正针，滑2针到麻花针上，并保持在织物后面，织2针正针，从麻花针上织2针正针，2针正针）2次，正针织到结尾。

第47圈：1针正针，左加1针，46针正针，右加1针，2针正针，左加1针，46针正针，右加1针，1针正针。（100针）

第48圈：（正针织到图案标记处，4针正针，滑2针到麻花针上，并保持在织物前面，织2针正针，从麻花针上织2针正针，滑2针到麻花针上，并保持在织物后面，织2针正针，从麻花针上织2针正针，4针正针）2次，正针织到结尾。

从此处分开编织两条裤腿

第49圈：50针正针（右腿），接下来的50针不用编织，把它们挪到回丝纱线上（左腿）。

右腿

第50圈：正针织到图案标记处，滑2针到麻花针上，并保持在织物前面，织2针正针，从麻花针上织2针正针，8针正针，滑2针到麻花针上，并保持在织物后面，织2针正针，从麻花针上织2针正针，正针织到结尾。

第51圈：正针。

第52圈：正针织到图案标记处，2针正针，滑2针到麻花针上，并保持在织物前面，织2针正针，从麻花针上织2针正针，4针正针，滑2针到麻花针上，并保持在织物后面，织2针正针，从麻花针上织2针正针，2针正针，正针织到结尾。

第53圈：正针。

第54圈：以正针方式滑2针，穿过后面线圈正针织在一起，正针织到图案标记处前2针，2针正针并为1针，4针正针，滑2针到麻花针上，并保持在织物前面，织2针正针，从麻花针上织2针正针，滑2针到麻花针上，并保持在织物后面，织2针正针，从麻花针上织2针正针，4针正针，正针织到结尾。（48针）

第55圈：正针。

第56~67圈：重复2次第50~55圈。（44针）

第68~71圈：重复1次第50~53圈。

第72圈：正针织到图案标记处，4针正针，滑2针到麻花针上，并保持在织物前面，织2针正针，从麻花针上织2针正针，滑2针到麻花针上，并保持在织物后面，织2针正针，从麻花针上织2针正针，4针正针，正针织到结尾。

换成3mm环形针。

第73圈：14针正针，（以正针方式滑2针，穿过后面线圈正针织在一起，4针正针，2针正针并为1针）2次，正针织到结尾。（40针）

第74圈：反针。

第75圈：正针。

第76圈：反针。

收针。

左腿

第49圈：把回丝纱线上的针脚转移到3.5mm环形针上，重新连接纱线，正针织1圈，放置标记作为圈织的起点。

第50圈：正针织到图案标记处，滑2针到麻花针上，并保持在织物前面，织2针正针，从麻花针上织2针正针，8针正针，滑2针到麻花针上，并保持在织物后面，织2针正针，从麻花针上织2针正针，正针织到结尾。

第51圈：正针。

第52圈：正针织到图案标记处，2针正针，滑2针到麻花针上，并保持在织物前面，织2针正针，从麻花针上织2针正针，4针正针，滑2针到麻花针上，并保持在织物后面，织2针正针，从麻花针上织2针正针，2针正针，正针织到结尾。

第53圈：正针。

第54圈：正针织到图案标记处，4针正针，滑2针到麻花针上，并保持在织物前面，织2针正针，从麻花针上织2针正针，滑2针到麻花针上，并保持在织物后面，织2针正针，从麻花针上织2针正针，4针正针，以正针方式滑2针，穿过后面线圈正针织在一起，正针织到剩余2个针脚，2针正针并为1针。（48针）

第55圈：正针。

第56~67圈：重复2次第50~55圈。（44针）

第68~71圈：重复1次第50~53圈。

第72~76圈：与右腿的第72~76圈织法相同。

收针。

装扮

1. 如有必要，在两条腿的连接处缝上几针，让洞洞闭合。
2. 整平短裤。
3. 在裤子的后片左侧缝上纽扣，使它们与扣眼相匹配。

T字带鞋子

使用2.75mm棒针、纱线A编织鞋底，按照T字带鞋子的图案（参阅“鞋子及配饰”）进行编织，使用纱线C编织鞋面。

优雅刺猬霍莉

每天早晨穿衣服时霍莉都要格外小心。霍莉的这条连衣裙新颖别致，特别漂亮，她喜欢有图案装饰的下摆和交叉背带。有刺的生活可是挺难应付的！

您需要准备

编织霍莉的身体需要准备

斯卡巴德石洗（Scheepjes Stonewashed）纱线（50g/130m；78% 棉/22%丙烯酸纤维）颜色如下：

- 纱线A棕色（棕色玛瑙822）1团
- 纱线B米色（斧石831）1团

2.75mm（美国2）棒针

玩具填充物

2mm×10mm（1/2in）的纽扣

少许4合股纱线，用于手绣鼻子

编织霍莉的装束需要准备

斯卡巴德卡托纳（Scheepjes Catona）纱线（10g/25m，25g/62m 或者50g/125m；100% 棉）颜色如下：

- 纱线A浅粉色（夕阳玫瑰408）1×50g/团
- 纱线B乳白色（老花边130）1×25g/团
- 纱线C深棕色（黑咖啡162）1×10g/团
- 纱线D中棕色（巧克力507）1×10g/团

3mm（美国2 1/2）棒针

3mm（美国2 1/2）环形针（23cm/9in长）

一套4根3mm（美国2 1/2）双尖头编织针

3.5mm（美国4）棒针

3.5mm（美国4）环形针（23cm/9in长）

一套4根3.5mm（美国4）双尖头编织针

麻花针

回丝纱线

10个小纽扣

在开始编织之前，请您阅读本书开头部分的“注意事项”

刺猬各部位的花样图案

制作尖刺（记作MS即英文makespike的首字母缩写），起针4针，使用正针起针方法（参阅“技术：起针与针法”）然后织5针正针，一边织一边把前4针收针。

头

从颈部开始：

使用纱线A，2.75mm棒针，起针11针。

第1行（反面）：（A）4针反针，（B）3针反针，（A）4针反针。

第2行：（A）（1针正针，加1针）3次，1针正针，（B）（加1针，1针正针）3次，加1针，（A）（1针正针，加1针）3次，1针正针。（21针）

第3行：（A）7针反针，（B）7针反针，（A）7针反针。

第4行：（A）（2针正针，加1针）3次，1针正针，（B）1针正针，加1针，（2针正针，加1针）3次，（A）（2针正针，加1针）3次，1针正针。（31针）

第5行：（A）10针反针，（B）11针反针，（A）10针反针。

第6行：（A）1针正针，左加1针，9针正针，（B）5针反针，右加1针，1针正针，左加1针，5针正针，（A）9针正针，右加1针，1针正针。（35针）

第7行：（A）11针反针，（B）13针反针，（A）11针反针。

第8行：（A）MS，左加1针，1针正针，（MS，3针正针）2次，（B）7针正针，右加1针，1针正针，左加1针，7针正针，（A）（3针正针，MS）2次，1针正针，右加1针，1针正针。（39针）

第9行：（A）11针反针，（B）8针反针，左加1针反针，1针反针，右加1针反针，8针反针，（A）11针反针。（41针）

第10行：（A）1针正针，左加1针，（MS，3针正针）2次，MS，1针正针，（B）9针正针，右加1针，1针正针，左加1针，9针正针，（A）1针正针，MS（3针正针，MS）2次，右加1针，1针正针。（45针）

第11行：（A）12针反针，（B）10针反针，左加1针反针，1针反针，右加1针反针，10针反针，（A）12针反针。（47针）

第12行：（A）1针正针，左加1针，（MS，2针正针）2次，1针正针，MS，2针正针，（B）12针正针，右加1针，1针正针，左加1针，12针正针，（A）（2针正针，MS，1针正针）2次，1针正针，MS，右加1针，1针正针。（51针）

第13行：（A）12针反针，（B）13针反针，左加1针反针，1针反针，右加1针反针，13针反针，（A）12针反针。（53针）

第14行：（A）MS，2针正针，（MS，3针正针）2次，MS，（B）14针正针，右加1针，1针正针，左加1针，14针正针，（A）（MS，3针正针）3次。（55针）

第15行：（A）12针反针，（B）31针反针，（A）12针反针。

第16行：（A）1针正针，左加1针，1针正针（MS，3针正针）2次，MS，2针正针，（B）15针正针，右加1针，1针正针，左加1针，1针正针，15针正针，（A）2

针正针，（MS，3针正针）2次，MS，右加1针，1针正针。（59针）

第17行：（A）13针反针，（B）33针反针，（A）13针反针。

第18行：（A）（MS，3针正针）3次，MS，（B）16针正针，滑1针，16针正针，（A）（MS，3针正针）3次，1针正针。

第19行：（A）13针反针，（B）33针反针，（A）13针反针。

第20行：（A）2针正针，（MS，3针正针）2次，MS，2针正针，（B）15针正针，中间减2针，15针正针，（A）2针正针，（MS，3针正针）2次，MS，2针正针。（57针）

第21行：（A）13针反针，（B）31针反针，（A）13针反针。

第22行：（A）（MS，3针正针）3次，MS，（B）14针正针，中间减2针，14针正针，（A）（MS，3针正针）3次，1针正针。（55针）

第23行：（A）13针反针，（B）13针反针，反针中间减2针，13针反针，（A）13针反针。（53针）

第24行：（A）2针正针，（MS，3针正针）2次，MS，2针正针，（B）12针正针，中间减2针，12针正针，（A）2针正针，（MS，3针正针）2次，MS，2针正针。（51针）

第25行：（A）13针反针，（B）11针反针，反针中间减2针，11针反针，（A）13针反针。（49针）

第26行：（A）（MS，3针正针）3次，MS，（B）10针正针，中间减2针，10针正针，（A）（MS，3针正针）3次，1针正针。（47针）

第27行：（A）14针反针，（B）8针反针，反针中间减2针，8针反针，（A）14针反针。（45针）

第28行：（A）1针正针，2针正针并为1针，MS，2针正针，（MS，3针正针）2次，（B）7针正针，中间减2针，7针正针，（A）（3针正针，MS）2次，2针正针，MS，以正针方式滑2针，穿过后面线圈正针织在一起，1针正针。（41针）

第29行：（A）13针反针，（B）15针反针，（A）13针反针。

第30行：（A）MS，2针正针，（MS，3针正针）2次，MS，1针正针，（B）7针正针，滑1针，7针正针，（A）1针正针，（MS，3针正针）3次。

第31行：（A）14针反针，（B）6针反针，（A）1针反针，（B）6针反针，（A）14针反针。

第32行：（A）MS，2针正针并为1针，2针正针，（MS，3针正针）2次，MS，（B）5针正针，（A）3针正针，（B）5针正针，（A）（MS，3针正针）2次，MS，2针正针，以正针方式滑2针，穿过后面线圈正针织在一起，1针正针。（39针）

第33行：（A）14针反针，（B）3针反针，（A）5针反针，（B）3针反针，（A）14针反针。

仅使用纱线A继续编织。

第34行：2针正针，（MS，3针正针）3次，（MS，2针正针）2次，1针正针，MS，2针正针，（MS，3针正针）3次，MS，2针正针。

第35行：反针。

第36行：MS，2针正针并为1针，1针正针，（MS，3针正针）3次，（MS，2针正针）2次，（MS，3针正针）3次，MS，1针正针，以正针方式滑2针，穿过后面线圈正针织在一起，1针正针。（37针）

第37行：反针。

第38行：1针正针，（MS，3针正针）3次，（MS，2针正针）2次，1针正针，MS，2针正针，（MS，3针正针）3次，MS，1针正针。

第39行：1针反针，以正针方式滑2针，穿过后面线圈反针织在一

起，3针反针，（以正针方式滑2针，穿过后面线圈反针织在一起）4次，3针反针，反针中间减2针，3针反针，2针反针并为1针（4次），3针反针，2针反针并为1针，1针反针。（25针）

第40行：（2针正针，MS）2次，3针正针，（MS，2针正针）2次，MS，3针正针，（MS，2针正针）2次。

第41行：1针反针，（以正针方式滑2针，穿过后面线圈反针织在一起）5次，反针中间减2针，2针反针并为1针（5次），1针反针。（13针）

第42行：1针正针，*（1针正针，MS）2次，2针正针，从*处开始重复编织。

第43行：反针。

收针。

身体躯干

使用纱线A，2.75mm棒针，起针8针。

第1~17行：与“身体躯干—单色”的第1~17行相同（参阅“通用的身体各部分”）。

第18行：（A）2针正针，（MS，3针正针）4次，MS，2针正针，（B）22针正针，（A）2针正针，（MS，3针正针）4次，MS，2针正针。

第19行：（A）21针反针，（B）22针反针，（A）21针反针。

第20行：（A）（MS，3针正针）5次，MS，（B）22针正针，（A）（MS，3针正针）5次，1针正针。

第21行：（A）21针反针，（B）22针反针，（A）21针反针。

第22~36行：重复3次前面的最后4行，之后重复1次第18~20行。

第37行：（A）1针反针，以正针方式滑2针，穿过后面线圈反针织在一起，16针反针，以正针方式滑2针，穿过后面线圈反针织在一起，（B）2针反针并为1针，18针反针，以正针方式滑2针，穿过后面线圈反针织在一起，（A）2针反针并为1针，16针反针，2针反针并为1针，1针反针。（58针）

第38行：（A）（2针正针，MS）2次，（3针正针，MS）3次，1针正针，（B）20针正针，（A）1针正针，（MS，3针正针）3次，（MS，2针正针）2次。

第39行：（A）19针反针，（B）20针反针，（A）19针反针。

第40行：（A）MS，2针正针，（MS，3针正针）4次，（B）20针正针，（A）（3针正针，MS）4次，3针正针。

第41行：（A）19针反针，（B）20针反针，（A）19针反针。

第42~46行：重复1次前面的最后4行，之后再重复1次第38行。

第47行：（A）1针反针，以正针方式滑2针，穿过后面线圈反针织在一起，14针反针，以正针方式滑2针，穿过后面线圈反针织在一起，（B）2针反针并为1针，16针反针，以正针方式滑2针，穿过后面线圈反针织在一起，（A）2针反针并为1针，14针反针，2针反针并为1针，1针反针。（52针）

第48行：（A）2针正针，（MS，3针正针）3次，MS，2针正针，（B）18针正针，（A）2针正针，（MS，3针正针）3次，MS，2针正针。

第49行：（A）17针反针，（B）18针反针，（A）17针反针。

第50行：（A）（MS，3针正针）4次，MS，（B）18针正针，（A）（MS，3针正针）4次，1针正针。

第51行：（A）17针反针，（B）18针反针，（A）17针反针。

第52~54行：重复1次第48~50行。

第55行：（A）1针反针，以正针方式滑2针，穿过后面线圈反针织在一起，12针反针，以正针方式滑2针，穿过后面线圈反针织在一起，（B）2针反针并为1针，14针反针，以正针方式滑2针，穿过后面线圈反针织在一起，（A）2针反针并为1针，12针反针，2针反针并为1针，1针反针。（46针）

第56行：（A）（2针正针，MS）2次，（3针正针，MS）2次，1针正针，（B）16针正针，（A）1针正针，（MS，3针正针）2次，

（MS，2针正针）2次。

第57行：（A）15针反针，（B）16针反针，（A）15针反针。

第58行：（A）（3针正针，MS）3次，3针正针，（B）16针正针，（A）（3针正针，MS）3次，3针正针。

第59行：（A）15针反针，（B）16针反针，（A）15针反针。

第60行：与第56行相同。

第61行：（A）1针反针，以正针方式滑2针，穿过后面线圈反针织在一起，10针反针，以正针方式滑2针，穿过后面线圈反针织在一起，（B）2针反针并为1针，12针反针，以正针方式滑2针，穿过后面线圈反针织在一起，（A）2针反针并为1针，10针反针，2针反针并为1针，1针反针。（40针）

第62行：（A）2针正针，（MS，3针正针）2次，3针正针，（B）14针正针，（A）3针正针，（3针正针，MS）2次，2针正针。

第63行：（A）13针反针，（B）14针反针，（A）13针反针。

第64行：（A）（MS，3针正针）2次，5针正针，（B）14针正针，（A）8针正针，MS，4针正针。

第65行：（A）13针反针，（B）14针反针，（A）13针反针。

第66行：与第62行相同。

第67行：（A）1针反针，以正针方式滑2针，穿过后面线圈反针织在一起，8针反针，以正针方式滑2针，穿过后面线圈反针织在一起，（B）2针反针并为1针，10针反针，以正针方式滑2针，穿过后面线圈反针织在一起，（A）2针反针并为1针，8针反针，2针反针并为1针，1针反针。（34针）

第68行：（A）（MS，2针正针）2次，5针正针，（B）12针正针，（A）7针正针，MS，3针正针。

第69行：（A）11针反针，（B）12针反针，（A）11针反针。

第70行：（A）2针正针，MS，8针正针，（B）12针正针，（A）8针正针，MS，2针正针。

第71行：（A）1针反针，以正针方式滑2针，穿过后面线圈反针织在一起，6针反针，以正针方式滑2针，穿过后面线圈反针织在一起，（B）2针反针并为1针，8针反针，以正针方式滑2针，穿过后面线圈反针织在一起，（A）2针反针并为1针，6针反针，2针反针并为1针，1针反针。（28针）

第72行：（A）2针正针，MS，6针正针，（B）10针正针，（A）6针正针，MS，2针正针。

第73行：（A）9针反针，（B）10针反针，（A）9针反针。

第74行：（A）9针正针，（B）10针正针，（A）9针正针。

第75行：（A）9针反针，（B）10针反针，（A）9针反针。

第76行：（A）（1针正针，2针正针并为1针）3次，（B）（1针正针，2针正针并为1针）3次，1针正针，（A）（2针正针并为1针，1针正针）3次。（19针）

第77行：（A）6针反针，（B）7针反针，（A）6针反针。

第78行：（A）2针正针并为1针（3次），（B）2针正针并为1针（3次）1针正针，（A）2针正针并为1针（3次）。（10针）

第79行：（A）反针。

剪断纱线，留长线尾。使用挂毯手工缝纫针，将线尾从针的左侧穿过针脚，然后拉紧收拢针脚。

手臂（制作两只手臂）

使用纱线B，与“手臂”织法相同（参阅“通用的身体各部分”）。

腿（制作两条腿）

使用纱线B，与“腿—单色”织法相同（参阅“通用的身体各部分”）。

服装的花样图案

树叶边背带裙

背带裙由底部向上进行编织，往返针，有小接缝，背面留有纽扣的位置。

树叶裙边

使用纱线A，3mm棒针，起针6针。

起始行（反面）：4针反针，2针正针。

第1行：3针正针，空针，1针正针，空针，2针正针。（8针）

第2行：6针反针，在同一个线圈里织2针正针（从线圈的前面织1针正针，再从线圈的后面织1针正针），1针正针。（9针）

第3行：2针正针，1针反针，2针正针，空针，1针正针，空针，3针正针。（11针）

第4行：8针反针，在同一个线圈里织2针正针，2针正针。（12针）

第5行：2针正针，2针反针，3针正针，空针，1针正针，空针，4针正针。（14针）

第6行：10针反针，在同一个线圈里织2针正针，3针正针。（15针）

第7行：2针正针，3针反针，以正针方式滑2针，穿过后面线圈正针织在一起，5针正针，2针正针并为1针，1针正针。（13针）

第8行：8针反针，在同一个线圈里织2针正针，1针反针，3针正针。（14针）

第9行：2针正针，1针反针，1针正针，2针反针，以正针方式滑2针，穿过后面线圈正针织在一起，3针正针，2针正针并为1针，1针正针。（12针）

第10行：6针反针，在同一个线圈里织2针正针，1针正针，1针反针，3针正针。（13针）

第11行：2针正针，1针反针，1针正针，3针反针，以正针方式滑2针，穿过后面线圈正针织在一起，1针正针，2针正针并为1针，1针正针。（11针）

第12行：4针反针，在同一个线圈里织2针正针，2针正针，1针反针，3针正针。（12针）

第13行：2针正针，1针反针，1针正针，4针反针，以正针方式滑1针，2针正针并为1针，越过滑针，1针正针。（10针）

第14行：编织的同时对前3针进行收针：2针反针并为1针，4针正针，1针反针，3针正针。（6针）

第15~169行：重复11次第1~14行。

第170行：正针。

反针方式收针。

裙子

使用3mm棒针，面对树叶裙边的正面，沿着裙边挑起86针（不用编织）：从树叶裙边收针结尾处开始，把针插入第1排反针凸起（图1），每一片树叶都有7个反针凸起，此外裙边首尾两端还各自多出1个。

起始行：［4针正针，在同一个线圈里织2针正针（从线圈的前面织1针正针，再从线圈的后面织1针正针）］织到最后剩余一个针脚，1针正针。（103针）

第1行（反面）：正针。

第2行：（2针正针并为1针，空针）织到最后剩余1个针脚，1针正针。

第3行：正针。

换成3.5mm棒针。

第4~14行：正面所有针织正针，反面所有针织反针，11行。

第15行：起1针，2针正针，反针织到最后剩余1个针脚，1针正针。（104针）

第16行：起1针，正针织到结尾。（105针）

第17行：2针正针，反针织到最后剩余2个针脚，2针正针。

第18行：正针。

第19~20行：重复1次前面的最后2行。

第21行（扣眼行）：1针正针，空针，以正针方式滑2针，穿过后面线圈反针织在一起，反针织到最后剩余2个针脚，2针正针。

第22行：正针。

第23行：2针正针，反针织到最后剩余2个针脚，2针正针。

第24~28行：重复2次前面的最后2行，然后重复1次第24行。

第29行（扣眼行）：1针正针，空针，以正针方式滑2针，穿过后面线圈反针织在一起，反针织到最后剩余2个针脚，2针正针。

第30行：正针。

第 31 行：2 针正针，反针织到最后剩余 2 个针脚，2 针正针。

第 32 行：2 针正针，（以正针方式滑 2 针，穿过后面线圈正针织在一起，1 针正针）15 次，（以正针方式滑 2 针，穿过后面线圈正针织在一起）2 次，中间减 2 针，2 针正针并为 1 针（2 次），（1 针正针，2 针正针并为 1 针）15 次，2 针正针。（69 针）

第 33 行：25 针正针，19 针反针，25 针正针。

第 34 行：正针。

第 35~36 行：重复 1 次前面的最后 2 行。

第 37 行（扣眼行）：1 针正针，空针，2 针正针并为 1 针，22 针正针，19 针反针，正针织到结尾。

第 38 行：收针 22 针，3 针正针，以正针方式滑 2 针，穿过后面线圈正针织在一起，15 针正针，2 针正针并为 1 针，3 针正针，收针 22 针。（23 针）

第 39 行：正针。

前围兜

连接纱线到剩余的 23 针。

第 40 行：3 针正针，反针织到最后剩余 3 个针脚，3 针正针。

第 41~43 行：重复 1 次前面的最后 2 行，然后再重复 1 次第 41 行。

第 44 行：3 针正针，以正针方式滑 2 针，穿过后面线圈正针织在一起，正针织到剩余 5 个针脚，2 针正针并为 1 针，3 针正针。（21 针）

第 45~56 行：重复 2 次第 39~44 行。（17 针）

第 57 行：正针。

第 58 行（扣眼行）：2 针正针，空针，2 针正针并为 1 针，9 针正针，以正针方式滑 2 针，穿过后面线圈正针织在一起，空针，2 针正针。

第 59 行：正针。

收针。

口袋

使用纱线 A，3mm 棒针，起针 9 针。

第 1 行（反面）：正针。

换成 3.5mm 棒针。

第 2~9 行：正面所有针织正针，反面所有针织反针，8 行。

收针。

背带（制作 2 条）

使用3.5mm棒针，对着织物的正面，在背带边缘与纽扣开口位置之间留出 6 针的缝隙。沿着腰部收针的边缘挑线并且织 4 针正针。做法是，将右手针插入收针的水平 V 字形针脚的下方，把纱线缠绕在针上，像织正针那样把线拉出来。接下来的 3 针重复以上操作。

第 1 行（反面）：正针。

第 2~45 行：正针织 44 行。

第 46 行：2 针正针并为 1 针，以正针方式滑 2 针，穿过后面线圈正针织在一起。（2 针）

剪断纱线，留长线尾。使用挂毯手工缝纫针，将线尾从针的左侧穿过针脚并收紧。

把线尾织入背带的后面。重复以上操作编织第 2 条背带。

装扮

1. 整平背带裙和口袋。
2. 把裙子背面中间的两边缝在一起，从树叶裙边的底部开始缝到纽扣位置的下方。
3. 把纽扣缝在裙子背面中间左侧纽扣的位置，裙子正面的背带两端也各缝 1 个扣子，使其与扣眼相匹配。
4. 把口袋放置在背带裙围兜的中央，用别针固定。只留口袋顶部开口，其余 3 边缝好。

法式短裤

使用纱线 B，按照法式短裤的图案（参阅“鞋子及配饰”）进行编织。

玛丽珍鞋

使用纱线 C 编织鞋底，用纱线 D 编织鞋面，按照玛丽珍鞋的图案编织（参阅“鞋子及配饰”）。

时尚猪猪麦西

麦西挑了这件有质感的粉色连衣裙，因为条纹裙子和她的鼻子搭配起来很和谐，然后穿上了她最喜欢的灰色毛衣开衫。这双小明星鞋是后来想到才穿上的。有些人就是忍不住要赶时髦。

您需要准备

编织麦西的身体需要准备

斯卡巴德石洗（Scheepjes Stonewashed）纱线（50g/130m；78% 棉/22%丙烯酸纤维）颜色如下：

- 纱线A浅粉色（粉色石英821）2团
- 纱线B粉色（玫瑰石英820）1团

2.75mm（美国2）棒针

玩具填充物

2mm×10mm（1/2in）的纽扣

些许4合股纱线，用于手绣鼻子。

编织麦西的装束需要准备

斯卡巴德卡托纳（Scheepjes Catona）纱线（10g/25m，25g/62m 或者50g/125m，100% 棉）颜色如下：

- 纱线A浅粉色（夕阳玫瑰408）1×50g/团，1×10g/团
- 纱线B深灰色（金属灰242）1×50g/团
- 纱线C浅灰色（浅银172）1×25g/团

3mm（美国2 1/2）棒针

3mm（美国2 1/2）环形针（23cm/9in长）

一套4根3mm（美国2 1/2）双尖头编织针

3.5mm（美国4）棒针

3.5mm（美国4）环形针（23cm/9in长）

一套4根3.5mm（美国4）双尖头编织针

麻花针

回丝纱线

12个小纽扣

在开始编织之前，请您阅读本书开头部分的“注意事项”

猪各部位的花样图案

头

从颈部开始：

使用纱线A，2.75mm棒针，起针11针。

第1行（反面）：反针。

第2行：（1针正针，加1针）织到最后剩余1个针脚，1针正针。（21针）

第3行：反针。

第4行：（2针正针，加1针）织到最后剩余1个针脚，1针正针。（31针）

第5行：反针。

第6行：1针正针，左加1针，正针织到最后剩余1个针脚，右加1针，1针正针。（33针）

第7行：16针反针，1针反针并且在右边绕这一针放一个可移除的标记，16针反针。

第8行：（1针正针，左加1针，15针正针，右加1针）2次，1针正针。（37针）

第9行：反针。

第10行：（1针正针，左加1针，17针正针，右加1针）2次，1针正针。（41针）

第11行：反针。

第12行：（1针正针，左加1针，19针正针，右加1针）2次，1针正针。（45针）

第13行：反针。

第14行：22针正针，右加1针，1针正针，左加1针，22针正针。（47针）

第15行：反针。

第16行：1针正针，左加1针，正针织到最后剩余1个针脚，右加1针，1针正针。（49针）

第17~19行：正面所有针织正针，反面所有针织反针，3行。

第20行：17针正针，*1针正针并且绕这一针放置一个可移除的标记*，13针正针，重复2个*之间的针法，17针正针。

第21~25行：正面所有针织正针，反面所有针织反针，5行。

第26行：23针正针，中间减2针，23针正针。（47针）

第27行：反针。

第28行：1针正针，2针正针并为1针，19针正针，中间减2针，19针正针，以正针方式滑2针，穿过后面线圈正针织在一起，1针正针。（43针）

第29行：反针。

第30行：20针正针，中间减2针，20针正针。（41针）

第31行：20针反针，1针反针并且在右边绕这一针放一个可移除的标记，20针反针。

第32行：1针正针，2针正针并为1针，17针正针，滑1针，17针正针，以正针方式滑2针，穿过后面线圈正针织在一起，1针正针。（39针）

第33行：反针。

第34行：19针正针，滑1针，19针正针。

第35行：反针。

第36行：1针正针，2针正针并为1针，16针正针，滑1针，16针正针，以正针方式滑2针，穿过后面线圈正针织在一起，1针正针。（37针）

第37行：反针。

第38行：18针正针，滑1针，18针正针。

第39行：反针。

第40行：1针正针，2针正针并为1针，3针正针，2针正针并为1针（4次），3针正针，中间减2针，3针正针，（以正针方式滑2针，穿过后面线圈正针织在一起）4次，3针正针，以正针方式滑2针，穿过后面线圈正

针织在一起，1针正针。（25针）

第41行：反针。

第42行：1针正针，2针正针并为1针（5次），中间减2针，（以正针方式滑2针，穿过后面线圈正针织在一起）5次，1针正针。（13针）

第43行：反针。

收针。

鼻子

使用纱线A，2.75mm棒针，起针31针。

第1行（反面）：反针。

第2~9行：正面所有针织正针，反面所有针织反针，8行。

第10行：反针。

换成纱线B。

第11行：反针。

第12行：4针正针，2针正针并为1针（4次），7针正针，2针正针并为1针（4次），4针正针。（23针）

第13行：反针。

第14行：4针正针，2针正针并为1针（2次），7针正针，2针正针并为1针（2次），4针正针。（19针）

第15行：反针。

第16行：2针正针并为1针（4次），中间减2针，2针正针并为1针（4次）。（9针）

剪断纱线，留长线尾。使用挂毯手工缝纫针，将线尾从针的左侧穿过针脚，然后拉紧收拢针脚。

耳朵（制作两只耳朵）

使用纱线A，2.75mm棒针，起针33针。

第1行（反面）：（A）10针反针，（B）13针反针，（A）10针反针。

第2行：（A）10针正针，（B）13针正针，（A）10针正针。

第3~11行：重复4次前面的最后2行，然后再重复1次第1行。

第12行：（A）7针正针，2针正针并为1针，1针正针，（B）以正针方式滑2针，穿过后面线圈正针织在一起，9针正针，2针正针并为1针，（A）1针正针，以正针方式滑2针，穿过后面线圈正针织在一起，7针正针。（29针）

第13行：（A）9针反针，（B）11针反针，（A）9针反针。

第14行：（A）6针正针，2针正针并为1针，1针正针，（B）以正针方式滑2针，穿过后面线圈正针织在一起，7针正针，2针正针并为1针，（A）1针正针，以正针方式滑2针，穿过后面线圈正针织在一起，6针正针。（25针）

第15行：（A）8针反针，（B）9针反针，（A）8针反针。

第16行：（A）5针正针，2针正针并为1针，1针正针，（B）以正针方式滑2针，穿过后面线圈正针织在一起，5针正针，2针正针并为1针，（A）1针正针，以正针方式滑2针，穿过后面线圈正针织在一起，5针正针。（21针）

第17行：（A）7针反针，（B）7针反针，（A）7针反针。

第18行：（A）4针正针，2针正针并为1针，1针正针，（B）以正针方式滑2针，穿过后面线圈正针织在一起，3针正针，2针正针并为1针，（A）1针正针，以正针方式滑2针，穿过后面线圈正针织在一起，4针正针。（17针）

第19行：（A）6针反针，（B）5针反针，（A）6针反针。

第20行：（A）3针正针，2针正针并为1针，1针正针，（B）以正针方式滑2针，穿过后面线圈正针织在一起，1针正针，2针正针并为1针，（A）1针正针，以正针方式滑2针，穿过后面线圈正针织在一起，3针正针。（13针）

第21行：（A）5针反针，（B）3针反针，（A）5针反针。

第22行：（A）2针正针，2针正针并为1针，（B）1针正针，（A）2针正针并为1针，以正针方式滑2针，

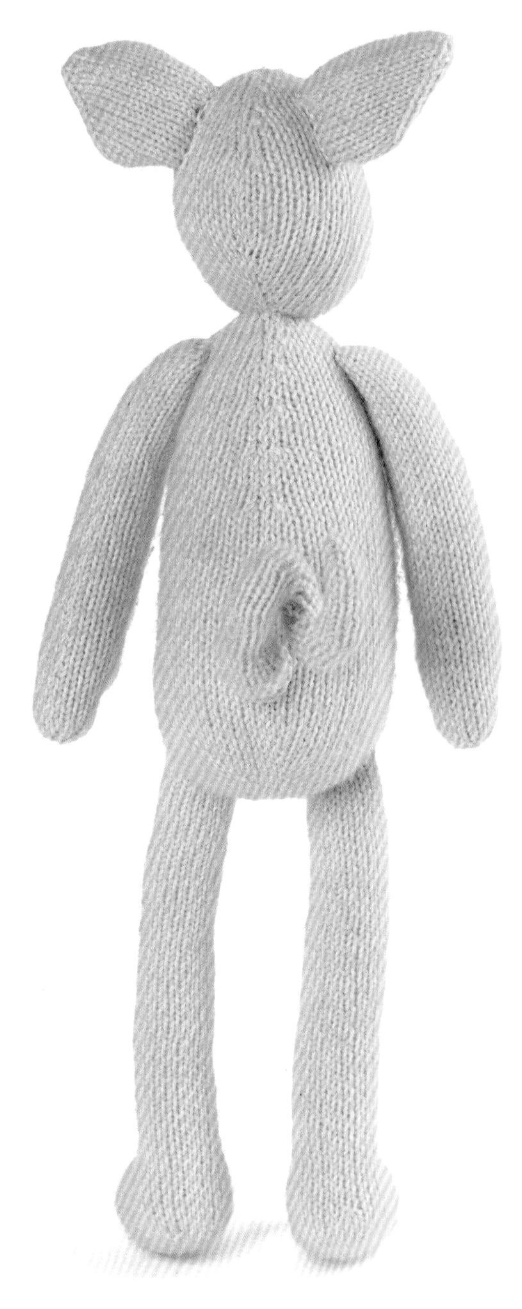

穿过后面线圈正针织在一起，2针正针。仅使用纱线A继续编织。（9针）

第23行： 反针。

第24行： 1针正针，2针正针并为1针，3针正针，以正针方式滑2针，穿过后面线圈正针织在一起，1针正针。（7针）

剪断纱线，留长线尾。使用挂毯手工缝纫针，将线尾从针的左侧穿过针脚，然后拉紧收拢针脚。

尾巴

使用纱线A，2.75mm棒针，起针16针。

第1行（反面）： 反针。

第2~5行： 正面所有针织正针，反面所有针织反针，4行。

第6行：（1针正针，2针正针并为1针，2针正针，一次以正针方式滑2针，穿过后面线圈正针织在一起，1针正针）2次。（12针）

第7~9行： 正面所有针织正针，反面所有针织反针，3行。

第10行：（1针正针，2针正针并为1针，一次以正针方式滑2针，穿过后面线圈正针织在一起，1针正针）2次。（8针）

第11~13行： 正面所有针织正针，反面所有针织反针，3行。

第14行： 7针正针，翻面。

第15行： 空针，6针反针，翻面。

第16行： 空针，5针正针，翻面。

第17行： 空针，4针反针，翻面。

第18行： 空针，3针正针，翻面。

第19行： 空针，2针反针，翻面。

第20行： 空针，2针正针，2针正针并为1针（3次）。

第21行： 5针反针，（正针方式滑2针，穿过后面线圈反针织在一起）3次。

第22~69行： 重复6次第14~21行。

第70~79行： 正面所有针织正针，反面所有针织反针，10行。

第80行： 1针正针，2针正针并为1针（3次），1针正针。（5针）

第81行： 反针。

剪断纱线，留长线尾。使用挂毯手工缝纫针，将线尾从针的左侧穿过针脚，然后拉紧收拢针脚。

身体躯干

与“身体躯干—单色”织法相同（参阅“通用的身体各部分”）。

手臂（制作两只手臂）

与“手臂”织法相同（参阅“通用的身体各部分”）。

腿（制作两条腿）

与“腿—单色”织法相同（参阅“通用的身体各部分”）。

合成

按照技术那一章节的要领操作（参阅“技术：合成你的动物”）。

服装的花样图案

连衣裙

裙子从上至下进行编织，无接缝，圆轭无领。上半部分用往返针进行编织，沿着后片留有纽扣的位置，圈织裙子的下半部分。

使用纱线A，3mm棒针，起针31针。

第1行（反面）： 正针。

第2行（扣眼行）： 1针正针，空针，2针反针并为1针，正针织到结尾。

第3行： 正针。

换成3.5mm棒针。

第4行： 3针正针，在同一个线圈里织2针正针（从线圈的前面织1针正针，再从线圈的后面织1针正针）织到剩余4个针脚，4针正针。（55针）

第5行： 3针正针，反针织到最后剩余3个针脚，3针正针。

第6~7行： 正针织2行。

第8行： 3针正针，（1针正针，在同一个线圈里织2针正针，1针正针）织到剩余4个针脚，4针正针。（71针）

第9~11行： 重复1次第5~7行。

第12行： 3针正针，（1针正针，在同一个线圈里织2针正针，2针正针）织到剩余4个针脚，4针正针。（87针）

第13~15行： 重复1次第5~7行。

第16行（扣眼行）： 1针正针，空针，2针正针并为1针，（2针正针，在同一个线圈里织2针正针，2针正针）织到剩余4个针脚，4针正针。（103针）

第17~19行： 重复1次第5~7行。

第20行： 3针正针，（2针正针，在同一个线圈里织2针正针，3针正针）织到剩余4个针脚，4针正针。（119针）

第21~23行：重复1次第5~7行。

第24行：18针正针，收25针，13针正针，在同一个线圈里织2针正针（6次），14针正针，收25针，18针正针。（75针）

第25行：3针正针，16针反针，放置针织标记，39针反针，放置针织标记，反针织到剩余3个针脚，3针正针。

第26行：（正针织到标记物，右加1针，滑针标记，2针正针，左加1针）2次，正针织到结尾。（79针）

第27行：3针正针，反针织到最后剩余3个针脚，3针正针。

第28行：正针。

第29行：与第27行相同。

第30行（扣眼行）：1针正针，空针，2针正针并为1针，（正针织到标记物，右加1针，滑针标记，2针正针，左加1针）2次，正针织到结尾。（83针）

第31~33行：重复1次第27~29行。

第34~41行：重复2次第26~29行。（91针）

第42行（扣眼行）：与第30行相同。（95针）

第43~45行：重复1次第27~29行。

第46~49行：重复1次第26~29行。（99针）

第50~51行：重复1次第27~28行。

第52~53行：重复1次第26~27行。（103针）

第54行：把针脚挪到3.5mm环形针上，正针织到剩余3个针脚，把最后3针（不用编织）滑到麻花针上。

连接起来进行圈织

第55圈：把麻花针放到左手针前3针的后面，左手针的第1针与麻花针的第1针一起进行正针编织，第2针重复同样的操作，在圈织的起点放置标记，左手针上接下来的1针与麻花针的剩余1针一起进行正针编织，正针织到结尾。（100针）

第56~57圈：正针织2圈。

第58圈：（空针，8针正针，2针正针并为1针）一直织到结尾。

第59圈：正针。

第60圈：（1针正针，空针，以正针方式滑2针，穿过后面线圈正针织在一起，5针正针，2针正针并为1针，空针）一直织到结尾。

第61圈：正针。

第62圈：（2针正针，空针，以正针方式滑2针，穿过后面线圈正针织在一起，3针正针，2针正针并为1针，空针，1针正针）一直织到结尾。

第63圈：正针。

第64圈：*1针正针，（空针，以正针方式滑2针，穿过后面线圈正针织在一起）2次，1针正针，（2针正针并为1针，空针）2次；从*处开始重复直至结尾。

第65圈：正针。

第66圈：（2针正针，空针，以正针方式滑2针，穿过后面线圈正针织在一起，空针，中间减2针，空针，2针正针并为1针，空针，1针正针）一直织到结尾。

第67~78圈：重复3次前面的最后4圈。

第79圈：正针。

收针圈：收3针，*2针正针并为1针，将右手针上的第2针放到第1针前面进行这1针的收针（图1），把这1针从右手针滑回到左手针上，起2针［使用正针起针法（图2）］，收10针；从*处开始重复直到剩余6个针脚，2针正针并为1针，按照前面的操作对这一针进行收针，把剩余针脚收针。

装扮

1. 整平连衣裙。

2. 在连衣裙的后片左侧缝上纽扣，使它们与扣眼相匹配。

开衫毛衣

这件开衫毛衣是自上而下编织的，插肩袖，无接缝。主体部分是往返针，袖子用圈织针法。

使用纱线B，3mm棒针，起针39针。

第1行（反面）：正针。

第2行（扣眼行）：1针正针，空针，2针正针并为1针，正针织到结尾。

换成3.5mm棒针。

第3行：3针正针，5针反针，放置针织标记，6针反针，放置针织标记，12针反针，放置针织标记，6针反针，放置针织标记，4针反针，3针正针。

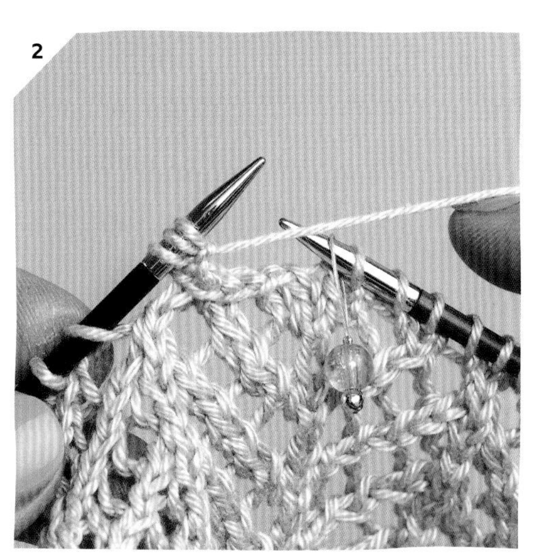

第4行：4针正针，空针，以正针方式滑2针，穿过后面线圈正针织在一起，1针正针，右加1针，滑针标记，1针正针，左加1针，2针正针并为1针，空针，1针正针，空针，以正针方式滑2针，穿过后面线圈正针织在一起，右加1针，滑针标记，1针正针，左加1针，1针正针，（2针正针并为1针，空针）2次，1针正针，（空针，以正针方式滑2针，穿过后面线圈正针织在一起）2次，1针正针，右加1针，滑针标记，1针正针，左加1针，2针正针并为1针，空针，1针正针，空针，以正针方式滑2针，穿过后面线圈正针织在一起，右加1针，滑针标记，1针正针，左加1针，1针正针，2针正针并为1针，空针，4针正针。（47针）

第5行：3针正针，反针织到剩余3个针脚，3针正针。

第6行：5针正针，空针，以正针方式滑2针，穿过后面线圈正针织在一起，1针正针，右加1针，滑针标记，1针正针，左加1针，2针正针并为1针，空针，3针正针，空针，以正针方式滑2针，穿过后面线圈正针织在一起，右加1针，滑针标记，1针正针，左加1针，1针正针，（2针正针并为1针，空针）2次，3针正针，（空针，以正针方式滑2针，穿过后面线圈正针织在一起）2次，1针正针，右加1针，滑针标记，1针正针，左加1针，2针正针并为1针，空针，3针正针，空针，以正针方式滑2针，穿过后面线圈正针织在一起，右加1针，滑针标记，1针正针，左加1针，1针正针，2针正针并为1针，空针，5针正针。（55针）

第7行：与第5行相同。

第8行：4针正针，（空针，以正针方式滑2针，穿过后面线圈正针织在一起）2次，1针正针，右加1针，滑针标记，1针正针，左加1针，（2针正针并为1针，空针）2次，1针正针，（空针，以正针方式滑2针，穿过后面线圈正针织在一起）2次，右加1针，滑针标记，1针正针，左加1针，3针正针，（2针正针并为1针，空针）2次，1针正针，（空针，以正针方式滑2针，穿过后面线圈正针织在一起）2次，3针正针，右加1针，滑针标记，1针正针，左加1针，（2针正针并为1针，空针）2次，1针正针，（空针，以正针方式滑2针，穿过后面线圈正针织在一起）2次，右加1针，滑针标记，1针正针，左加1针，1针正针，（2针正针并为1针，空针）2次，4针正针。（63针）

第9行：与第5行相同。

第10行（扣眼行）：1针正针，空针，2针正针并为1针，2针正针，（空针，以正针方式滑2针，穿过后面线圈正针织在一起）2次，1针正针，右加1针，滑针标记，1针正针，左加1针，（2针正针并为1针，空针）2次，3针正针，（空针，以正针方式滑2针，穿过后面线圈正针织在一起）2次，右加1针，滑针标记，1针正针，左加1针，3针正针，（2针正针并为1针，空针）2次，3针正针，（空针，以正针方式滑2针，穿过后面线圈正针织在一起）2次，3针正针，右加1针，滑针标记，1针正针，左加1针，（2针正针并为1针，空针）2次，3针正针，（空针，以正针方式滑2针，穿过后面线圈正针织在一起）2次，右加1针，滑针标记，1针正针，左加1针，1针正针，（2针正针并为1针，空针）2次，5针正针。（71针）

第11行：3针正针，21针反针，（放置图案标记，17针反针）2次，放置图案标记，反针织到剩余3个针脚，3针正针。

第12行：4针正针，（空针，以正针方式滑2针，穿过后面线圈正针织在一起）2次，*正针织到标记物，右加1针，滑针标记，1针正针，左加1针，正针织到标记物，滑针标记，1针正针，（2针正针并为1针，空针）2次，1针正针，（空针，以正针方式滑2针，穿过后面线圈正针织在一起）2次，从*处开始重复2次，正针织到标记物，右加1针，滑针标记，1针正针，左加1针，正针织到剩余8个针脚，(2针正针并为1针，空针）2次，4针正针。（79针）

第13行：与第5行相同。

第14行：5针正针，（空针，以正针方式滑2针，穿过后面线圈正针织在一起）2次，*正针织到标记物，右加1针，滑针标记，1针正针，左加1针，正针织到标记物，滑针标记，（2针正针并为1针，空针）2次，3针正针，（空针，以正针方式滑2针，穿过后面线圈正针织在一起）2次，从*处开始重复2次，正针织到标记物，右加1针，滑针标记，1针正针，左加1针，正针织到剩余9个针脚，（2针正针并为1针，空针）2次，5针正针。（87针）

第15行：与第5行相同。

第16~17行：重复第12~13行。(95针)

第18行（扣眼行）：1针正针，空针，2针正针并为1针，2针正针，（空针，以正针方式滑2针，穿过后面线圈正针织在一起）2次，*正针织到标记物，右加1针，滑针标记，1针正针，左加1针，正针织到标记物，滑针标记，（2针正针并为1针，空针）2次，3针正针，（空针，以正针方式滑2针，穿过后面线圈正针织在一起）2次；从*处开始重复2次，正针织到标记物，右加1针，滑针标记，1针正针，左加1针，正针织到剩余9个针脚，（2针正针并为1针，空针）2次，5针正针。(103针）

第19行：与第5行相同。

第20~23行：重复第12~15行。(119针）

第24行：4针正针，（空针，以正针方式滑2针，穿过后面线圈正针织在一起）2次，正针织到标记物，滑针标记，1针正针（左前片），接下来25针不用编织，把它们和图案标记挪到回丝纱线上（袖子），移除标记，正针织到图案标记，滑针标记，1针正针，（2针正针并为1针，空针）2次，1针正针，（空针，以正针方式滑2针，穿过后面线圈正针织在一起）2次，正针织到标记物，滑针标记，1针正针（背面），接下来25针不用编织，把它们和图案标记挪到回丝纱线上（袖子），移除标记，正针织到剩余8个针脚，（2针正针并为1针，空针）2次，4针正针（右前片）。（69针）

第25行：与第5行相同。

第26行：5针正针，（空针，以正针方式滑2针，穿过后面线圈正针织在一起）2次，正针织到标记物，右加1针，滑针标记，2针正针，左加1针，正针织到图案标记处，滑针标记，（2针正针并为1针，空针）2次，3针正针，（空针，以正针方式滑2针，穿过后面线圈正针织在一起）2次，正针织到标记物，右加1针，滑针标记，2针正针，左加1针，正针织到剩余9个针脚，（2针正针并为1针，空针）2次，5针正针。(73针）

第27行：与第5行相同。

第28行：4针正针，（空针，以正针方式滑2针，穿过后面线圈正针织在一起）2次，正针织到图案标记处，滑针标记，1针正针，（2针正针并为1针，空针）2次，1针正针，（空针，以正针方式滑2针，穿过后面线圈正针织在一起）2次，正针织到剩余8个针脚，（2针正针并为1针，空针）2次，4针正针。

第29~40行：重复3次第25~28行。（85针）

换成3mm棒针。

第41~43行：正针织3行。

收针。

袖子

从手臂下面开始编织，把一只袖子回丝纱线上的25针均匀整齐地滑到3根3.5mm双尖头编织针上，重新把线连接起来。

使用第4根双尖头编织针开始这一圈的编织。

第1圈：正针织到图案标记处，1针正针，(2针正针并为1针，空针)2次，1针正针，(空针，以正针方式滑2针，穿过后面线圈正针织在一起）2次，正针织到结尾。

第2圈：正针。

第3圈：正针织到图案标记处，（2针正针并为1针，空针）2次，3针正针，（空针，以正针方式滑2针，穿过后面线圈正针织在一起）2次，正针织到结尾。

第4圈：1针正针，左加1针，正针织到最后剩余1针，右加1针，1针正针。（27针）

第5~7圈：重复第1~3圈。

第8圈：正针。

第9~12圈：重复第1~4圈。（29针）

第13~20圈：重复2次第5~8圈。

第21圈：重复第1圈。

第22圈：反针。

第23圈：正针。

第24圈：反针。

收针。

重复以上操作编织第二只袖子。

装扮

1.整平开衫毛衣。

2.把纽扣缝在前片的右侧，使其与扣眼相匹配。

小明星鞋

使用纱线B编织鞋底，用纱线A编织鞋面，按照小明星鞋的图案编织（参阅“鞋子及配饰”）。

法式短裤

使用纱线C,按照法式短裤的图案(参阅“鞋子及配饰”）进行编织。

调皮浣熊斯坦利

桀骜不驯的斯坦利让学校的老师们时刻对他都得提高警惕，但是现在是假期，他穿着条纹短裤、红色运动鞋和红毛衣外出到海边寻找乐趣了。

您需要准备

编织斯坦利的身体需要准备

斯卡巴德石洗（Scheepjes Stonewashed）纱线（50g/130m；78% 棉/22%丙烯酸纤维）颜色如下：

- 纱线A灰色（烟水晶802）2团
- 纱线B乳白色（月亮石801）1团
- 纱线C黑色（黑玛瑙 803）1团

2.75mm（美国2）棒针

玩具填充物

2mm × 10mm（1/2in）的纽扣

少许4合股纱线，用于手绣鼻子

编织斯坦利的装束需要准备

斯卡巴德卡托纳（Scheepjes Catona）纱线（10g/25m，25g/62m 或者50g/125m；100% 棉）颜色如下：

- 纱线A红色（糖苹果516）1 × 50g/团
- 纱线B深蓝色（海军蓝164）1 × 25g/团
- 纱线C乳白色（老花边130）1 × 25g/团

2.75mm（美国2）棒针

3mm（美国2 1/2）棒针

3mm环形针（23cm/9in长）

一套4根3mm（美国2 1/2）双尖头编织针

3.5mm（美国4）棒针

3.5mm（美国4）环形针（23cm/9in长）

一套4根3.5mm（美国4）双尖头编织针

麻花针

回丝纱线

6个小纽扣

在开始编织之前，请您阅读本书开头部分的"注意事项"

浣熊各部位的花样图案

头

从颈部开始：

使用纱线A，2.75mm棒针，起针11针。

第1行（反面）：（A）4针反针，（B）3针反针，（A）4针反针。

第2行：（A）（1针正针，加1针）4次，（B）（1针正针，加1针）3次，（A）（1针正针，加1针）3次，1针正针。（21针）

第3行：（A）7针反针，（B）6针反针，（A）8针反针。

第4行：（A）（2针正针，加1针）3次，2针正针，（B）（加1针，2针正针）3次，（A）（加1针，2针正针）3次，加1针，1针正针。（31针）

第5行：（A）11针反针，（B）9针反针，（A）11针反针。

第6行：（A）1针正针，左加1针，10针正针，（B）9针正针，（A）10针正针，右加1针，1针正针。（33针）

第7行：（A）12针反针，（B）9针反针，（A）12针反针。

第8行：（A）1针正针，左加1针，10针正针，(B)5针正针，右加1针，1针正针，左加1针，5针正针，(A)10针正针，右加1针，1针正针。（37针）

第9行：（A）12针反针，（B）13针反针，（A）12针反针。

第10行：（A）1针正针，左加1针，10针正针，(B)7针正针，右加1针，1针正针，左加1针，7针正针，(A)10针正针，右加1针，1针正针。（41针）

第11行：（A）12针反针，（B）8针反针，左加1针反针，1针反针，右加1针反针，8针反针，（A）12针反针。（43针）

第12行：（A）1针正针，左加1针，10针正针，（B）10针正针，右加1针，1针正针，左加1针，10针正针，（A）10针正针，右加1针，1针正针。（47针）

第13行：（A）12针反针，（B）11针反针，左加1针反针，1针反针，右加1针反针，11针反针，（A）12针反针。（49针）

第14行：（A）11针正针，（B）13针正针，右加1针，1针正针，左加1针，13针正针，（A）11针正针。（51针）

第15行：（A）11针反针，（B）14针反针，左加1针反针，1针反针，右加1针反针，14针反针，（A）11针反针。（53针）

第16行：（A）1针正针，左加1针，9针正针，(B)16针正针，右加1针，1针正针，左加1针，16针正针，（A）9针正针，右加1针，1针正针。（57针）

第17行：（A）11针反针，（B）35针反针，（A）11针反针。

第18行：（A）10针正针，（B）4针正针，（C）6针正针，（B）8针正针，右加1针，1针正针，左加1针，8针正针，(C)6针正针，（B）4针正针，（A）10针正针。（59针）

第19行：（A）10针反针，（B）3针反针，（C）7针反针，（B）19针反针，（C）7针反针，（B）3针反针，（A）10针反针。

第20行：（A）9针正针，（B）3针正针，（C）8针正针，（B）9针正针，滑1针，9针正针，（C）8针正针，（B）3针正针，（A）9针正针。

第21行：（A）9针反针，（B）2针反针，（C）9针反针，（B）19针反针，（C）9针反针，（B）2针反针，（A）9针反针。

第22行：（A）8针正针，（B）2针正针，（C）11针正针，（B）7针正针，中间减2针，7针正针，（C）11针正针，（B）2针正针，（A）8针正针。（57针）

第23行：（A）8针反针，（B）2针反针，（C）11针反针，（B）15针反针，（C）11针反针，（B）2针反针，（A）8针反针。

第24行：（A）9针正针，（B）2针正针，（C）10针正针，（B）6针正针，中间减2针，6针正针，（C）10针正针，（B）2针正针，（A）9针正针。（55针）

第25行：（A）9针反针，（B）2针反针，（C）11针反针，（B）4针反针，反针中间减2针，4针反针，（C）11针反针，（B）2针反针，（A）9针反针。（53针）

第26行：（A）10针正针，（B）2针正针，（C）10针正针，（B）3针正针，中间减2针，3针正针，（C）10针正针，（B）2针正针，（A）10针正针。（51针）

第27行：（A）10针反针，（B）2针反针，（C）11针反针，（B）1针反针，反针中间减2针，1针反针，（C）11针反针，（B）2针反针，（A）10针反针。（49针）

第28行：（A）1针正针，2针正针并为1针，8针正针，（B）2针

正针，(C)10针正针，中间减2针，10针正针，(B)2针正针，(A)8针正针，以正针方式滑2针，穿过后面线圈正针织在一起，1针正针。(45针)

第29行：(A)10针反针，(B)2针反针，(C)9针反针，反针中间减2针，9针反针，(B)2针反针，(A)10针反针。(43针)

第30行：(A)11针正针，(B)2针正针，(C)7针正针，中间减2针，7针正针，(B)2针正针，(A)11针正针。(41针)

第31行：(A)11针反针，(B)2针反针，(C)6针反针，(A)3针反针，(C)6针反针，(B)2针反针，(A)11针反针。

第32行：(A)1针正针，2针正针并为1针，9针正针，(B)2针正针，(C)5针正针，(A)1针正针，滑1针，1针正针，(C)5针正针，(B)2针正针，(A)9针正针，以正针方式滑2针，穿过后面线圈正针织在一起，1针正针。(39针)

第33行：(A)11针反针，(B)3针反针，(C)3针反针，(B)1针反针，(A)3针反针，(B)1针反针，(C)3针反针，(B)3针反针，(A)11针反针。

第34行：(A)12针正针，(B)6针正针，(A)1针正针，滑1针，1针正针，(B)6针正针，(A)12针正针。

第35行：(A)12针反针，(B)6针反针，(A)3针反针，(B)6针反针，(A)12针反针。

第36行：(A)1针正针，2针正针并为1针，10针正针，(B)5针正针，(A)1针正针，滑1针，1针正针，(B)5针正针，(A)10针正针，以正针方式滑2针，穿过后面线圈正针织在一起，1针正针。(37针)

第37行：(A)13针反针，(B)3针反针，(A)5针反针，(B)3针反针，(A)13针反针。

仅使用纱线A继续进行编织。

第38行：18针正针，滑1针，18针正针。

第39行：反针。

第40行：1针正针，2针正针并为1针，3针正针，2针正针并为1针(4次)，3针正针，中间减2针，3针正针，(以正针方式滑2针，穿过后面线圈正针织在一起)4次，3针正针，以正针方式滑2针，穿过后面线圈正针织在一起，1针正针。(25针)

第41行：反针。

第42行：1针正针，2针正针并为1针(5次)，中间减2针，(以正针方式滑2针，穿过后面线圈正针织在一起)5次，1针正针。(13针)

第43行：反针。

收针。

耳朵(制作两只耳朵)

使用2.75mm棒针，纱线A，起针18针。

第1行(反面)：(A)7针反针，(C)4针反针，(A)7针反针。

第2行：(A)7针反针，(C)(1针正针，加1针)3次，1针正针，(A)7针反针。(21针)

第3行：(A)7针反针，(C)7针反针，(A)7针反针。

第4行：(A)7针正针，(C)7针正针，(A)7针正针。

第5行：(A)7针反针，(C)7针反针，(A)7针反针。

第6行：(A)4针正针，2针正针并为1针，1针正针，(C)以正针方式滑2针，穿过后面线圈正针织在一起，3针正针，2针正针并为1针，(A)1针正针，以正针方式滑2针，穿过后面线圈正针织在一起，4针正针。(17针)

第7行：(A)6针反针，(C)5针反针，(A)6针反针。

第8行：(A)6针正针，(C)5针正针，(A)6针正针。

第9行：(A)6针反针，(C)5针反针，(A)6针反针。

第10行：(A)3针正针，2针正针并为1针，1针正针，(C)以正针方式滑2针，穿过后面线圈正针织在一起，1针正针，2针正针并为1针，(A)1针正针，以正针方式滑2针，穿过后面线圈正针织在一起，3针正针。(13针)

第11行：(A)5针反针，(C)3针反针，(A)5针反针。

仅使用纱线A继续进行编织。

第12行：2针正针，2针正针并为1针，以正针方式滑2针，穿过后面线圈正针织在一起，1针正针，2针正针并为1针，以正针方式滑2针，穿过后面线圈正针织在一起，2针正针。(9针)

第13行：反针。

第14行：1针正针，2针正针并为1针，以正针方式滑1针，2针正针并为1针，越过滑针，以正针方式滑2针，穿过后面线圈正针织在一起，1针正针。(5针)

剪断纱线，留长线尾。使用挂毯手工缝纫针，将线尾从针的左侧穿过针脚，然后拉紧收拢针脚。

尾巴

使用2.75mm棒针，纱线A，起针19针。

第1行(反面)：反针。

第2~3行：正面所有针织正针，反面所有针织反针，2行。

第4~35行进行条纹编织，从纱线C开始，编织4行C，换成纱线A再编织4行，如此交替反复进行编织。

第4~5行：正面所有针织正针，反

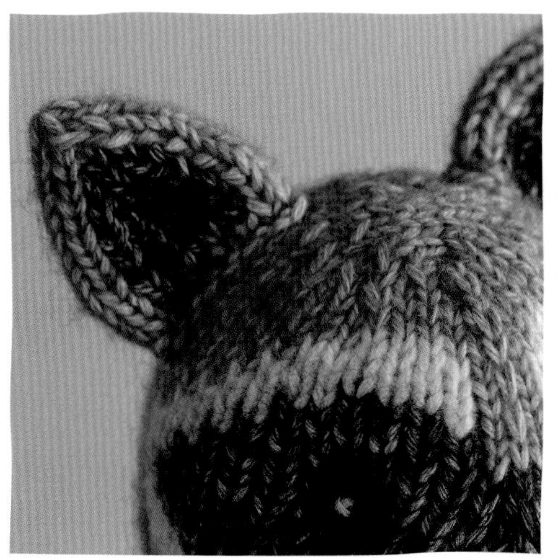

面所有针织反针，2 行。

第 6 行：4 针正针，（加 1 针，6 针正针）2 次，加 1 针，3 针正针。（22 针）

第 7~9 行：正面所有针织正针，反面所有针织反针，3 行。

第 10 行：1 针正针，（加 1 针，7 针正针）3 次。（25 针）

第 11~13 行：正面所有针织正针，反面所有针织反针，3 行。

第 14 行：3 针正针，（加 1 针，4 针正针）5 次，加 1 针，2 针正针。（31 针）

第 15~33 行：正面所有针织正针，反面所有针织反针，19 行。

第 34 行：6 针正针，以正针方式滑 2 针，穿过后面线圈正针织在一起，1 针正针，2 针正针并为 1 针，20 针正针。（29 针）

第 35 行：反针。

仅使用纱线 C 继续进行编织。

第 36 行：19 针正针，以正针方式滑 2 针，穿过后面线圈正针织在一起，1 针正针，2 针正针并为 1 针，5 针正针。（27 针）

第 37 行：反针。

第 38 行：5 针正针，以正针方式滑 2 针，穿过后面线圈正针织在一起，1 针正针，2 针正针并为 1 针，17 针正针。（25 针）

第 39 行：反针。

第 40 行：（4 针正针，以正针方式滑 2 针，穿过后面线圈正针织在一起，1 针正针，2 针正针并为 1 针，3 针正针）2 次，1 针正针。（21 针）

第 41 行：反针。

第 42 行：（3 针正针，以正针方式滑 2 针，穿过后面线圈正针织在一起，1 针正针，2 针正针并为 1 针，2 针正针）2 次，1 针正针。（17 针）

第 43 行：反针。

第 44 行：（2 针正针，以正针方式滑 2 针，穿过后面线圈正针织在一起，1 针正针，2 针正针并为 1 针，1 针正针）2 次，1 针正针。（13 针）

第 45 行：反针。

第 46 行：（1 针正针，以正针方式滑 2 针，穿过后面线圈正针织在一起，1 针正针，2 针正针并为 1 针）2 次，1 针正针。（9 针）

第 47 行：反针。

第 48 行：以正针方式滑 2 针，穿过后面线圈正针织在一起，1 针正针，2 针正针并为 1 针，中间减 2 针，1 针正针。（5 针）

第 49 行：反针。

剪断纱线，留长线尾。使用挂毯手工缝纫针，将线尾从针的左侧穿过针脚，然后拉紧收拢针脚。

身体躯干

与“身体躯干—胸部带花纹”织法相同（参阅“通用的身体各部分”）。

手臂（制作两只手臂）

与“手臂”织法相同（参阅“通用的身体各部分”）。

腿（制作两条腿）

与“腿—不同色彩的脚掌”织法相同，但是要使用纱线 C 而不是纱线 B 来编织第 1~8 行（参阅“通用的身体各部分”）。

合成

按照技术那一章节的要领操作（参阅“技术：合成你的动物”）。

服装的花样图案

菱形图案毛衣

这件毛衣是自上而下编织的，插肩袖，无接缝。上半部分是往返针，留有纽扣开口的位置，主体和袖子用圈织针法。

请注意下面特殊的针法缩略语

C2B 挪 1 针到麻花针上，握住后面，以反针方式滑 1 针，将线放在织物后面，从麻花针上织正针。

C2F 挪 1 针到麻花针上，握住前面，织 1 针正针，从麻花针上以反针方式滑 1 针，将线放在织物后面。

使用 3.5mm 棒针，纱线 A，起针 36 针。

第 1 行（反面）：反针。

第 2~4 行：正面所有针织正针，反面所有针织反针，3 行。

第5行: 使用反针起针法起3针（参阅"技术：起针与针法"），5针反针，从线圈的前面织1针反针，再从线圈的后面织反针，3针反针，放置针织标记，6针反针，从线圈的前面织1针反针，再从线圈的后面织反针,5针反针,放置针织标记，2针反针，从线圈的前面织1针反针，再从线圈的后面织反针，3针反针，放置针织标记，3针反针，从线圈的前面织1针反针，再从线圈的后面织反针，针反织到结尾。（43针）

第6行： 3针反针，1针正针，左加1针，1针正针，挪1针到麻花针上，握住后面，以反针方式滑1针，将线放在织物后面，从麻花针上织正针，挪1针到麻花针上，握住前面，织1针正针，从麻花针上以反针方式滑1针，将线放在织物后面，正针织到标记物，右加1针，滑针标记，1针正针，左加1针，正针织到剩余4个针脚，右加1针，1针正针，3针反针。（51针）

第7行（扣眼行）： 反针编织直到剩余2个针脚，空针，2针反针并为1针。

第8行： 3针反针，1针正针，左加1针，1针正针，*挪1针到麻花针上，握住后面，以反针方式滑1针，将线放在织物后面，从麻花针上织正针，2针正针，挪1针到麻花针上，握住前面，织1针正针，从麻花针上以反针方式滑1针，将线放在织物后面，正针织到标记物，右加1针，滑针标记，1针正针，左加1针，挪1针到麻花针上，握住前面，织1针正针，从麻花针上以反针方式滑1针，将线放在织物后面*，4针正针，挪1针到麻花针上，握住后面，以反针方式滑1针，将线放在织物后面，从麻花针上织正针，右加1针，滑针标记，1针正针，左加1针，4针正针；重复1次两个*之间的针法，5针正针，右加1针，1针正针，3针反针。（59针）

第9行： 反针。

第10行： 3针反针，1针正针，左加1针，1针正针，*挪1针到麻花针上，握住后面，以反针方式滑1针，将线放在织物后面，从麻花针上织正针，4针正针，挪1针到麻花针上，握住前面，织1针正针，从麻花针上以反针方式滑1针，将线放在织物后面，2针正针，挪1针到麻花针上，握住后面，以反针方式滑1针，将线放在织物后面，从麻花针上织正针，右加1针，滑针标记，1针正针，左加1针，2针正针，挪1针到麻花针上，握住前面，织1针正针，从麻花针上以反针方式滑1针，将线放在织物后面，2针正针，挪1针到麻花针上，握住后面，以反针方式滑1针，将线放在织物后面，从麻花针上织正针*，2针正针，右加1针，滑针标记，1针正针，左加1针，挪1针到麻花针上，握住前面，织1针正针，从麻花针上以反针方式滑1针，将线放在织物后面，2针正针；重复1次两个*之间的针法，1针正针，右加1针，1针正针，3针反针。（67针）

第11行： 反针。

第12行： 3针反针，1针正针，左加1针，1针正针，*挪1针到麻花针上，握住后面，以反针方式滑1针，将线放在织物后面，从麻花针上织正针，6针正针，挪1针到麻花针上，握住前面，织1针正针，从麻花针上以反针方式滑1针，将线放在织物后面，挪1针到麻花针上，握住后面，以反针方式滑1针，将线放在织物后面，从麻花针上织正针，2针正针，右加1针，滑针标记，1针正针，左加1针，4针正针，挪1针到麻花针上，握住前面，织1针正针，从麻花针上以反针方式滑1针，将线放在织物后面，挪1针到麻花针上，握住后面，以反针方式滑1针，将线放在织物后面，从麻花针上织正针*，4针正针，右加1针，滑针标记，1针正针，左加1针，2针正针，挪1针到麻花针上，握住前面，织1针正针，从麻花针上以反针方式滑1针，将线放在织物后面；重复1次两个*之间的针法，3针正针，右加1针，1针正针，3针反针。（75针）

第13行（扣眼行）：与第7行相同。

第14行：3针反针，1针正针，左加1针，1针正针，*挪1针到麻花针上，握住后面，以反针方式滑1针，将线放在织物后面，从麻花针上织正针，8针正针，挪1针到麻花针上，握住后面，以反针方式滑1针，将线放在织物后面，从麻花针上织正针，4针正针，右加1针，滑针标记，1针正针，左加1针，6针正针，挪1针到麻花针上，握住后面，以反针方式滑1针，将线放在织物后面，从麻花针上织正针*，6针正针，右加1针，滑针标记，1针正针，左加1针，4针正针；重复1次两个*之间的针法，5针正针，右加1针，1针正针，3针反针。（83针）

第15行：反针。

第16行：3针反针，1针正针，左加1针，1针正针，*挪1针到麻花针上，握住后面，以反针方式滑1针，将线放在织物后面，从麻花针上织正针，挪1针到麻花针上，握住前面，织1针正针，从麻花针上以反针方式滑1针，将线放在织物后面，6针正针，挪1针到麻花针上，握住后面，以反针方式滑1针，将线放在织物后面，从麻花针上织正针，挪1针到麻花针上，握住前面，织1针正针，从麻花针上以反针方式滑1针，将线放在织物后面，4针正针，右加1针，滑针标记，1针正针，左加1针，6针正针，挪1针到麻花针上，握住后面，以反针方式滑1针，将线放在织物后面，从麻花针上织正针，挪1针到麻花针上，握住前面，织1针正针，从麻花针上以反针方式滑1针，将线放在织物后面*，6针正针，右加1针，滑针标记，1针正针，左加1针，4针正针；重复1次两个*之间的针法，5针正针，右加1针，1针正针，3针反针。（91针）

第17行：反针。

第18行：3针反针，1针正针，左加1针，1针正针，*（挪1针到麻花针上，握住后面，以反针方式滑1针，将线放在织物后面，从麻花针上织正针，2针正针，挪1针到麻花针上，握住前面，织1针正针，从麻花针上以反针方式滑1针，将线放在织物后面，4针正针）2次，右加1针，滑针标记，1针正针，左加1针，挪1针到麻花针上，握住前面，织1针正针，从麻花针上以反针方式滑1针，将线放在织物后面，4针正针，挪1针到麻花针上，握住后面，以反针方式滑1针，将线放在织物后面，从麻花针上织正针，2针正针，挪1针到麻花针上，握住前面，织1针正针，从麻花针上以反针方式滑1针，将线放在织物后面*，4针正针，挪1针到麻花针上，握住后面，以反针方式滑1针，将线放在织物后面，从麻花针上织正针，右加1针，滑针标记，1针正针，左加1针，4针正针；重复1次两个*之间的针法，5针正针，右加1针，1针正针，3针反针。（99针）

第19行（扣眼行）：与第7行相同。

第20行：3针反针，1针正针，左加1针，1针正针，*（挪1针到麻花针上，握住后面，以反针方式滑1针，将线放在织物后面，从麻花针上织正针，4针正针，挪1针到麻花针上，握住前面，织1针正针，从麻花针上以反针方式滑1针，将线放在织物后面，2针正针）2次，挪1针到麻花针上，握住后面，以反针方式滑1针，将线放在织物后面，从麻花针上织正针，右加1针，滑针标记，1针正针，左加1针，2针正针，挪1针到麻花针上，握住前面，织1针正针，从麻花针上以反针方式滑1针，将线放在织物后面，2针正针，挪1针到麻花针上，握住后面，以反针方式滑1针，将线放在织物后面，从麻花针上织正针，4针正针，挪1针到麻花针上，握住前面，织1针正针，从麻花针上以反针方式滑1针，将线放在织物后面，2针正针，挪1针到麻花针上，握住后面，以反针方式滑1针，将线放在织物后面，从麻花针上织正针*，2针正针，右加1针，滑针标记，1针正针，左加1针，挪1针到麻花针上，握住前面，织1针正针，从麻花针上以反针方式滑1针，将线放在织物后面，2针正针；重复1次两个*之间的针法，1针正针，右加1针，1针正针，3针反针。（107针）

第21行：反针。

第22行：3针反针，1针正针，左加1针，1针正针，*（挪1针到麻花针上，握住后面，以反针方式滑1针，将线放在织物后面，从麻花针上织正针，6针正针，挪1针到麻花针上，握住前面，织1针正针，从麻花针上以反针方式滑1针，将线放在织物后面）2次，挪1针到麻花针上，握住后面，以反针方式滑1针，将线放在织物后面，从麻花针上织正针，2针正针，右加1针，滑针标记，1针正针，左加1针，4针正针，挪1针到麻花针上，握住前面，织1针正针，从麻花针上以反针方式滑1针，将线放在织物后面，挪1针到麻花针上，握住后面，以反针方式滑1针，将线放在织物后面，从麻花针上织正针，6针正针，挪1针到麻花针上，握住前面，织1针正针，从麻花针上以反针方式滑1针，将线放在织物后面，挪1针到麻花针上，握住后面，以反针方式滑1针，将线放在织物后面，从麻花针上织正针*，4针正针，右加1针，滑针标记，1针正针，左加1针，2针正针，挪1针到麻花针上，握住前面，织1针正针，从麻花针上以反针方式滑1针，将线放在织物后面；重复1次两个*之间的针法，3针正针，右加1针，1针正针，3针反针。（115针）

第23行： 反针。

第24行： 把针脚移到3.5mm环形针上，3针反针，1针正针，左加1针，1针正针，*（挪1针到麻花针上，握住后面，以反针方式滑1针，将线放在织物后面，从麻花针上织正针，8针正针）2次，挪1针到麻花针上，握住后面，以反针方式滑1针，将线放在织物后面，从麻花针上织正针，4针正针，右加1针，滑针标记，1针正针，左加1针，6针正针，挪1针到麻花针上，握住后面，以反针方式滑1针，将线放在织物后面，从麻花针上织正针，8针正针，挪1针到麻花针上，握住后面，以反针方式滑1针，将线放在织物后面，从麻花针上织正针*，6针正针，右加1针，滑针标记，1针正针，左加1针，4针正针；重复1次两个*之间的针法，5针正针，右加1针，1针正针，把剩余的3针（不用编织）滑到麻花针上。（123针）

连接起来进行圈织

第25圈： 把麻花针放在左手针前3针的后面，并标记为第1圈的起点，一起编织左手针和麻花针的第1针，接下来的2针重复同样操作，*正针织到标记物，滑针标记，1针正针（后片），把接下来的26针（不用编织）放到回丝纱线上（袖子）*，移除标记物；重复1次两个*之间的针法（前片和袖子）。（68针）

第26圈： 1针正针，左加1针，*4针正针，挪1针到麻花针上，握住后面，以反针方式滑1针，将线放在织物后面，从麻花针上织正针，（挪1针到麻花针上，握住前面，织1针正针，从麻花针上以反针方式滑1针，将线放在织物后面，6针正针，挪1针到麻花针上，握住后面，以反针方式滑1针，将线放在织物后面，从麻花针上织正针）2次，挪1针到麻花针上，握住前面，织1针正针，从麻花针上以反针方式滑1针，将线放在织物后面*，正针织到标记物，右加1针，滑针标记，2针正针，左加1针；重复1次两个*之间的针法，正针织到最后剩余1个针脚，右加1针，1针正针。（72针）

第27圈： 反针。

第28圈： *5针正针，（挪1针到麻花针上，握住后面，以反针方式滑1针，将线放在织物后面，从麻花针上织正针，2针正针，挪1针到麻花针上，握住前面，织1针正针，从麻花针上以反针方式滑1针，将线放在织物后面，4针正针）3次，1针正针*，重复1次两个*之间的针法。

第29圈： 正针。

第30圈： 1针正针，左加1针，*3针正针，（挪1针到麻花针上，握住后面，以反针方式滑1针，将线放在织物后面，从麻花针上织正针，4针正针，挪1针到麻花针上，握住前面，织1针正针，从麻花针上以反针方式滑1针，将线放在织物后面，2针正针）2次，挪1针到麻花针上，握住后面，以反针方式滑1针，将线放在织物后面，从麻花针上织正针，4针正针，挪1针到麻花针上，握住前面，织1针正针，从麻花针上以反针方式滑1针，将线放在织物后面*，正针织到标记物，右加1针，滑针标记，2针正针，左加1针；重复1次两个*之间的针法，正针织到最后剩余1个针脚，右加1针，1针正针。（76针）

第31圈： 正针。

第32圈： *2针正针，（挪1针到麻花针上，握住前面，织1针正针，从麻花针上以反针方式滑1针，将线放在织物后面，挪1针到麻花针上，握住后面，以反针方式滑1针，将线放在织物后面，从麻花针上织正针，6针正针）3次，挪1针到麻花针上，握住前面，织1针正针，从麻花针上以反针方式滑1针，将线放在织物后面，挪1针到麻花针上，握住后面，以反针方式滑1针，将线放在织物后面，从麻花针上织正针，2针正针；重复1次两个*之间的针法。

第33圈： 正针。

第34圈： 1针正针，左加1针，*2针正针，（挪1针到麻花针上，握住后面，以反针方式滑1针，将线放在织物后面，从麻花针上织正针，8针正针）3次，挪1针到麻花针上，握住后面，以反针方式滑1针，将线放在织物后面，从麻花针上织正针*，正针织到标记物，右加1针，滑针标记，2针正针，左加1针；重复1次两个*之间的针法，正针织到最后剩余1个针脚，

右加1针，1针正针。（80针）

第35圈： 正针。

第36圈： *3针正针，（挪1针到麻花针上，握住后面，以反针方式滑1针，将线放在织物后面，从麻花针上织正针，挪1针到麻花针上，握住前面，织1针正针，从麻花针上以反针方式滑1针，将线放在织物后面，6针正针）7次，挪1针到麻花针上，握住后面，以反针方式滑1针，将线放在织物后面，从麻花针上织正针，挪1针到麻花针上，握住前面，织1针正针，从麻花针上以反针方式滑1针，将线放在织物后面，3针正针。

第37圈： 正针。

第38圈： 1针正针，左加1针，*1针正针，（挪1针到麻花针上，握住后面，以反针方式滑1针，将线放在织物后面，从麻花针上织正针，2针正针，挪1针到麻花针上，握住前面，织1针正针，从麻花针上以反针方式滑1针，将线放在织物后面，4针正针）3次，挪1针到麻花针上，握住后面，以反针方式滑1针，将线放在织物后面，从麻花针上织正针，2针正针，挪1针到麻花针上，握住前面，织1针正针，从麻花针上以反针方式滑1针，将线放在织物后面*，1针正针，右加1针，滑针标记，2针正针，左加1针，重复1次两个*之间的针法，1针正针，右加1针，1针正针。（84针）

第39圈： 正针。

第40圈： 2针正针，（挪1针到麻花针上，握住后面，以反针方式滑1针，将线放在织物后面，从麻花针上织正针，4针正针，挪1针到麻花针上，握住前面，织1针正针，从麻花针上以反针方式滑1针，将线放在织物后面，2针正针）8次，2针正针。

第41圈： 正针。

第42圈： *1针正针，（挪1针到麻花针上，握住后面，以反针方式滑1针，将线放在织物后面，从麻花针上织正针，6针正针，挪1针到麻花针上，握住前面，织1针正针，从麻花针上以反针方式滑1针，将线放在织物后面）4次，1针正针；在*处再重复1次。

第43圈： 正针。

第44圈： *（挪1针到麻花针上，握住后面，以反针方式滑1针，将线放在织物后面，从麻花针上织正针，8针正针）4次，挪1针到麻花针上，握住前面，织1针正针，从麻花针上以反针方式滑1针，将线放在织物后面；在*处再重复1次。

换成3mm环形针。

第45圈： 19针正针，2针正针并为1针，40针正针，2针正针并为1针，21针正针。（82针）

第46圈： 反针。

第47圈： 正针。

第48圈： 反针。

收针。

袖子

从手臂下面开始编织，把一只袖子回丝纱线上的26针均匀整齐地滑到3根3.5mm双尖头编织针上，重新把线连接起来。

使用第4根双尖头编织针开始这一圈的编织。

第1圈： 正针。

第2圈：（6针正针，挪1针到麻花针上，握住后面，以反针方式滑1针，将线放在织物后面，从麻花针上织正针，挪1针到麻花针上，握住前面，织1针正针，从麻花针上以反针方式滑1针，将线放在织物后面）2次，6针正针。

第3圈： 正针。

第4圈： 1针正针，左加1针，（4针正针，挪1针到麻花针上，握住后面，以反针方式滑1针，将线放在织物后面，从麻花针上织正针，2针正针，挪1针到麻花针上，握住前面，织1针正针，从麻花针上以反针方式滑1针，将线放在织物后面）2次，4针正针，右加1针，1针正针。（28针）

第5圈： 正针。

第6圈： 1针正针，（挪1针到麻花针上，握住前面，织1针正针，从麻花针上以反针方式滑1针，将线放在织物后面，2针正针，挪1针到麻花针上，握住后面，以反针方式滑1针，将线放在织物后面，从麻花针上织正针，4针正针）2次，挪1针到麻花针上，握住前面，织1针正针，从麻花针上以反针方式滑1针，将线放在织物后面，2针正针，挪1针到麻花针上，握住后面，以反针方式滑1针，将线放在织物后面，从麻花针上织正针，1针正针。

第7圈： 正针。

第8圈： 2针正针，（挪1针到麻花针上，握住前面，织1针正针，从麻花针上以反针方式滑1针，将线放在织物后面，挪1针到麻花针上，握住后面，以反针方式滑1针，将线放在织物后面，从麻花针上织正针，6针正针）2次，挪1针到麻花针上，握住前面，织1针正针，从麻花针上以反针方式滑1针，将线放在织物后面，挪1针到麻花针上，握住后面，以反针方式滑1针，将线放在织物后面，从麻花针上织正针，2针正针。

第9圈： 正针。

第10圈： 3针正针，（挪1针到麻花针上，握住后面，以反针方式滑1针，将线放在织物后面，从麻花针上织正针，8针正针）2次，挪1针到麻花针上，握住后面，以反针方式滑1针，将线放在织物后面，从麻花针上织正针，3针正针。

第11圈：正针。

第12圈：1针正针，左加1针，1针正针，（挪1针到麻花针上，握住后面，以反针方式滑1针，将线放在织物后面，从麻花针上织正针，挪1针到麻花针上，握住前面，织1针正针，从麻花针上以反针方式滑1针，将线放在织物后面，6针正针）2次，挪1针到麻花针上，握住后面，以反针方式滑1针，将线放在织物后面，从麻花针上织正针，挪1针到麻花针上，握住前面，织1针正针，从麻花针上以反针方式滑1针，将线放在织物后面，1针正针，右加1针，1针正针。（30针）

第13圈：正针。

第14圈：（2针正针，挪1针到麻花针上，握住后面，以反针方式滑1针，将线放在织物后面，从麻花针上织正针，2针正针，挪1针到麻花针上，握住前面，织1针正针，从麻花针上以反针方式滑1针，将线放在织物后面，2针正针）3次。

第15圈：正针。

第16圈：（1针正针，挪1针到麻花针上，握住后面，以反针方式滑1针，将线放在织物后面，从麻花针上织正针，4针正针，挪1针到麻花针上，握住前面，织1针正针，从麻花针上以反针方式滑1针，将线放在织物后面，1针正针）3次。

第17圈：正针。

第18圈：（挪1针到麻花针上，握住后面，以反针方式滑1针，将线放在织物后面，从麻花针上织正针，6针正针，挪1针到麻花针上，握住前面，织1针正针，从麻花针上以反针方式滑1针，将线放在织物后面）3次。

第19圈：正针。

第20圈：1针正针，（挪1针到麻花针上，握住后面，以反针方式滑1针，将线放在织物后面，从麻花针上织正针，8针正针）2次，1针正针。

换成一套3mm双尖头编织针。

第21圈：14针正针，2针正针并为1针，14针正针。（29针）

第22圈：反针。

第23圈：正针。

第24圈：反针。

收针。

重复上面的操作编织第二只袖子。

装扮

1. 如有必要，把袖子下面的洞洞用几针封闭上。
2. 整平毛衣。
3. 把纽扣缝在左侧的位置，使其与扣眼相匹配。

条纹短裤

短裤从上自下编织，没有接缝。裤子的上半部分织往返针，后面留有钉纽扣的位置，并且多织一些短行来塑造臀围的大小；裤子的下半部分和腿部进行圈织。纽扣的位置使用纱线B进行编织，使用嵌花技术（参阅“技术：配色”）。

使用3mm棒针，纱线B，起针52针。

第1行（反面）：正针。

第2行：正针。

第3行（扣眼行）：正针织到剩余3个针脚，2针正针并为1针，空针，1针正针。

第4~5行：正针织2行。

改用3.5mm棒针。

第6行：［1针正针，在同一个线圈里织2针正针（从线圈的前面织1针正针，再从线圈的后面织1针正针）］11次，在同一个线圈里织2针正针（3次），1针正针，在同一个线圈里织2针正针（4次），（1针正针，在同一个线圈里织2针正针）10次，2针正针。（80针）

第7行：2针正针，8针反针，翻面。

第8行：空针，正针织到结尾。

第9行：（B）2针正针，（C）8针反针，以正针方式滑2针，穿过后面线圈反针织在一起，2针反针，翻面。

第10行：（C）空针，正针织到剩余2个针脚，（B）2针正针。

第11行：（B）2针正针，11针反针，以正针方式滑2针，穿过后面线圈反针织在一起，2针反针，翻面。

第12行：（B）空针，正针织到结尾。

第13行：（B）2针正针，（C）14针反针，以正针方式滑2针，穿过后面线圈反针织在一起，2针反针，翻面。

第14行：（C）空针，正针织到剩余2个针脚，（B）2针正针。

第15行：（B）2针正针，17针反针，以正针方式滑2针，穿过后面线圈反针织在一起，反针织到最后剩余2个针脚，2针正针。

第16行：（B）10针正针，翻面。

第17行：（B）空针，反针织到最后剩余2个针脚，2针正针。

第18行：（B）2针正针，（C）8针正针，2针正针并为1针，2针正针，翻面。

第19行（扣眼行）：（C）空针，反针织到剩余3个针脚，2针反针并为1针，（B）空针，1针正针。

第20行：（B）13针正针，2针正针并为1针，2针正针，翻面。

第21行：（B）空针，反针织到最后剩余2个针脚，2针正针。

第22行：（B）2针正针，（C）14针正针，2针正针并为1针，2针正针，翻面。

第23行：（C）空针，反针织到最后剩余2个针脚，（B）2针正针。

第24行：（B）19针正针，2针正针并为1针，正针织到结尾。

第 25 行：（B）2 针正针，反针织到最后剩余 2 个针脚，2 针正针。

第 26 行：（B）2 针正针，（C）正针织到最后剩余 2 个针脚，（B）2 针正针。

第 27 行（扣眼行）：（B）2 针正针，（C）反针织到剩余 3 个针脚，2 针反针并为 1 针，（B）空针，1 针正针。

第 28 行：（B）正针。

第 29 行：（B）2 针正针，反针织到最后剩余 2 个针脚，2 针正针。

第 30 行：（B）2 针正针，（C）正针织到最后剩余 2 个针脚，2 针正针，（B）2 针正针。

第 31 行：（B）2 针正针，（C）反针织到最后剩余 2 个针脚，2 针正针，（B）2 针正针。

从此处开始进行短裤条纹图案的编织，从纱线 B 开始，使用纱线 B 编织 2 行，之后再使用纱线 C 编织 2 行，如此交替进行，不留纽扣位置。

第 32 行：把针脚挪到 3.5mm 环形针上，正针织到最后剩余 2 个针脚，把最后 2 针（不用编织）滑到麻花针上。

连接起来进行圈织

第 33 圈：把麻花针放在左手针前 2 针的后面，同时编织左手针和麻花针的第 1 针，并标记为第 1 圈的起点，接下来左手针的针脚与麻花针剩余的针脚一起进行编织，正针织到结尾。（78 针）

第 34~37 圈：正针织 4 圈。

第 38 圈：1 针正针，左加 1 针，正针织到最后剩余 1 个针脚，右加 1 针，1 针正针。（80 针）

第 39~40 圈：正针织 2 圈。

第 41 圈：1 针正针，左加 1 针，正针织到最后剩余 1 个针脚，右加 1 针，1 针正针。（82 针）

第 42 圈：40 针正针，右加 1 针，2 针正针，左加 1 针，正针织到结尾。（84 针）

第 43 圈：1 针正针，左加 1 针，正针织到最后剩余 1 个针脚，右加 1 针，1 针正针。（86 针）

第 44 圈：正针。

第 45 圈：1 针正针，左加 1 针，41 针正针，右加 1 针，2 针正针，左加 1 针，41 针正针，右加 1 针，1 针正针。（90 针）

第 46 圈：正针。

第 47 圈：1 针正针，左加 1 针，43 针正针，右加 1 针，2 针正针，左加 1 针，43 针正针，右加 1 针，1 针正针。（94 针）

第 48 圈：正针。

分开织腿部

第 49 圈：47 针正针（右腿），把接下来的 47 针（不用编织）放到回丝纱线上（左腿）。

右腿

第 50~53 圈：正针织 4 圈。

第 54 圈：以正针方式滑 2 针，穿过后面线圈正针织在一起，22 针正针，2 针正针并为 1 针，正针织到结尾。（45 针）

第 55~57 圈：正针织 3 圈。

第 58 圈：以正针方式滑 2 针，穿过后面线圈正针织在一起，20 针正针，2 针正针并为 1 针，正针织到结尾。（43 针）

第 59~61 圈：正针织 3 圈。

第 62 圈：以正针方式滑 2 针，穿过后面线圈正针织在一起，18 针正针，2 针正针并为 1 针，正针织到结尾。（41 针）

第 63 圈：正针。

换成 3mm 环形针，仅使用纱线 B 进行编织。

第 64 圈：正针。

第 65 圈：反针。

第 66~67 圈：重复 1 次前面的最后 2 行。

左腿

第 49 圈：把回丝纱线上的针脚转移到 3.5mm 环形针上，放置标记作为圈织的起点，重新连接纱线 B，正针织 1 圈。

继续编织条纹图案，从纱线 C 开始，使用纱线 C 编织 2 圈，之后再使用纱线 B 编织 2 圈，如此交替进行。

第 50~53 圈：正针织 4 圈。

第 54 圈：21 针正针，以正针方式滑 2 针，穿过后面线圈正针织在一起，22 针正针，2 针正针并为 1 针。（45 针）

第 55~57 圈：正针织 3 圈。

第 58 圈：21 针正针，以正针方式滑 2 针，穿过后面线圈正针织在一起，20 针正针，2 针正针并为 1 针。（43 针）

第 59~61 圈：正针织 3 圈。

第 62 圈：21 针正针，以正针方式滑 2 针，穿过后面线圈正针织在一起，18 针正针，2 针正针并为 1 针。（41 针）

第 63 圈：正针。

换成 3mm 环形针，仅使用纱线 B 进行编织。

第 64 圈：正针。

第 65 圈：反针。

第 66~67 圈：重复 1 次前面的最后 2 行。

收针。

装扮

1. 如有必要，在两条腿的连接处缝上几针，使洞洞闭合。
2. 整平短裤。
3. 在短裤的后片左侧的位置缝上纽扣，使它们与扣眼相匹配。

运动鞋

使用 2.75mm 棒针，纱线 C 编织鞋底，按照运动鞋的图案编织（参阅“鞋子及配饰”），换成纱线 A 编织鞋面。使用纱线 C 制作鞋带。

淑女兔蒂莉

一件带有胡萝卜图案的开襟羊毛衫似乎是在菜地里度过一个下午的最佳选择，但蒂莉漂亮的白色连衣裙不太可能长时间保持这种白净的状态呀……

您需要准备

编织蒂莉的身体需要准备

斯卡巴德石洗（Scheepjes Stonewashed）纱线（50g/130m；78% 棉/22%丙烯酸纤维）颜色如下：

- 纱线A米色（斧石831）2团
- 纱线B乳白色（月亮石801）1团

2.75mm（美国2）棒针

玩具填充物

2mm × 10mm（1/2in）的纽扣

少许4合股纱线，用于手绣鼻子

35mm（1 3/8 in）绒球用线

编织蒂莉的装束需要准备

斯卡巴德卡托纳（Scheepjes Catona）纱线（10g/25m，25g/62m 或者50g/125m；100% 棉）颜色如下：

- 纱线A乳白色（老花边130）1 × 50g/团，1 × 25g/团
- 纱线B浅灰色（浅银172）1 × 50g/团
- 纱线C粉红色（丰润珊瑚410）1 × 10g/团
- 纱线D橙色（皇室橙189）1 × 10g/团
- 纱线E绿色（酸橙绿512）1 × 10g/团

3mm（美国2 1/2）棒针

3mm（美国2 1/2）环形针（23cm/9in长）

一套4根3mm（美国2 1/2）双尖头编织针

3.5mm（美国4）棒针

3.5mm（美国4）环形针（23cm/9in长）

一套4根3.5mm（美国4）双尖头编织针

麻花针

回丝纱线

10个小纽扣

在开始编织之前，请您阅读本书开头部分的“注意事项”

兔子各部位的花样图案

头

从颈部开始：

使用2.75mm棒针，纱线A，起针11针。

第1行（反面）：反针。

第2行：（1针正针，加1针）直到最后剩余1个针脚，1针正针。（21针）

第3行：反针。

第4行：（2针正针，加1针）直到最后剩余1个针脚，1针正针。（31针）

第5行：反针。

第6行：1针正针，左加1针，正针织到最后剩余1个针脚，右加1针，1针正针。（33针）

第7行：反针。

第8行：（1针正针，左加1针，15针正针，右加1针）2次，1针正针。（37针）

第9行：反针。

第10行：（1针正针，左加1针，17针正针，右加1针）2次，1针正针。（41针）

第11行：20针反针，左加1针反针，1针反针，右加1针反针，20针反针。（43针）

第12行：（1针正针，左加1针，20针正针，右加1针）2次，1针正针。（47针）

第13行：23针反针，左加1针反针，1针反针，右加1针反针，23针反针。（49针）

第14行：24针正针，右加1针，1针正针，左加1针，24针正针。（51针）

第15行：反针。

第16行：（1针正针，左加1针，24针正针，右加1针）2次，1针正针。（55针）

第17行：反针。

第18行：27针正针，滑1针，27针正针。

第19~21行：重复1次前面的最后2行，然后再重复1次第17行。

第22行：26针正针，中间减2针，26针正针。（53针）

第23行：反针。

第24行：25针正针，中间减2针，25针正针。（51针）

第25行：24针反针，中间减2针，24针反针。（49针）

第26行：23针正针，中间减2针，23针正针。（47针）

第27行：反针。

第28行：1针正针，2针正针并为1针，19针正针，中间减2针，19针正针，以正针方式滑2针，穿过后面线圈正针织在一起，1针正针。（43针）

第29行：反针。

第30行：20针正针，中间减2针，20针正针。（41针）

第31行：反针。

第32行：1针正针，2针正针并为1针，17针正针，滑1针，17针正针，以正针方式滑2针，穿过后面线圈正针织在一起，1针正针。（39针）

第33行：反针。

第34行：19针正针，滑1针，19针正针。

第35行：反针。

第36行：1针正针，2针正针并为1针，16针正针，滑1针，16针正针，以正针方式滑2针，穿过后面线圈正针织在一起，1针正针。（37针）

第37行：反针。

第38行：18针正针，滑1针，18针正针。

第39行：反针。

第40行：1针正针，2针正针并为1针，3针正针，2针正针并为1针（4次），3针正针，中间减2针，3针正针，（以正针方式滑2针，穿过后面线圈正针织在一起）4次，3针正针，以正针方式滑2针，穿过后面线圈正针织在一起，1针正针。（25针）

第41行：反针。

第42行：1针正针，2针正针并为1针（5次），中间减2针，（以正针方式滑2针，穿过后面线圈正针织在一起）5次，1针正针。（13针）

第43行：反针。

收针。

耳朵（制作两只耳朵）

使用2.75mm棒针，纱线A，起针15针。

第1行（反面）：（A）6针反针，（B）3针反针，（A）6针反针。

第2行：（A）6针正针，（B）（1针正针，加1针）3次，（A）6针正针。（18针）

第3行：（A）6针反针，（B）6针反针，（A）6针反针。

第4行：（A）6针正针，（B）6针正针，（A）6针正针。

第5行：（A）6针反针，（B）6针反针，（A）6针反针。

第6行：（A）4针正针，右加1针，2针正针，（B）1针正针，左加1针，4针正针，右加1针，1针正针，（A）2针正针，左加1针，4针正针。（22针）

第7行：（A）7针反针，（B）8针反针，（A）7针反针。

第8行：（A）7针正针，（B）8针正针，（A）8针正针。

第9行：（A）7针反针，（B）8针反针，（A）7针反针。

第10行：（A）5针正针，右加1针，2针正针，（B）1针正针，左加1针，6针正针，右加1针，1针正针，（A）2针正针，左加1针，5针正针。（26针）

第11行：（A）8针反针，（B）10针反针，（A）8针反针。

第12行：（A）8针正针，（B）10针正针，（A）8针正针。

第13~15行：重复1次前面的最后2行，然后再重复1次第11行。

第16行：（A）6针正针，右加1针，2针正针，（B）1针正针，左加1针，8针正针，右加1针，1针正针，（A）2针正针，左加1针，6针正针。（30针）

第17行：（A）9针反针，（B）12针反针，（A）9针反针。

第18行：（A）9针正针，（B）12针正针，（A）9针正针。

第19~27行：重复4次前面的最后2行，然后再重复1次第17行。

第28行：（A）6针正针，2针正针并为1针，1针正针，（B）以正针方式滑2针，穿过后面线圈正针织在一起，8针正针，2针正针并为1针，（A）1针正针，以正针方式滑2针，穿过后面线圈正针织在一起，6针正针。（26针）

第29行：（A）8针反针，（B）10针反针，（A）8针反针。

第30行：（A）8针正针，（B）10针正针，（A）8针正针。

第31行：（A）8针反针，（B）10针反针，（A）8针反针。

第32行：（A）5针正针，2针正针并为1针，1针正针，（B）以正针方式滑2针，穿过后面线圈正针织在一起，6针正针，2针正针并为1针，（A）1针正针，以正针方式滑2针，穿过后面线圈正针织在一起，5针正针。（22针）

第33~35行：重复1次第7~9行。

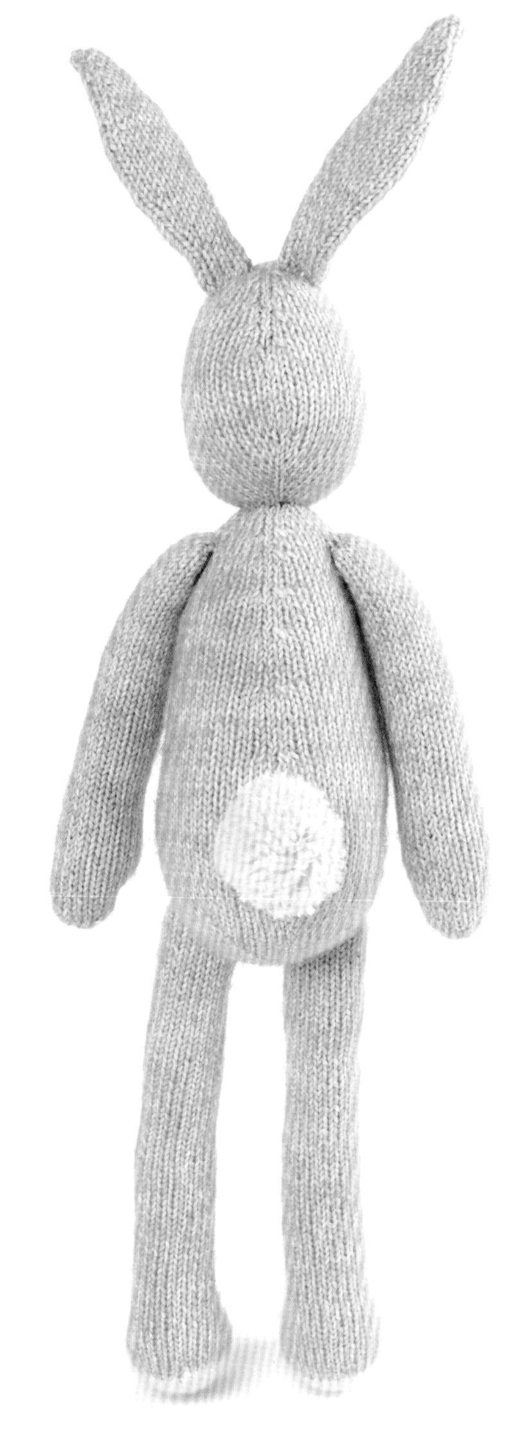

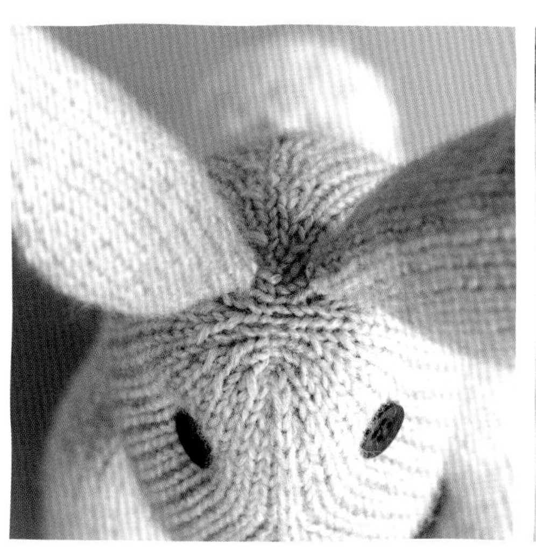

第 36 行：（A）4 针正针，2 针正针并为 1 针，1 针正针，（B）以正针方式滑 2 针，穿过后面线圈正针织在一起，4 针正针，2 针正针并为 1 针，（A）1 针正针，以正针方式滑 2 针，穿过后面线圈正针织在一起，4 针正针。（18 针）

第 37~39 行：重复 1 次第 3~5 行。

第 40 行：（A）3 针正针，2 针正针并为 1 针，1 针正针，（B）以正针方式滑 2 针，穿过后面线圈正针织在一起，2 针正针，2 针正针并为 1 针，（A）1 针正针，以正针方式滑 2 针，穿过后面线圈正针织在一起，3 针正针。（14 针）

第 41 行：（A）5 针反针，（B）4 针反针，（A）5 针反针。

第 42 行：（A）2 针正针，2 针正针并为 1 针，1 针正针，（B）以正针方式滑 2 针，穿过后面线圈正针织在一起，2 针正针并为 1 针，（A）1 针正针，以正针方式滑 2 针，穿过后面线圈正针织在一起，2 针正针。（10 针）

第 43 行：（A）4 针反针，（B）2 针反针，（A）4 针反针。

剪断纱线 B，留长线尾，使用纱线 A 继续编织。

第 44 行：1 针正针，（2 针正针并为 1 针，以正针方式滑 2 针，穿过后面线圈正针织在一起）2 次，1 针正针。（6 针）

第 45 行：反针。

剪断纱线，留长线尾。使用挂毯手工缝纫针，将线尾从针的左侧穿过针脚，然后拉紧收拢针脚。

尾巴

使用纱线 B 制作绒球，直径大约为 35mm（13/8in）。

身体躯干

与“身体躯干一单色”织法相同（参阅“通用的身体各部分”）。

手臂（制作两只手臂）

与“手臂”织法相同（参阅“通用的身体各部分”）。

腿（制作两条腿）

与“腿一不同色彩的脚掌”织法相同（参阅“通用的身体各部分”）。

合成

按照技术那一章节的要领操作（参阅“技术：合成你的动物”）。

服装的花样图案

连衣裙

裙子从上至下进行编织，无接缝，插肩短袖。上半部分用往返针进行编织，沿着后片留有纽扣的位置，圈织裙子的下半部分。

从下方2行松股线的下面插入右针，在松股线下织 1 针正针，接着织下一针，把针脚带到松股线的下面，使它向外对着你（图 1）。

使用3mm 棒针，纱线 A，起针 31 针。

第 1 行（反面）：正针。

第 2 行（扣眼行）：1 针正针，空针，2 针正针并为 1 针，正针织到结尾。

换成 3.5mm 棒针。

第 3 行：3 针正针，4 针反针，放置针织标记，4 针反针，放置针织标记，10 针反针，放置针织标记，4 针反针，放置针织标记，正针织到剩余 3 个针脚，3 针正针。

第 4 行：（正针织到标记物，右加 1 针，滑针标记，1 针正针，左加 1 针）2 次，2 针正针，滑 5 针，将线放在织物前面，（正针织到标记物，右加 1 针，滑针标记，1 针正针，左加 1 针）2 次，正针织到结尾。（39 针）

第 5 行：3 针正针，反针织到最后剩余 3 个针脚，3 针正针。

第 6 行：（正针织到标记物，右加 1 针，滑针标记，1 针正针，左加 1 针）2 次，5 针正针，松股线下 1 针正针，（正针织到标记物，右加 1 针，滑针标记，1 针正针，左加 1 针）2 次，正针织到结尾。（47 针）

第 7 行：与第 5 行相同。

第 8 行：（正针织到标记物，右加 1 针，滑针标记，1 针正针，左加 1 针）2 次，（1 针正针，滑 5 针，将线放在织物前面）2 次，1 针正针，（正

针织到标记物，右加1针，滑针标记，1针正针，左加1针）2次，正针织到结尾。（55针）

第9行：与第5行相同。

第10行：（正针织到标记物，右加1针，滑针标记，1针正针，左加1针）2次，（4针正针，松股线下1针正针，1针正针）2次，（正针织到标记物，右加1针，滑针标记，1针正针，左加1针）2次，正针织到结尾。（63针）

第11行：与第5行相同。

第12行：（正针织到标记物，右加1针，滑针标记，1针正针，左加1针）2次，（滑5针，将线放在织物前面，1针正针）2次，滑5针，将线放在织物前面，（正针织到标记物，右加1针，滑针标记，1针正针，左加1针）2次，正针织到结尾。（71针）

第13行：与第5行相同。

第14行：（正针织到标记物，右加1针，滑针标记，1针正针，左加1针）2次，（3针正针，松股线下1针正针，2针正针）3次，（正针织到标记物，右加1针，滑针标记，1针正针，左加1针）2次，正针织到结尾。（79针）

第15行：与第5行相同。

第16行（扣眼行）：1针正针，空针，2针反针并为1针，（正针织到标记物，右加1针，滑针标记，1针正针，左加1针）2次，（滑4针，将线放在织物前面，1针正针，滑1针，将线放在织物前面）3次，滑3针，将线放在织物前面，（正针织到标记物，右加1针，滑针标记，1针正针，左加1针）2次，正针织到结尾。（87针）

第17行：与第5行相同。

第18行：（正针织到标记物，右加1针，滑针标记，1针正针，左加1针）2次，（2针正针，松股线下1针正针，3针正针）3次，2针正针，松股线下1针正针，（正针织到标记物，右加1针，滑针标记，1针正针，左加1针）2次，正针织到结尾。（95针）

第19行：与第5行相同。

第20行：（正针织到标记物，右加1针，滑针标记，1针正针，左加1针）2次，（滑3针，将线放在织物前面，1针正针，滑2针，将线放在织物前面）4次，滑1针，将线放在织物前面，（正针织到标记物，右加1针，滑针标记，1针正针，左加1针）2次，正针织到结尾。（103针）

第21行：与第5行相同。

第22行：（正针织到标记物，右加1针，滑针标记，1针正针，左加1针）2次，（1针正针，松股线下1针正针，4针正针）4次，1针正针，松股线下1针正针，（正针织到标记物，右加1针，滑针标记，1针正针，左加1针）2次，正针织到结尾。（111针）

第23行：与第5行相同。

第24行：（正针织到标记物，右加1针，滑针标记，1针正针，左加1针）2次，（滑2针，将线放在织物前面，1针正针，滑3针，将线放在织物前面）4次，滑2针，将线放在织物前面，1针正针，滑2针，将线放在织物前面，（正针织到标记物，右加1针，滑针标记，1针正针，左加1针）2次，正针织到结尾。（119针）

第25行：3针正针，*反针织到标记物，移除标记（左后片），收25针（袖子），1针反针，滑针标记；从*处开始重复1次（前片和袖子），反针织到剩余3个针脚，3针正针（右后片）。（69针）

第26行：正针织到标记物，滑针标记，1针正针，带1针，1针正针，

松股线下1针正针，（5针正针，松股线下1针正针）5次，滑针标记，1针正针，带1针，正针织到结尾。（71针）

第27行：与第5行相同。

换成3mm棒针，使用纱线C。

第28行：（正针织到标记物，右加1针，滑针标记，3针正针，左加1针）2次，正针织到结尾。（75针）

第29行：正针。

换成3.5mm棒针，使用纱线A。

第30行（扣眼行）：1针正针，空针，2针正针并为1针，正针织到结尾。

第31行：与第5行相同。

第32行：正针织到标记物，右加1针，滑针标记，3针正针，左加1针，13针正针，在同一个线圈里织2针正针（6次），正针织到标记物，右加1针，滑针标记，3针正针，左加1针，正针织到结尾。（85针）

第33行：与第5行相同。

第34行：正针。

第35行：与第5行相同。

第36行：（正针织到标记物，右加1针，滑针标记，3针正针，左加1针）2次，正针织到结尾。（89针）

第37~41行：重复1次第33~36行，然后再重复1次第33行。（93针）

第42行（扣眼行）：与第30行相同。

第43~44行：重复1次第35~36行。（97针）

第45~51行：重复1次第33~36行，然后再重复1次第33~35行。（101针）

第52~53行：重复1次第34~35行。

第54行：把针脚挪到3.5mm环形针上，（正针织到标记物，右加1针，滑针标记，3针正针，左加1针）2次，正针织到剩余3个针脚，把最后这3针（不用编织）滑到麻花针上。（105针）

连接起来进行圈织

第55圈：把麻花针放在左手针前3针的后面，并标记为第1圈的起点，同时编织左手针和麻花针的第1针，接下来的2针重复同样操作，正针织到结尾。（102针）

第56~57圈：织2圈正针。

第58圈：1针正针，（1针正针，滑5针，将线放在织物前面）织到最后剩余5个针脚，1针正针，滑4针，将线放在织物前面。

第59圈：滑1针，将线放在织物前面，正针织到结尾。

第60圈：4针正针，（1针正针，松股线下1针正针，5针正针）织到最后剩余2个针脚，松股线下1针正针，1针正针。

第61圈：正针织到最后剩余1个针脚，滑1针，将线放在织物前面。

第62圈：滑4针，将线放在织物前面，1针正针，（滑5针，将线放在织物前面，1针正针）织到最后剩余1个针脚，1针正针。

第63圈：正针。

第64圈：1针正针，（1针正针，松股线下1针正针，5针正针）织到最后剩余5个针脚，松股线下1针正针，4针正针。

第65圈：正针。

第66~80圈：重复1次第58~65圈，然后再重复1次第58~64圈。

换成3mm环形针。

第81圈：正针。

第82圈：反针。

收针。

装扮

1. 整平裙子。
2. 把纽扣缝在裙子背面左侧的位置，使其与扣眼相匹配。

开衫毛衣

这件开衫毛衣是自上而下编织的，无接缝，圆形领口下方有一圈费尔岛毛衣（费尔岛在苏格兰岛北面，岛民用各种颜色的线进行编织，形成了费尔岛图案）的彩色几何图案。主体部分是往返针，袖子用圈织针法。扣眼的位置（每行的前后3针）使用纱线B进行编织，使用嵌花技术（请参“阅技术：配色”）。

使用纱线B，3mm棒针，起针39针。

第1行（反面）：正针。

第2行（扣眼行）：1针正针，空针，2针正针并为1针，正针织到结尾。

第3行：正针。

换成3.5mm棒针。

第4行：4针正针，（1针正针，在同一个线圈里织2针正针）织到剩余3个针脚，3针正针。（55针）

第5行：3针正针，反针织到剩余3个针脚，3针正针。

接下来的14行编织胡萝卜的图案，正面所有针织正针，反面所有针织反针，使用费尔岛毛衣图案（多股线）（参阅“技术：配色”）。这个图案需要跨行重复使用16次，然后再重复一次第1纵列。正面编织时从右向左读表，反面编织时从左向右读表。扣眼位置（每一行的前后3针）使用纱线B进行编织，使用嵌花技术（参阅“技术：配色”）。

第6~9行：3针正针，编织胡萝卜图案，织到剩余3个针脚，3针正针。（71针）

第10行（扣眼行）：1针正针，空针，2针正针并为1针，编织胡萝卜图案，织到剩余3个针脚，3针正针。

第11~17行：3针正针，编织胡萝卜图案，织到剩余3个针脚，3针正针。（103针）

第18行（扣眼行）：1针正针，空针，2针正针并为1针，编织胡萝卜图案，织到剩余3个针脚，3针正针。

第19行：3针正针，编织胡萝卜图案，织到剩余3个针脚，3针正针。

第20行：（B）3针正针，（A）（6针正针，加1针）织到剩余4个针脚，1针正针，（B）3针正针。（119针）

使用纱线B继续编织。

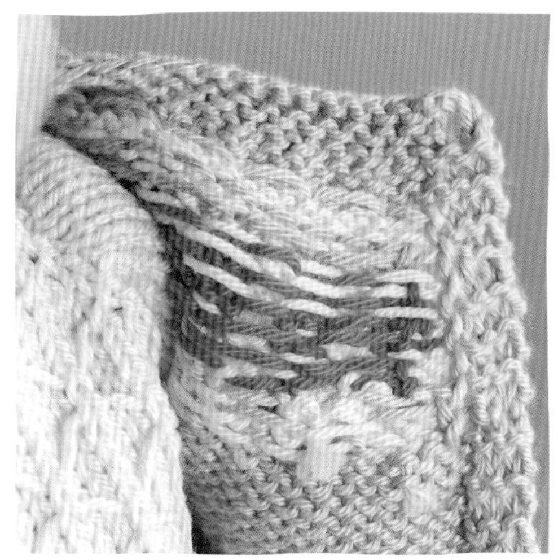

第 21 行： 3 针正针，反针织到剩余 3 个针脚，3 针正针。

第 22 行： 正针。

第 23 行： 与第 21 行相同。

第 24 行： 18 针正针（左前片），接下的 25 针不用编织，把它们挪到回丝纱线上（袖子），33 针正针（后片），接下的 25 针不用编织，把它们挪到回丝纱线上（袖子），正针织到结尾（右前片）。（69 针）

第 25 行： 3 针正针，16 针反针，放置针织标记，33 针反针，放置针织标记，反针织到剩余 3 个针脚，3 针正针。

第 26 行（扣眼行）： 1 针正针，空针，2 针正针并为 1 针，（正针织到标记物，右加 1 针，滑针标记，2 针正针，左加 1 针）2 次，正针织到结尾。（73 针）

第 27 行： 3 针正针，反针织到剩余 3 个针脚，3 针正针。

第 28 行： 正针。

第 29 行： 与第 27 行相同。

第 30 行：（正针织到标记物，右加 1 针，滑针标记，2 针正针，左加 1 针）2 次，正针织到结尾。（77 针）

第 31~33 行： 重复 1 次第 27~29 行。

第 34 行（扣眼行）： 1 针正针，空针，2 针正针并为 1 针，（正针织到标记物，右加 1 针，滑针标记，2 针正针，左加 1 针）2 次，正针织到结尾。（81 针）

第 35~40 行： 重复 1 次第 27~30 行，然后再重复 1 次第 27~28 行。（85 针）

换成 3mm 棒针。

第 41 行： 正针。

第 42 行（扣眼行）： 1 针正针，空针，2 针正针并为 1 针，正针织到结尾。

第 43 行： 正针。

收针。

袖子

从手臂下面开始编织，把一只袖子回丝纱线上的 25 针均匀整齐地滑到 3 根 3.5mm 双尖头编织针上，重新把线连接起来。

使用第 4 根双尖头编织针开始这一圈的编织。

第 1~3 圈： 正针织 3 圈。

第 4 圈： 1 针正针，左加 1 针，正针织到剩余 1 个针脚，右加 1 针，1 针正针。（27 针）

第 5~11 圈： 正针织 7 圈。

第 12 圈： 1 针正针，左加 1 针，正针织到剩余 1 个针脚，右加 1 针，1 针正针。（29 针）

第 13~20 圈： 正针织 8 圈。

换成一套 3mm 双尖头编织针。

第 21 圈： 正针。

第 22 圈： 反针。

第 23~24 圈： 重复编织 1 次前面的最后 2 圈。

收针。

重复以上操作编织第二只袖子。

装扮

1. 整平毛衣。

2. 把纽扣缝在右侧位置，使其与扣眼相匹配。

法式短裤

使用纱线 A，按照法式短裤的图案（参阅“鞋子及配饰”）进行编织。

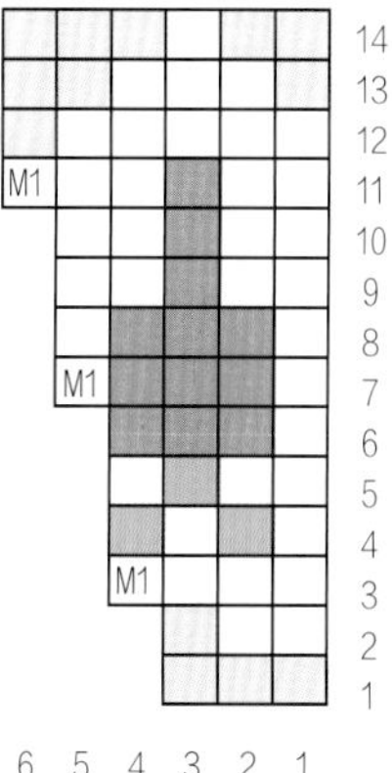

图例

- 纱线A
- 纱线B
- 纱线C
- 纱线D
- M1 加1针

利落鸭阿米莉娅

在即将匆忙赶路的时候，为了节省时间，阿米莉娅只需套上带有小纽扣标签的时尚直筒连衣裙，然后挎上她的单肩包，就可以出发了。她瞬间就准备好了，毕竟她是不会错过火车的！

您需要准备

编织阿米莉娅的身体需要准备

斯卡巴德石洗（Scheepjes Stonewashed）纱线（50g/130m；78%棉/22%丙烯酸纤维）颜色如下：

- 纱线A乳白色（月亮石801）2团
- 纱线B橙色（珊瑚801）1团

2.75mm（美国2）棒针

玩具填充物

2mm×10mm（1/2in）的纽扣

编织阿米莉娅的装束需要准备

斯卡巴德卡托纳（Scheepjes Catona）纱线（10g/25m，25g/62m或者50g/125m；100%棉）颜色如下：

- 纱线A浅蓝色（蓝铃173）1×50g/团
- 纱线B深蓝色（海军蓝164）1×50g/团
- 纱线C粉红色（丰润珊瑚410）1×10g/团
- 纱线D桃红色（经典桃红414）1×25g/团

3mm（美国2 1/2）棒针

3mm（美国2 1/2）环形针（23cm/9in长）

一套4根3mm（美国2 1/2）双尖头编织针

3.5mm（美国4）棒针

3.5mm（美国4）环形针（23cm/9in长）

一套4根3.5mm（美国4）双尖头编织针

麻花针

回丝纱线

9个小纽扣

在开始编织之前，请您阅读本书开头部分的“注意事项”

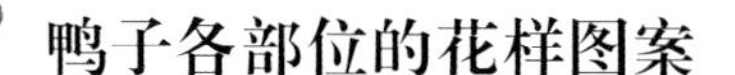

鸭子各部位的花样图案

头

从颈部开始：

使用2.75mm棒针，纱线A，起针11针。

第1行（反面）：反针。

第2行：（1针正针，加1针）织到剩余1个针脚，1针正针。（21针）

第3行：反针。

第4行：（2针正针，加1针）织到剩余1个针脚，1针正针。（31针）

第5行：反针。

第6行：1针正针，左加1针，正针织到剩余1个针脚，右加1针，1针正针。（33针）

第7行：反针。

第8行：（1针正针，左加1针，15针正针，右加1针）2次，1针正针。（37针）

第9行：反针。

第10行：（1针正针，左加1针，17针正针，右加1针）2次，1针正针。（41针）

第11行：20针反针，1针反针并且在右边绕这一针放置一个可移除标记，20针反针。

第12行：（1针正针，左加1针，19针正针，右加1针）2次，1针正针。（45针）

第13行：反针。

第14行：22针正针，右加1针，1针正针，左加1针，22针正针。（47针）

第15行：反针。

第16行：1针正针，左加1针，正针织到剩余1个针脚，右加1针，1针正针。（49针）

第17行：反针。

第18行：18针正针，*1针正针并且绕这一针放置一个可移除标记*，11针正针，重复1次两个*之间的针法，18针正针。

第19~25行：正面所有针织正针，反面所有针织反针，7行。

第26行：23针正针，中间减2针，23针正针。（47针）

第27行：反针。

第28行：1针正针，2针正针并为1针，19针正针，中间减2针，19针正针，以正针方式滑2针，穿过后面线圈正针织在一起，1针正针。（43针）

第29行：反针。

第30行：20针正针，中间减2针，20针正针。（41针）

第31行：20针反针，1针反针并且在右边绕这一针放置一个可移除标记，20针反针。

第32行：1针正针，2针正针并为1针，17针正针，滑1针，17针正针，以正针方式滑2针，穿过后面线圈正针织在一起，1针正针。（39针）

第33行：反针。

第34行：19针正针，滑1针，19针正针。

第35行：反针。

第36行：1针正针，2针正针并为1针，16针正针，滑1针，16针正针，以正针方式滑2针，穿过后面线圈正针织在一起，1针正针。（37针）

第37行：反针。

第38行：18针正针，滑1针，18针正针。

第39行：反针。

第40行：1针正针，2针正针并为1针，3针正针，2针正针并为1针（4次），3针正针，中间减2针，3针正针，（以正针方式滑2针，穿过后面线圈正针织在一起）4次，3针正针，以正针方式滑2针，穿过后面线圈正针织在一起，1针正针。（25针）

第41行：反针。

第42行：1针正针，2针正针并为1针（5次），中间减2针，（以正针方式滑2针，穿过后面线圈正针织在一起）5次，1针正针。（13针）

第43行：反针。

收针。

鸭嘴

使用2.75mm棒针，纱线B，起针33针。

第1行（反面）：反针。

第2行：6针正针，滑1针，8针正针，中间减2针，8针正针，滑1针，6针正针。（31针）

第3行：反针。

第4行：6针正针，滑1针，7针正针，中间减2针，7针正针，滑1针，6针正针。（29针）

第5行：反针。

第6行：6针正针，滑1针，15针正针，滑1针，6针正针。

第7~19行：重复6次前面的最后2行，然后再重复1次第5行。

第20行：5针正针，中间减2针，13针正针，中间减2针，5针正针。

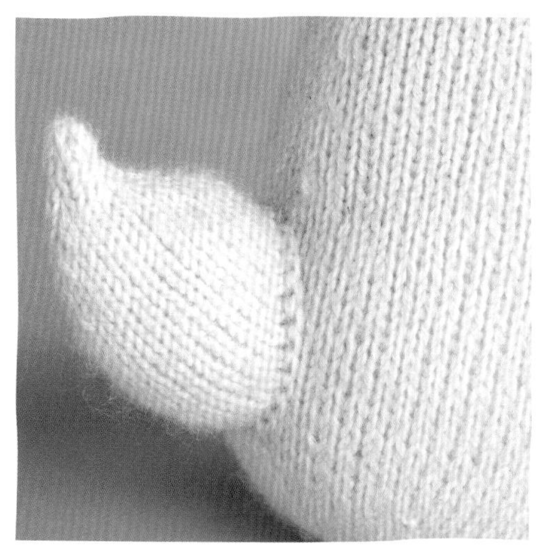

（25针）

第21行：反针。

第22行：4针正针，中间减2针，11针正针，中间减2针，4针正针。（21针）

第23行：3针反针，反针中间减2针，9针正针，反针中间减2针，3针反针。（17针）

第24行：2针正针，中间减2针，7针正针，中间减2针，2针正针。（13针）

剪断纱线，留长线尾。使用挂毯手工缝纫针，将线尾从针的左侧穿过针脚，然后拉紧收拢针脚。

尾巴

使用2.75mm棒针，纱线A，起针27针。

第1行（反面）：18针反针，翻面。

第2行：空针，9针正针，翻面。

第3行：空针，9针反针，以正针方式滑2针，穿过后面线圈反针织在一起，1针反针，翻面。

第4行：空针，11针正针，2针正针并为1针，1针正针，翻面。

第5行：空针，13针反针，以正针方式滑2针，穿过后面线圈反针织在一起，1针反针，翻面。

第6行：空针，15针正针，2针正针并为1针，1针正针，翻面。

第7行：空针，17针反针，以正针方式滑2针，穿过后面线圈反针织在一起，1针反针，翻面。

第8行：空针，19针正针，2针正针并为1针，1针正针，翻面。

第9行：空针，21针反针，以正针方式滑2针，穿过后面线圈反针织在一起，反针织到结尾。

第10行：24针正针，2针正针并为1针，正针织到结尾。

第11~13行：正面所有针织正针，反面所有针织反针，3行。

第14行：1针正针，2针正针并为1针，21针正针，以正针方式滑2针，穿过后面线圈正针织在一起，1针正针。（25针）

第15行：反针。

第16行：（1针正针，2针正针并为1针，7针正针，以正针方式滑2针，穿过后面线圈正针织在一起）2次，1针正针。（21针）

第17行：反针。

第18行：1针正针，2针正针并为1针，15针正针，以正针方式滑2针，穿过后面线圈正针织在一起，1针正针。（19针）

第19行：反针。

第20行：（1针正针，2针正针并为1针，4针正针，以正针方式滑2针，穿过后面线圈正针织在一起）2次，1针正针。（15针）

第21行：反针。

第22行：（1针正针，2针正针并为1针，2针正针，以正针方式滑2针，穿过后面线圈正针织在一起）2次，1针正针。（11针）

第23行：反针。

第24行：1针正针，2针正针并为1针，1针正针，中间减2针，1针正针，以正针方式滑2针，穿过后面线圈正针织在一起，1针正针。（7针）

第25~28行：正面所有针织正针，反面所有针织反针，4行。

剪断纱线，留长线尾。使用挂毯手工缝纫针，将线尾从针的左侧穿过针脚，然后拉紧收拢针脚。

身体躯干

与“身体躯干—单色”织法相同（参阅“通用的身体各部分”）。

手臂（制作两只手臂）

与“手臂”织法相同（参阅“通用的身体各部分”）。

腿（制作两条腿）

与“腿一不同色彩的脚掌”织法相同（参阅“通用的身体各部分”）。

合成

按照技术那一章节的要领操作（参阅“技术：合成你的动物”）。

服装的花样图案

条纹连衣裙

这件连衣裙是自上而下编织的，插肩袖，无接缝。上半部分是往返针进行编织的，后片留有纽扣的位置，下半部分和袖子用圈织针法。纽扣的位置使用纱线B进行编织，使用嵌花技术（参阅“技术：配色”）。

使用3mm棒针，纱线C，起针31针。

第1行（反面）：正针。

第2行（扣眼行）：1针正针，空针，2针正针并为1针，正针织到结尾。

第3行：正针。

第4行：3针正针，（1针正针，在同一个线圈里织2针正针，1针正针）织到剩余4个针脚，4针正针。（39针）

换成3.5mm棒针，使用纱线A进行编织。

现在开始编织裙子的条纹图案，2行纱线A与2行纱线B交替进行。纽扣的位置（每一行的前后3针）使用纱线A，使用嵌花技术（参阅“技术：配色”）。

第5行：3针正针，5针反针，放置针织标记，6针反针，放置针织标记，12针反针，放置针织标记，6针反针，放置针织标记，4针反针，3针正针。

第6行：（正针织到标记物，右加1针，滑针标记，1针正针，左加1针）4次，正针织到结尾。（47针）

第7行：（A）3针正针，（B）反针织到剩余3个针脚，（A）3针正针。

第8行：（A）3针正针，（B）（正针织到标记物，右加1针，滑针标记，1针正针，左加1针）4次，正针织到剩余3个针脚，（A）3针正针。（55针）

第9行：3针正针，反针织到剩余3个针脚，3针正针。

第10行：与第6行相同。（63针）

第11~15行：重复1次第7~10行，然后再重复1次第7行。（79针）

第16行（扣眼行）：（A）1针正针，空针，2针正针并为1针，（B）（正针织到标记物，右加1针，滑针标记，1针正针，左加1针）4次，正针织到剩余3个针脚，（A）3针正针。（87针）

第17~23行：重复1次第9~15行。（111针）

第24行：与第8行相同。（119针）

第25行：3针正针，*反针织到标记物，移除标记（左后片），接下来的25针不用编织，把它们放到回丝纱线上（袖子），1针反针，滑针标记；从*处开始再重复编织1次（前片和袖子），反针织到剩余3个针脚，3针正针（右后片）。（69针）

第26行：31针正针，在同一个线圈里织2针正针（6次），正针织到结尾。（75针）

第27行：（A）3针正针，（B）反针织到剩余3个针脚，（A）3针正针。

第28行：（A）3针正针，（B）（正针织到标记物，右加1针，滑针标记，2针正针，左加1针）2次，正针织到剩余3个针脚，（A）3针正针。（79针）

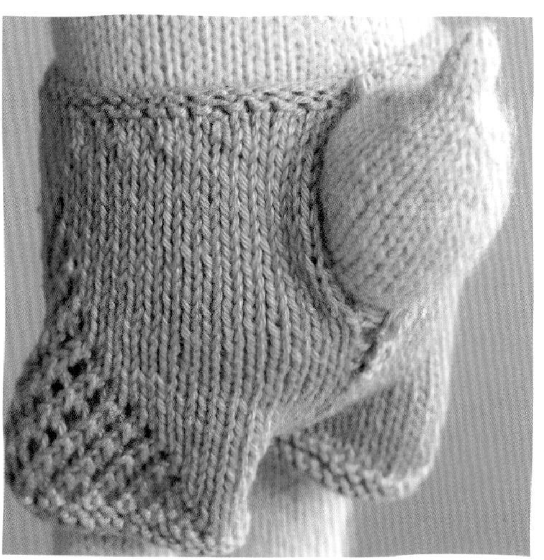

第 29 行：3 针正针，反针织到剩余 3 个针脚，3 针正针。

第 30 行（扣眼行）：1 针正针，空针，2 针正针并为 1 针，正针织到结尾。

第 31 行：与第 27 行相同。

第 32 行：与第 28 行相同。（83 针）

第 33 行：与第 29 行相同。

第 34 行：正针。

第 35~38 行：重复 1 次第 31~34 行。（87 针）

第 39~42 行：重复 1 次第 27~30 行。（91 针）

第 43~50 行：重复 2 次第 31~34 行。（99 针）

第 51 行：与第 27 行相同。

第 52 行：（A）3 针正针，（B）正针织到剩余 3 个针脚，（A）3 针正针。

第 53 行：与第 29 行相同。

第 54 行：把针脚挪到 3.5mm 环形针上，（正针织到标记物，右加 1 针，滑针标记，2 针正针，左加 1 针）2 次，正针织到剩余 3 个针脚，把这 3 针（不用编织）滑到麻花针上。（103 针）

连接起来进行圈织

继续编织裙子的条纹图案，2 行纱线 A 与 2 行纱线 B 交替进行。

第 55 圈：把麻花针放在左手针前 3 针的后面，并标记为第 1 圈的起点，同时编织左手针和麻花针的第 1 针，接下来的 2 针重复同样操作，正针织到结尾。（100 针）

第 56~74 圈：正针织 19 圈。

换成 3mm 环形针，使用纱线 C 进行编织。

第 75 圈：（3 针正针，2 针正针并为 1 针）织到结尾。（80 针）

第 76 圈：反针。

第 77 圈：正针。

第 78~79 圈：重复 1 次前面的最后 2 圈。

收针。

袖子

从手臂下面开始编织，把一只袖子回丝纱线上的 25 针均匀整齐地滑到 3 根 3.5mm 双尖头编织针上，重新把线连接起来。

使用第 4 根双尖头编织针开始这一圈的编织。

袖子进行条纹图案编织时，从纱线 A 开始，2 行纱线 A 与 2 行纱线 B 交替进行。

第 1~3 圈：正针织 3 圈。

第 4 圈：1 针正针，左加 1 针，正针织到最后剩余 1 个针脚，右加 1 针，1 针正针。（27 针）

第 5~11 圈：正针织 7 圈。

第 12 圈：1 针正针，左加 1 针，正针织到最后剩余 1 个针脚，右加 1 针，1 针正针。（29 针）

第 13~14 圈：正针织 2 圈。

换成一套 3mm 双尖头编织针，并且使用纱线 C。

第 15 圈：正针。

第 16 圈：反针。

第 17~18 圈：再重复编织 1 次前面的最后 2 圈。

收针。

重复以上操作编织第 2 只袖子。

纽扣标签

使用3mm棒针，纱线C，起针5针。

第 1 行（反面）：正针。

第 2~23 行：正针织 23 行。

收针。

装扮

1. 如有必要，把袖子下面的洞洞用几针封闭上。
2. 整平裙子。
3. 让裙子的反面对着你，把纽扣标签的收针端缝到裙子底部内侧，位于距离裙边的第 2 行浅蓝条纹的位置。
4. 把纽扣标签折过裙边，到裙子的正面，穿透纽扣标签和裙子缝上扣子。

5. 把纽扣缝在裙子背面左侧的位置，使其与扣眼相匹配。

购物袋

袋子织成一片，两侧和底部有接缝，接有绳带和背带。

袋子

使用 3mm 棒针，纱线 D，起针 36 针。

第 1 行（反面）：正针。

第 2 行：（在同一个线圈里织 2 针正针，15 针正针，在同一个线圈里织 2 针正针，1 针正针）2 次。（40 针）

第 3 行：正针。

第 4 行：（1 针正针，在同一个线圈里织 2 针正针，15 针正针，在同一个线圈里织 2 针正针，2 针正针）2 次。（44 针）

第 5 行：（3 针正针，4 针反针，1 针正针，6 针反针，1 针正针，4 针反针，3 针正针）2 次。

第 6 行：（2 针正针，1 针反针，滑 2 针到麻花针上，并保持在织物后面，织 2 针正针，从麻花针上织 2 针正针，1 针反针，滑 2 针到麻花针上，并保持在织物后面，织 1 针正针，从麻花针上织 2 针正针，滑 1 针到麻花针上，并保持在织物前面，织 2 针正针，从麻花针上织 1 针正针，1 针反针，滑 2 针到麻花针上，并保持在织物前面，织 2 针正针，从麻花针上织 2 针正针，1 针反针，2 针正针）2 次。

第 7 行：与第 5 行相同。

第 8 行：（2 针正针，1 针反针，4 针正针，1 针反针，6 针正针，1 针反针，4 针正针，1 针反针，2 针正针）2 次。

第 9 行：与第 5 行相同。

第 10 行：（2 针正针，1 针反针，滑 2 针到麻花针上，并保持在织物后面，织 2 针正针，从麻花针上织 2 针正针，1 针反针，滑 1 针到麻花针上，并保持在织物前面，织 2 针正针，从麻花针上织 1 针正针，滑 2 针到麻花针上，并保持在织物后面，织 1 针正针，从麻花针上织 2 针正针，1 针反针，滑 2 针到麻花针上，并保持在织物前面，织 2 针正针，从麻花针上织 2 针正针，1 针反针，2 针正针）2 次。

第 11 行：与第 5 行相同。

第 12 行：与第 8 行相同。

第 13~19 行：重复 1 次第 5~11 行。

第 20 行（扣眼行）：3 针正针，2 针正针并为 1 针（2 次），1 针正针，3 针正针并为 1 针，空针，（1 针正针，2 针正针并为 1 针）2 次，（2 针正针并为 1 针，2 针正针）2 次，2 针正针并为 1 针（2 次），（1 针正针，2 针正针并为 1 针，1 针正针）2 次，2 针正针并为 1 针（2 次），3 针正针。（31 针）

第 21~25 行：正面所有针织正针，反面所有针织反针，5 行。

收针。

绳带

使用 3.5mm 双尖头编织针，纱线 D，起针 4 针。

制作一根绳带，长 85 行（33cm/13in）（参阅“技术：起针与针法，制作绳带”）。

装扮

1. 整平袋子，把袋子的上边稍微卷起一点。
2. 把两侧和底部的缝隙缝好。
3. 把纽扣缝在袋子后面的内侧，使其与扣眼相匹配。
4. 把绳带的两端缝到袋子内侧两端的接缝处，比卷边略低一些。

法式短裤

使用纱线 D，按照法式短裤的图案（参阅“鞋子及配饰”）进行编织。

帅气羊哈里

哈里的姐姐告诉他，必须保持他最好的毛衣和新短裤的干净整洁，而且还告诫他不要弄乱刚梳好的羊毛，也不要磨损他那双漂亮的鞋子，但是哈里可顾不上这些。

您需要准备

编织哈里的身体需要准备

斯卡巴德石洗（Scheepjes Stonewashed）纱线（50g/130m；78% 棉/22%丙烯酸纤维）颜色如下：

- 纱线A乳白色（月亮石801）2团
- 纱线B米色（斧石831）2团
- 纱线C棕色（博尔德蛋白石804）2团

2.75mm（美国2）棒针

玩具填充物2mmx10mm（1/2in）的纽扣

少许4合股纱线，用于手绣鼻子

编织哈里的装束需要准备

斯卡巴德卡托纳（Scheepjes Catona）纱线（10g/25m，25g/62m 或者50g/125m；100% 棉）颜色如下：

- 纱线A蓝色（蓝鸟247）1x 10g/团
- 纱线B乳白色（老花边130）1x50g/团
- 纱线C深蓝色（海军蓝164）1x 50g/团
- 纱线D黑色（墨黑110）1x 10g/团

2.75mm（美国2）棒针

3mm（美国2 1/2）棒针

3mm（美国2 1/2）环形针（23cm/9in长）

一套4根3mm（美国2 1/2）双尖头编织针

3.5mm（美国4）棒针

3.5mm（美国4）环形针（23cm/9in长）

一套4根3.5mm（美国4）双尖头编织针

麻花针

回丝纱线

10个小纽扣

在开始编织之前，请您阅读本书开头部分的“注意事项”

羊各部位的花样图案

对于MB（制作小羊毛球），起针2针，使用正针起针法（参阅“技术：起针与针法”），然后织3针正针，一边织一边把前2针收针。

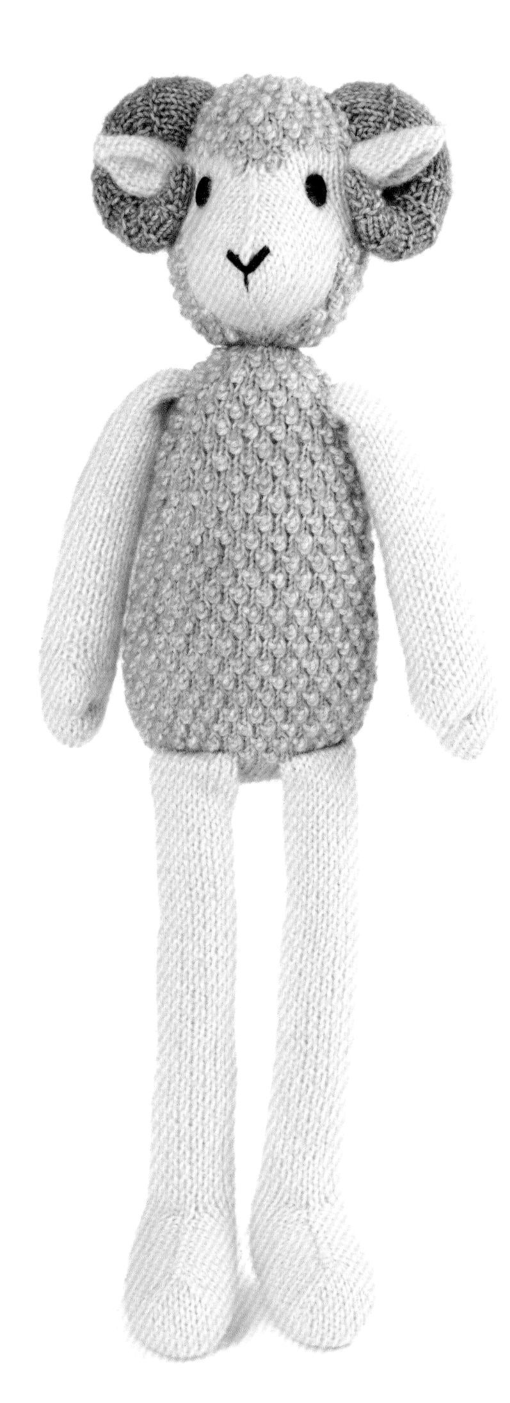

头

从颈部开始：

使用2.75mm棒针，纱线B，起针11针。

第1行（反面）： 反针。

第2行：（1针正针，加1针）织到最后剩余1个针脚，1针正针。（21针）

第3行： 反针。

第4行：（1针正针，加1针）织到最后剩余1个针脚，1针正针。（31针）

第5行：（B）14针反针，（A）3针反针，（B）14针反针。

第6行：（B）[MB（制作小羊毛球），1针正针]7次，（A）1针正针，右加1针，1针正针，左加1针，1针正针，（B）[1针正针，MB（制作小羊毛球）]6次，2针正针。（33针）

第7行：（B）1针反针，右加1针反针，13针反针，（A）5针反针，（B）13针反针，左加1针反针，1针反针。（35针）

第8行：（B）[MB（制作小羊毛球），1针正针]7次，（A）3针正针，右加1针，1针正针，左加1针，3针正针，（B）[1针正针，MB（制作小羊毛球）]6次，2针正针。（37针）

第9行：（B）1针反针，右加1针反针，13针反针，（A）4针反针，左加1针反针，1针反针，右加1针反针，4针反针，（B）13针反针，左加1针反针，1针反针。（41针）

第10行：（B）[MB（制作小羊毛球），1针正针]7次，MB（制作小羊毛球），（A）5针正针，右加1针，1针正针，左加1针，5针正针，（B）[MB（制作小羊毛球），1针正针]7次，1针正针。（43针）

第11行：（B）1针反针，右加1针反针，13针反针，（A）7针反针，左加1针反针，1针反针，右加1针反针，7针反针，（B）13针反针，左加1针反针，1针反针。（47针）

第12行：（B）[MB（制作小羊毛球），1针正针]7次，MB（制作小羊毛球），（A）8针正针，右加1针，1针正针，左加1针，8针正针，（B）[MB（制作小羊毛球），1针正针]7次，1针正针。（49针）

第13行：（B）1针反针，右加1针反针，14针反针，（A）9针反针，左加1针反针，1针反针，右加1针反针，9针反针，（B）14针反针，左加1针反针，1针反针。（53针）

第14行：（B）[MB（制作小羊毛球），1针正针]8次，（A）10针正针，右加1针，1针正针，左加1针，10针正针，（B）[1针正针，MB（制作小羊毛球）]7次，2针正针。（55针）

第15行：（B）16针反针，（A）23针反针，（B）16针反针。

第16行：（B）[1针正针，MB（制作小羊毛球）]8次，（A）11针正针，右加1针，1针正针，左加1针，11针正针，（B）[MB（制作小羊毛球），1针正针]8次。（57针）

第17行：（B）1针反针，右加1针反针，15针反针，（A）25针反针，（B）15针反针，左加1针反针，1针反针。（59针）

第18行：（B）[1针正针，MB（制作小羊毛球）]8次，（A）13针正针，滑1针，13针正针，（B）[MB（制作小羊毛球），1针正针]8次。

第19行：（B）16针反针，（A）27针反针，（B）16针反针。

第20行：（B）[MB（制作小羊毛球），1针正针]7次，（A）15针正针，滑1针，15针正针，（B）[1针正针，MB（制作小羊毛球）]6次，2针正针。

第21行：（B）14针反针，（A）31针反针，（B）14针反针。

第22行：（B）[1针正针，MB（制作小羊毛球）]6次，1针正针，（A）16针正针，滑1针，16针正针，（B）[1针正针，MB（制作小羊毛球）]6次，1针正针。

第23行：（B）13针反针，（A）15针反针，反针中间减2针，15针反针，（B）13针反针。（57针）

第24行：（B）[MB（制作小羊毛球）1针正针]6次，（A）15针正针，滑1针，15针正针，（B）[MB（制作小羊毛球），1针正针]6次，1针正针。

第25行：（B）13针反针，（A）14针反针，反针中间减2针，14针反针，（B）13针反针。（55针）

第26行：（B）[1针正针，MB（制作小羊毛球）]6次，1针正针，（A）13针正针，中间减2针，13针正针，（B）[1针正针，MB（制作小羊毛球）]6次，1针正针。（53针）

第27行：（B）13针反针，（A）12针反针，反针中间减2针，12针反针，（B）13针反针。（51针）

第28行：（B）[MB（制作小羊毛球），1针正针] 6次，MB（制作小羊毛球），（A）11针正针，中间减2针，11针正针，（B）[MB（制作小羊毛球），1针正针]6次，1针正针。（49针）

第29行：（B）1针反针，以正针方式滑2针，穿过后面线圈反针织在一起，10针反针，（A）10针反针，反针中间减2针，10针反针，（B）10针反针，2针反针并为1针，1针反针。（45针）

第30行：（B）[MB（制作小羊毛球），1针正针]6次，（A）9针正针，中间减2针，9针正针，（B）[1针正针，MB（制作小羊毛球）]5次，2针正针。（43针）

第31行：（B）12针反针，（A）8针反针，反针中间减2针，8针反针，（B）12针反针。（41针）

第32行：（B）[1针正针，MB（制作小羊毛球）]6次，1针正针，（A）5针正针，（B）[1针正针，MB（制作小羊毛球）]2次，1针正针，（A）5针正针，（B）[1针正针，MB（制作小羊毛球）]6次，1针正针。

第33行：（B）1针反针，以正针方式滑2针，穿过后面线圈反针织在一起，10针反针，（A）4针反针，（B）7针反针，（A）4针反针，（B）10针反针，2针反针并为1针，1针反针。（39针）

仅纱线B继续进行编织。

第34行：[1针正针，MB（制作小羊毛球）]织到剩余1个针脚，1针正针。

第35行：反针。

第36行：[MB（制作小羊毛球），1针正针]织到剩余1个针脚，1针正针。

第37行：1针反针，以正针方式滑2针，穿过后面线圈反针织在一起，33针反针，2针正针并为1针，1针反针。（37针）

第38行：[MB（制作小羊毛球），1针正针]织到剩余1个针脚，1针正针。

第39行：反针。

第40行：[1针正针，MB（制作小羊毛球）]织到剩余1个针脚，1针正针。

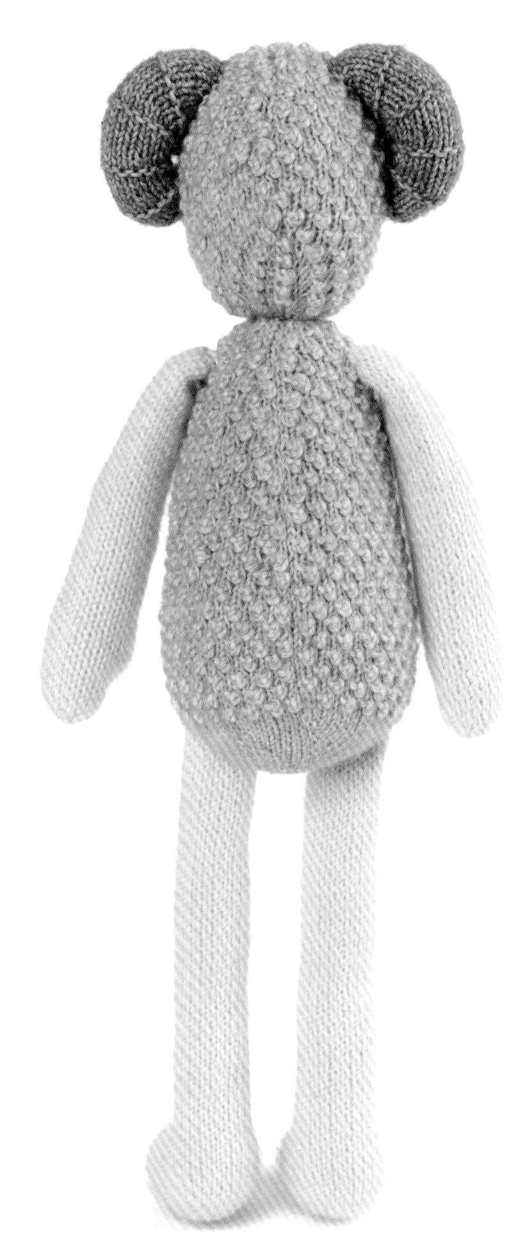

第41行：1针反针，以正针方式滑2针，穿过后面线圈反针织在一起，3针反针，（以正针方式滑2针，穿过后面线圈反针织在一起）4次，3针反针，反针中间减2针，3针反针，2针正针并为1针（4次），3针反针，2针正针并为1针，1针反针。（25针）

第42行：［1针正针，MB（制作小羊毛球）］织到剩余1个针脚，1针正针。

第43行：1针反针，（以正针方式滑2针，穿过后面线圈反针织在一起）5次，反针中间减2针，2针正针并为1针（5次），1针反针。（13针）

收针。

耳朵（制作两只耳朵）

使用2.75mm棒针，纱线A，起针14针。

第1行（反面）：反针。

第2行：5针正针，（1针正针，加1针）3次，正针织到结尾。（17针）

第3~7行：正面所有针织正针，反面所有针织反针，5行。

第8行：（3针正针，2针正针并为1针，一次以正针方式滑2针，穿过后面线圈正针织在一起）2次，3针正针。（13针）

第9行：反针。

第10行：1针正针，（1针正针，2针正针并为1针，一次以正针方式滑2针，穿过后面线圈正针织在一起）2次，2针正针。（9针）

第11行：反针。

第12行：1针正针，2针正针并为1针，以正针方式滑1针，2针正针并为1针，越过滑针，以正针方式滑2针，穿过后面线圈正针织在一起，1针正针。（5针）

第13行：反针。

剪断纱线，留长线尾。使用挂毯手工缝纫针，将线尾从针的左侧穿过针脚，然后拉紧收拢针脚。

羊角（制作2只）

使用2.75mm棒针，纱线C，起针18针。

第1行（反面）：12针反针，翻面。

第2行：空针，6针正针，翻面。

第3行：空针，6针反针，以正针方式滑2针，穿过后面线圈反针织在一起，1针反针，翻面。

第4行：空针，8针正针，2针正针并为1针，1针正针，翻面。

第5行：空针，10针反针，以正针方式滑2针，穿过后面线圈反针织在一起，1针反针，翻面。

第6行：空针，12针正针，2针正针并为1针，1针正针，翻面。

第7行：空针，14针反针，以正针方式滑2针，穿过后面线圈反针织在一起，反针织到结尾。

第8行：16针正针，2针正针并为1针，1针正针。（18针）

第9行：正针。

第10行：16针正针，翻面。

第11行：空针，14针反针，翻面。

第12行：空针，12针正针，翻面。

第13行：空针，10针反针，翻面。

第14行：空针，8针正针，翻面。

第15行：空针，6针反针，翻面。

第16行：空针，6针正针，（2针正针并为1针，1针正针）3次。

第17行：12针反针，（以正针方式滑2针，穿过后面线圈反针织在一起，1针反针）3次。（18针）

第18行：反针。

第19行：16针反针，翻面。

第20行：14针正针，翻面。

第21行：12针反针，翻面。

第22行：空针，10针反针，翻面。

第23行：空针，8针反针，翻面。

第24行：空针，6针正针，翻面。

第25行：空针，6针反针，以正针方式滑2针，穿过后面线圈反针织在一起，1针反针，（以正针方式滑2针，穿过后面线圈反针织在一起）2次，1针反针。

第26行：11针正针，2针正针并为1针，1针正针，2针正针并为1针（2次），1针正针。（16针）

第27行：正针。

第28行：14针正针，翻面。

第29行：12针反针，翻面。

第30行：10针正针，翻面。

第31行：空针，8针反针，翻面。

第32行：空针，6针正针，翻面。

第33行：空针，4针反针，翻面。

第34行：空针，4针正针，2针正针并为1针，1针正针，2针正针并为1针（2次），1针正针。

第35行：9针反针，以正针方式滑2针，穿过后面线圈反针织在一起，1针反针，（以正针方式滑2针，穿过后面线圈反针织在一起）2次，1针反针。（14针）

第36行：反针。

第37行：12针反针，翻面。

第38行：10针正针，翻面。

第39行：8针反针，翻面。

第40行：空针，6针正针，翻面。

第41行：空针，6针反针，（以正针方式滑2针，穿过后面线圈反针织在一起）2次，1针反针。

第42行：9针正针，2针正针并为1针（2次），1针正针。（12针）

第43行：正针。

第44行：10针正针，翻面。

第45行：8针反针，翻面。

第46行：6针正针，翻面。

第47行：空针，4针反针，翻面。

第48行：空针，4针正针，2针正针并为1针（2次），1针正针。

第49行：7针反针，（以正针方式滑2针，穿过后面线圈反针织在一起）2次，1针反针。（10针）

第50行：反针。

第51行：8针反针，翻面。

第52行：6针正针，翻面。

第53行：4针反针，翻面。

第54行：空针，2针正针，翻面。

第55行：空针，2针反针，（以正针方式滑2针，穿过后面线圈反针织在一起）2次，1针反针。

第56行：5针正针，2针正针并为1针（2次），1针正针。（8针）

第57~58行：正针织2行。

第59行：反针。

第60行：2针正针，2针正针并为1针，以正针方式滑2针，穿过后面线圈正针织在一起，2针正针。（6针）

第61行：反针。

第62行：1针正针，2针正针并为1针，以正针方式滑2针，穿过后面线圈正针织在一起，1针正针。（4针）

第63行：反针。

剪断纱线，留长线尾。使用挂毯手工缝纫针，将线尾从针的左侧穿过针脚，然后拉紧收拢针脚。

身体躯干

使用2.75mm棒针，纱线B，起针8针。

第1~15行：与“身体躯干—单色”第1~15行织法相同。

第16行：（16针正针，加1针）3次，正针织到结尾。（60针）

第17行：18针反针，10针正针，4针反针，10针正针，反针织到结尾。（这一行的正针标记为两条腿的位置）

第18行：［1针正针，MB（制作小羊毛球）］9次，10针正针，［1针正针，MB（制作小羊毛球）］2次，10针正针，［1针正针，MB（制作小羊毛球）］8次，2针正针。

第19行：反针。

第20行：2针正针，［MB（制作小羊毛球），1针正针］织到结尾。

第21行：反针。

第22行：［1针正针，MB（制作小羊毛球）］织到剩余2个针脚，2针正针。

第23~34行：重复3次前面的最后4行。

第35行：1针反针，以正针方式滑2针，穿过后面线圈反针织在一起，14针反针，（以正针方式滑2针，穿过后面线圈反针织在一起）2次，18针反针，（以正针方式滑2针，穿过后面线圈反针织在一起）2次，14针反针，以正针方式滑2针，穿过后面线圈反针织在一起，1针反针。（54针）

第36行：［1针正针，MB（制作小羊毛球）］织到剩余2个针脚，2针正针。

第37~40行：重复1次第19~22行。

第41~42行：重复1次第19~20行。

第43行：1针反针，2针反针并为1针，12针反针，2针反针并为1针（2次），16针反针，2针反针并为1针（2次），12针反针，2针反针并为1针，1针反针。（48针）

第44~46行：重复1次第20~22行。

第47~48行：重复1次第19~20行。

第49行：1针反针，2针反针并为1针，10针反针，2针反针并为1针（2次），14针反针，2针反针并为1针（2次），10针反针，2针反针并为1针，1针反针。（42针）

第50~52行：重复1次第20~22行。

第53~54行：重复1次第19~20行。

第55行：1针反针，2针反针并为1针，8针反针，2针反针并为1针（2次），12针反针，2针反针并为1针（2次），8针反针，2针反针并为1针，1针反针。（36针）

第56~58行：重复1次第20~22行。

第59行：1针反针，以正针方式滑2针，穿过后面线圈反针织在一起，6针反针，（以正针方式滑2针，穿过后面线圈反针织在一起）2次，10针反针，（以正针方式滑2针，穿过后面线圈反针织在一起）2次，6针反针，以正针方式滑2针，穿过后面线圈反针织在一起，1针反针。（30针）

第60行：与第22行相同。

第61~62行：重复1次第19~20行。

第63行：1针反针，2针反针并为1针，4针反针，2针反针并为1针（2次），8针反针，2针反针并为1针（2次），4针反针，2针反针并为1针，1针反针。（24针）

第64~65行：重复1次第20~21行。

第66行：1针正针，（1针正针，2针正针并为1针）织到剩余2个针脚，2针正针。（17针）

第67行：反针。

第68行：2针正针并为1针，这样一直织到剩余1个针脚，1针正针。（9针）

第69行：反针。

剪断纱线，留长线尾。使用挂毯手工缝纫针，将线尾从针的左侧穿过针脚，然后拉紧收拢针脚。

手臂（制作两只手臂）

与“手臂”织法相同（参阅“通用的身体各部分”）。

腿（制作两条腿）

与“腿—单色”织法相同（参阅“通用的身体各部分”）。

合成

按照技术那一章节的要领操作（参阅“技术：合成你的动物”）。

服装的花样图案

水手毛衣

这件毛衣是自上而下编织的，插肩袖，无接缝。上半部分是往返针，主体和袖子用圈织针法。

使用3.5mm棒针，纱线A，起针36针。

第1行（反面）：反针。

第2~4行：正面所有针织正针，反面所有针织反针，3行。

第5行：使用反针起针法起3针（参阅“技术：起针与针法”），9针反针，放置针织标记，12针反针，放置针

织标记，6针反针，放置针织标记，反针织到结尾。（39针）

第6行：3针反针，1针正针，左加1针，（正针织到标记物，右加1针，滑针标记，1针正针，左加1针）3次，正针织到剩余4个针脚，右加1针，1针正针，3针反针。（47针）

第7行（扣眼行）：反针织到剩余2个针脚，空针，2针反针并为1针。

第8行：3针反针，1针正针，左加1针，（正针织到标记物，右加1针，滑针标记，1针正针，左加1针）3次，正针织到剩余4个针脚，右加1针，1针正针，3针反针。（55针）

第9行：反针。

第10~12行：重复1次前面的最后2行，之后重复1次第8行。（71针）

第13行（扣眼行）：反针织到剩余2个针脚，空针，2针反针并为1针。

第14~18行：重复1次第8~12行。（95针）

换成纱线B。

第19行（扣眼行）：反针织到剩余2个针脚，空针，2针反针并为1针。

第20行：3针反针，1针正针，左加1针，（正针织到标记物，右加1针，滑针标记，1针正针，左加1针）3次，正针织到剩余4个针脚，右加1针，1针正针，3针反针。（103针）

换成纱线A。

第21行：反针。

第22行：3针反针，1针正针，左加1针，（正针织到标记物，右加1针，滑针标记，1针正针，左加1针）3次，正针织到剩余4个针脚，右加1针，1针正针，3针反针。（111针）

换成纱线B。

第23行：反针。

第24行：把针脚挪到3.5mm环形针上，3针反针，1针正针，左加1针，（正针织到标记物，右加1针，滑针标记，1针正针，左加1针）3次，正针织到剩余4个针脚，右加1针，1针正针，把剩余3针（不用编织）挪到麻花针上。（119针）

连接起来进行圈织

第25圈：把麻花针放在左手针前3针的后面，并标记为第1圈的起点，同时编织左手针和麻花针的第1针，接下来的2针重复同样操作，*1针正针，（1针正针，2针反针）织到标记物前1针，1针正针，滑针标记，1针正针（后片），把接下来的25针（不用编织）放到回丝纱线上（袖子）*，移除标记物，重复2个*之间的针法（前片和袖子）。（66针）

第26圈：1针正针，左加1针，正针织到标记物，右加1针，滑针标记，2针正针，左加1针，正针织到剩余1个针脚，右加1针，1针正针。（70针）

第27~28圈：正针织2圈。

第29圈：3针正针，（2针反针，1针正针）织到标记物前1针，1针正针，滑针标记，4针正针，（2针反针，1针正针）织到剩余2个针脚，2针正针。

第30~32圈：重复编织第26~28圈。（74针）

第33圈：（1针正针，2针反针）织到标记物，滑针标记，1针正针，（1针正针，2针反针）织到剩余1个针脚，1针正针。

第34~36圈：重复1次第26~28圈。（78针）

第37圈：1针正针，（1针正针，2针反针）织到标记物前1针，1针正针，滑针标记，2针正针，（1针正针，2针反针）织到剩余2个针脚，2针正针。

第38~40圈：重复1次第26~28圈。（82针）

第41圈：2针正针，（1针正针，2针反针）织到标记物前2针，2针正针，滑针标记，3针正针，（1针正针，2针反针）织到剩余3个针脚，3针正针。

第42~44圈：正针织3圈。

第45圈：2针正针，（1针正针，2针反针）织到标记物前2针，2针正针，滑针标记，3针正针，（1针正针，2针反针）织到剩余3个针脚，3针正针。

第46圈：正针。

换成3mm环形针。

第47圈：正针。

第48圈：反针。

收针。

袖子

从手臂下面开始编织，把一只袖子回丝纱线上的25针均匀整齐地滑到3根3.5mm双尖头编织针上，重新把纱线B连接起来。

使用第4根双尖头编织针开始这一圈的编织。

第1圈：（1针正针，2针反针）织到剩余1个针脚，1针正针。

第2~3圈：正针织2圈。

第4圈：1针正针，左加1针，正针织到剩余1个针脚，右加1针，1针正针。（27针）

第5圈：1针正针，（1针正针，2针反针）织到剩余2个针脚，2针正针。

第6~8圈：正针织3圈。

第9圈：1针正针，（1针正针，2针反针）织到剩余2个针脚，2针正针。

第10~11圈：正针织2圈。

第12圈：1针正针，左加1针，正针织到剩余1个针脚，右加1针，1针正针。（29针）

第13圈：2针正针，（1针正针，2针反针）织到剩余3个针脚，3针正针。

第14~16圈：正针织3圈。

第17~22圈：重复1次第13~16圈，然后再重复1次第13~14圈。

换成一套3mm双尖头编织针。

第23圈：正针。

第24圈：反针。

收针。

重复上面操作编织第二只袖子。

装扮

1.如有必要，把袖子下面的洞洞用几针封闭上。

2.整平毛衣。

3.把纽扣缝在左侧的位置，使其与扣眼相匹配。

工装短裤

短裤从上自下编织，除了2个口袋之外，没有接缝。口袋单独编织后，缝在裤子上。短裤的上半部分织往返针，后面留有钉纽扣的位置，并且多织一些短行来塑造臀围的大小；短裤的下半部分和腿部进行圈织。

使用3mm棒针，纱线C，起针52针。

第1行（反面）：正针。

第2行：正针。

第3行（扣眼行）：正针织到剩余3个针脚，2针正针并为1针，空针，1针正针。

第4~5行：正针织2行。

换成3.5mm棒针。

第6行：［1针正针，在同一个线圈里织2针正针（从线圈的前面织1针正针，再从线圈的后面织1针正针）］11次，在同一个线圈里织2针正针（3次），1针正针，在同一个线圈里织2针正针（4次），（1针正针，在同一个线圈里织2针正针）10次，2针正针。（80针）

第7行：2针正针，8针反针，翻面。

第8行：空针，正针织到结尾。

第9行：2针正针，8针反针，以正针方式滑2针，穿过后面线圈反针织在一起，2针反针，翻面。

第10行：空针，正针织到结尾。

第11行：2针正针，11针反针，以正针方式滑2针，穿过后面线圈反针织在一起，2针反针，翻面。

第12行：空针，正针织到结尾。

第13行：2针正针，14针反针，以正针方式滑2针，穿过后面线圈反针织在一起，2针反针，翻面。

第14行：空针，正针织到结尾。

第15行：2针正针，17针反针，以正针方式滑2针，穿过后面线圈反针织在一起，反针织到最后2针，2针正针。

第16行：10针正针，翻面。

第17行：空针，反针织到最后2针，2针正针。

第18行：10针正针，2针正针并为1针，2针正针，翻面。

第19行（扣眼行）：空针，反针织到剩余3个针脚，2针反针并为1针，空针，1针正针。

第20行：13针正针，2针正针并为1针，2针正针，翻面。

第21行：空针，反针织到剩余2个针脚，2针正针。

第22行：16针正针，2针正针并为1针，2针正针，翻面。

第23行：空针，反针织到剩余2个针脚，2针正针。

第24行：19针正针，2针正针并为1针，正针织到结尾。

第25行：2针正针，反针织到剩余2个针脚，2针正针。

第26行：正针。

第27行（扣眼行）：2针正针，反针织到剩余3个针脚，2针反针并为1针，空针，1针正针。

第28行：正针。

第29行：2针正针，反针织到剩余2个针脚，2针正针。

第30~31行：再重复1次前面的最后2行。

第32行：把针脚挪到3.5mm环形针上，正针织到剩余2个针脚，把这2针（不用编织）滑到麻花针上。

连接在一起进行圈织

第33圈：把麻花针放在左手针前2针的后面，同时编织左手针和麻花针的第1针，并标记为第1圈的起点，接下来左手针的针脚与麻花针剩余的针脚一起进行编织，正针织到结尾。（78针）

第34~37圈：正针织4圈。

第38圈：1针正针，左加1针，正针织到剩余1个针脚，右加1针，1针正针。（80针）

第39~40圈：正针织2圈。

第41圈： 1针正针，左加1针，正针织到剩余1个针脚，右加1针，1针正针。（82针）

第42圈： 40针正针，右加1针，2针正针，左加1针，正针织到结尾。（84针）

第43圈： 1针正针，左加1针，正针织到剩余1个针脚，右加1针，1针正针。（86针）

第44圈： 正针。

第45圈： 1针正针，左加1针，41针正针，右加1针，2针正针，左加1针，41针正针，右加1针，1针正针。（90针）

第46圈： 正针。

第47圈： 1针正针，左加1针，43针正针，右加1针，2针正针，左加1针，43针正针，右加1针，1针正针。（94针）

第48圈： 正针。

分开织腿部

第49圈： 47针正针（右腿），把接下来的47针（不用编织）放到回丝纱线上（左腿）。

右腿

第50~53圈： 正针织4圈。

第54圈： 以正针方式滑2针，穿过后面线圈正针织在一起，22针正针，2针正针并为1针，正针织到结尾。（45针）

第55~59圈： 正针织5圈。

第60圈： 以正针方式滑2针，穿过后面线圈正针织在一起，20针正针，2针正针并为1针，正针织到结尾。（43针）

第61~65圈： 正针织5圈。

第66圈： 以正针方式滑2针，穿过后面线圈正针织在一起，18针正针，2针正针并为1针，正针织到结尾。（41针）

第67~69圈： 正针织3圈。

换成3mm环形针。

第70圈： 正针。

第71圈： 反针。

第72~73圈： 重复1次前面的最后2圈。

收针。

左腿

第49圈： 把回丝纱线上的针脚转移到3.5mm环形针上，重新连接纱线，正针织1圈，放置标记作为圈织的起点。（47针）

第50~53圈： 正针织4圈。

第54圈： 21针正针，以正针方式滑2针，穿过后面线圈正针织在一起，22针正针，2针正针并为1针。（45针）

第55~59圈： 正针织5圈。

第60圈： 21针正针，以正针方式滑2针，穿过后面线圈正针织在一起，20针正针，2针正针并为1针。（43针）

第61~65圈： 正针织5圈。

第66圈： 21针正针，以正针方式滑2针，穿过后面线圈正针织在一起，18针正针，2针正针并为1针。（41针）

第67~69圈： 正针织3圈。

换成3mm环形针。

第70圈： 正针。

第71圈： 反针。

第72~73圈： 重复1次前面的最后2圈。

收针。

口袋（制作2个）

使用纱线C，3mm棒针，起针17针。

第1行（反面）： 正针。

换成3.5mm棒针。

第2行（扣眼行）： 8针正针，空针，2针正针并为1针，正针织到结尾。

第3~16行： 正面所有针织正针，反面所有针织反针，14行。

第17行： 4针反针，2针反针并为1针，5针反针，以正针方式滑2针，穿过后面线圈反针织在一起，4针反针。（15针）

收针。

装扮

1. 如有必要，在两条腿的连接处缝上几针，使洞洞闭合。

2. 整平短裤和口袋。

3. 把口袋缝在裤腿两侧，位于裤线的中心，距离裤脚约2cm（3/4in）。用别针固定。口袋顶端留开口，其余3边缝好。

4. 在短裤的后片左侧位置缝上纽扣，在口袋的顶部缝上纽扣，使它们与扣眼相匹配。

T字带鞋子

使用2.75mm棒针，纱线D编织鞋底，按照T字带鞋子的图案（参阅“鞋子及配饰”）进行编织，换成纱线C编织鞋面。

母羊

如果你想编织一只母羊而不是一只公羊，那很容易办到。只需省略公羊的角，把耳朵缝在比公羊耳朵稍靠后面一点的位置，如这张照片所示。

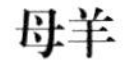

勇敢的猫头鹰路易

小路易对他的救生艇救护站之旅感到非常兴奋！ 他穿着麻花针织衫、运动裤和亮黄色粗呢连帽外套，准备好了应对最恶劣的天气。他长大后想当救生艇船长，或者成为一名灯塔管理员。

您需要准备

编织路易的身体需要准备

斯卡巴德石洗（Scheepjes Stonewashed）纱线（50g/130m；78% 棉/22%丙烯酸纤维）颜色如下：

- 纱线A灰色（烟水晶802）2团
- 纱线B乳白色（月亮石801）1团
- 纱线C芥末黄（黄碧玉809）1团

2.75mm（美国2）棒针

玩具填充物

2mm×10mm（1/2in）的纽扣

少许4合股纱线，用于手绣鼻子

编织路易的装束需要准备

斯卡巴德卡托纳（Scheepjes Catona）纱线（10g/25m，25g/62m 或者50g/125m；100% 棉）颜色如下：

- 纱线A乳白色（老花边130）1×50g/团，1×10g/团
- 纱线B芥末黄（藏红花249）1×50g/团，1×10g/团
- 纱线C灰蓝色（木炭393）1×50g/团

2.75mm（美国2）棒针

3mm（美国2 1/2）棒针

3mm（美国2 1/2）环形针（23cm/9in长）

一套4根3mm（美国2 1/2）双尖头编织针

3.5mm（美国4）棒针

3.5mm（美国4）环形针（23cm/9in长）

一套4根3.5mm（美国4）双尖头编织针

麻花针

回丝纱线

6个小纽扣

3个木制棒形小纽扣（大约20mm/3/4in长）

在开始编织之前，请您阅读本书开头部分的"注意事项"

猫头鹰各部位的花样图案

头

从颈部开始：

使用2.75mm棒针，纱线A，起针11针。

第1行（反面）：反针。

第2行：（1针正针，加1针）正针织到剩余1个针脚，1针正针。（21针）

第3行：反针。

第4行：（2针正针，加1针）正针织到剩余1个针脚，1针正针。（31针）

第5行：反针。

第6行：1针正针，左加1针，6针正针，右加1针，1针正针，左加1针，7针正针，滑1针，7针正针，右加1针，1针正针，左加1针，6针正针，右加1针，1针正针。（37针）

第7行：反针。

第8行：1针正针，左加1针，8针正针，右加1针，1针正针，左加1针，8针正针，滑1针，8针正针，右加1针，1针正针，左加1针，8针正针，右加1针，1针正针。（43针）

第9行：反针。

第10行：1针正针，左加1针，10针正针，右加1针，1针正针，左加1针，9针正针，滑1针，9针正针，右加1针，1针正针，左加1针，10针正针，右加1针，1针正针。（49针）

第11行：反针。

第12行：1针正针，左加1针，12针正针，右加1针，1针正针，左加1针，10针正针，滑1针，10针正针，右加1针，1针正针，左加1针，12针正针，右加1针，1针正针。（55针）

第13行：反针。

第14行：（A）21针正针，（B）6针正针，滑1针，6针正针，（A）21针正针。

第15行：（A）19针反针，（B）17针反针，（A）19针反针。

第16行：（A）1针正针，左加1针，14针正针，右加1针，1针正针，左加1针，2针正针，（B）19针正针，（A）2针正针，右加1针，1针正针，左加1针，14针正针，右加1针，1针正针。（61针）

第17行：（A）21针反针，（B）19针反针，（A）21针反针。

第18行：（A）20针正针，（B）21针正针，（A）20针正针。

第19行：（A）20针反针，（B）21针反针，（A）20针反针。

第20行：（A）19针正针，（B）23针正针，（A）19针正针。

第21行：（A）19针反针，（B）23针反针，（A）19针反针。

第22~26行：重复2次前面的最后2行，然后再重复1次第20行。

第27行：（A）20针反针，（B）10针反针，（A）1针反针。（B）10针反针，（A）20针反针。

第28行：（A）1针正针，2针正针并为1针，13针正针，中间减2针，1针正针，（B）10针正针，滑1针，10针正针，（A）1针正针，中间减2针，13针正针，以正针方式滑2针，穿过后面线圈正针织在一起，1针正针。（55针）

第29行：（A）18针反针，（B）8针反针，（A）3针反针，（B）8针反针，（A）18针反针。

第30行：（A）18针正针，（B）8针正针，（A）1针正针，滑1针，1针正针，（B）8针正针，（A）18针正针。

第31行：（A）19针反针，（B）

6针反针，（A）5针反针，（B）6针反针，（A）19针反针。

第32行：（A）1针正针，2针正针并为1针，11针正针，中间减2针，3针正针，（B）4针正针，（A）3针正针，滑1针，3针正针，（B）4针正针，（A）3针正针，中间减2针，11针正针，以正针方式滑2针，穿过后面线圈正针织在一起，1针正针。（49针）

仅使用纱线A继续进行编织。

第33行：反针。

第34行：24针正针，滑1针，24针正针。

第35行：反针。

第36行：1针正针，2针正针并为1针，9针正针，中间减2针，9针正针，滑1针，9针正针，中间减2针，9针正针，以正针方式滑2针，穿过后面线圈正针织在一起，1针正针。（43针）

第37行：反针。

第38行：1针正针，2针正针并为1针，7针正针，中间减2针，8针正针，滑1针，8针正针，中间减2针，7针正针，以正针方式滑2针，穿过后面线圈正针织在一起，1针正针。（37针）

第39行：反针。

第40行：1针正针，2针正针并为1针，3针正针，2针正针并为1针（4次），3针正针，中间减2针，3针

 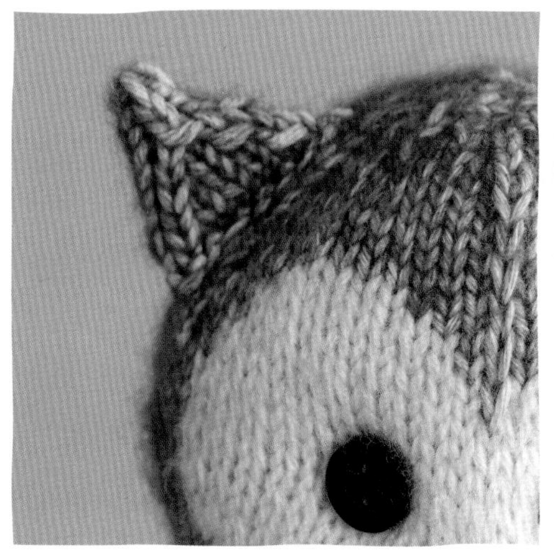 

正针，（以正针方式滑2针，穿过后面线圈正针织在一起）4次，3针正针，以正针方式滑2针，穿过后面线圈正针织在一起，1针正针。（25针）

第41行：反针。

第42行：1针正针，2针正针并为1针（5次），中间减2针，（以正针方式滑2针，穿过后面线圈正针织在一起）5次，1针正针。（13针）

第43行：反针。

收针。

鸟嘴

使用2.75mm棒针，纱线C，起针11针。

第1行（反面）：7针反针，翻面。

第2行：空针，3针正针，翻面。

第3行：空针，3针反针，以正针方式滑2针，穿过后面线圈反针织在一起，1针反针，翻面。

第4行：空针，5针正针，2针正针并为1针，1针正针，翻面。

第5行：空针，7针反针，以正针方式滑2针，穿过后面线圈反针织在一起，1针反针。

第6行：4针正针，中间减2针，2针正针，2针正针并为1针，1针正针。（9针）

第7行：反针。

第8行：3针正针，中间减2针，3针正针。（7针）

第9行：2针反针，反针中间减2针，2针反针。（5针）

剪断纱线，留长线尾。使用挂毯手工缝纫针，将线尾从针的左侧穿过针脚，然后拉紧收拢针脚。

耳朵（制作两只耳朵）

使用2.75mm棒针，纱线A，起针17针。

第1行（反面）：反针。

第2行：（3针正针，2针正针并为1针，以正针方式滑2针，穿过后面线圈正针织在一起）2次，3针正针。（13针）

第3行：反针。

第4行：1针正针，（1针正针，2针正针并为1针，以正针方式滑2针，穿过后面线圈正针织在一起）2次，2针正针。（9针）

第5行：反针。

第6行：1针正针，2针正针并为1针，以正针的方式滑1针，2针正针并为1针，越过滑针，以正针方式滑2针，穿过后面线圈正针织在一起，1针正针。（5针）

第7行：反针。

第8行：正针。

剪断纱线，留长线尾。使用挂毯手工缝纫针，将线尾从针的左侧穿过针脚，然后拉紧收拢针脚。

身体躯干

与“身体躯干—前后不同色”织法相同（参阅“通用的身体各部分”）。

手臂（制作两只手臂）

与“手臂”织法相同（参阅“通用的身体各部分”）。

腿（制作两条腿）

与“腿—单色”织法相同（参阅“通用的身体各部分”）。

合成

按照技术那一章节的要领操作（参阅“技术：合成你的动物”）。

服装的花样图案

麻花针织衫

这件毛衣是自上而下编织的，插肩袖，无接缝。上半部分是往返针，后片留有纽扣开口的位置，主体和袖子用圈织针法。

使用3mm棒针，纱线A，起针49针。

第1行（反面）：（1针正针，1针反针）织到剩余1个针脚，1针正针。

第2行：（1针反针，1针正针）织到剩余1个针脚，1针反针。

第3~9行：重复3次前面的最后2行，然后再重复1次第1行。

换成3.5mm棒针。偶数行现在成为织物的反面，这样把翻领折叠后，领子的正面就露出来了。

第10行（反面）：3针正针，5针反针，放置针织标记，2针正针，3针反针，2针正针，1针反针，放置针织标记，（2针正针，3针反针）3次，2针正针，1针反针，

放置针织标记，2针正针，3针反针，2针正针，1针反针，放置针织标记，反针织到剩余3个针脚，3针正针。

第11行（扣眼行）：1针正针，空针，2针正针并为1针，正针织到标记物，右加1针，滑针标记，1针正针，左加1针，2针反针，3针正针，2针反针，右加1针，滑针标记，1针正针，左加1针，（2针反针，3针正针）3次，2针反针，右加1针，滑针标记，1针正针，左加1针，2针反针，3针正针，2针反针，右加1针，滑针标记，1针正针，左加1针，正针织到结尾。（57针）

第12行：3针正针，7针反针，（2针正针，3针反针）7次，2针正针，反针织到剩余3个针脚，3针正针。

第13行：＊正针织到标记物，右加1针，滑针标记，1针正针，左加1针，1针正针，放置图案标记，2针反针，3针正针，2针反针＊；重复1次2个＊之间的针法，（3针正针，2针反针）2次，重复1次2个＊之间的针法，正针织到标记物，右加1针，滑针标记，1针正针，左加1针，正针织到结尾。（65针）

第14行：3针正针，9针反针，2针正针，在同一个线圈里织2针反针（从线圈的前面织1针反针，再从线圈的后面织1针反针），2针反针，2针正针，5针反针，（2针正针，在同一个线圈里织2针反针，2针反针）3次，2针正针，5针反针，2针正针，在同一个线圈里织2针反针，2针反针，2针正针，反针织到剩余3个针脚，3针正针。（70针）

第15行：＊正针织到标记物，右加1针，滑针标记，1针正针，左加1针，正针织到图案标记处，2针反针，滑2针到麻花针上，并保持在织物前面，织2针正针，从麻花针上织2针正针，2针反针＊；重复1次2个＊之间的针法，（滑2针到麻花针上，并保持在织物前面，织2针正针，从麻花针上织2针正针，2针反针）2次，重复1次2个＊之间的针法，正针织到标记物，右加1针，滑针标记，1针正针，左加1针，正针织到结尾。（78针）

第16行：3针正针，11针反针，2针正针，4针反针，2针正针，7针反针，（2针正针，4针反针）3次，2针正针，7针反针，2针正针，4针反针，2针正针，反针织到剩余3个针脚，3针正针。

第17行（扣眼行）：1针正针，空针，2针正针并为1针，＊正针织到标记物，右加1针，滑针标记，1针正针，左加1针，正针织到图案标记处，2针反针，4针正针，2针反针＊；重复1次2个＊之间的针法，（4针正针，2针反针）2次，重复1次2个＊之间的针法，正针织到标记物，右加1针，滑针标记，1针正针，左加1针，正针织到结尾。（86针）

第18行：3针正针，13针反针，2针正针，4针反针，2针正针，9针反针，（2针正针，4针反针）3次，2针正针，9针反针，2针正针，4针反针，2针正针，反针织到剩余3个针脚，3针正针。

第19行：＊正针织到标记物，右加1针，滑针标记，1针正针，左加1针，正针织到图案标记处，2针反针，4针正针，2针反针＊；重复1次2个＊之间的针法，（4针正针，2针反针）2次，重复1次2个＊之间的针法，正针织到标记物，右加1针，滑针标记，1针正针，左加1针，正针织到结尾。（94针）

第20行：3针正针，15针反针，2针正针，4针反针，2针正针，11针反针，（2针正针，4针反针）3次，2针正针，11针反针，2针正针，4针反针，2针正针，反针织到剩余3个针脚，3针正针。

第21行：与第15行相同。（102针）

第22行：3针正针，17针反针，2针正针，4针反针，2针正针，13针反针，（2针正针，4针反针）3次，2针正针，13针反针，2针正针，4针反针，2针正针，反针织到剩余3个针脚，3针正针。

第23行（扣眼行）：与第17行相同。（110针）

第24行：3针正针，19针反针，2

针正针，4针反针，2针正针，15针反针，（2针正针，4针反针）3次，2针正针，15针反针，2针正针，4针反针，2针正针，反针织到剩余3个针脚，3针正针。

第25行：与第19行相同。（118针）

第26行：3针正针，21针反针，2针正针，4针反针，2针正针，17针反针，（2针正针，4针反针）3次，2针正针，17针反针，2针正针，4针反针，2针正针，反针织到剩余3个针脚，3针正针。

第27行：与第15行相同。（126针）

第28行：3针正针，23针反针，2针正针，4针反针，2针正针，19针反针，（2针正针，4针反针）3次，2针正针，19针反针，2针正针，4针反针，2针正针，反针织到剩余3个针脚，3针正针。

第29行：把针脚挪到3.5mm环形针上，*正针织到标记物，右加1针，滑针标记，1针正针，左加1针，正针织到图案标记处，2针反针，4针正针，2针反针*；重复1次2个*之间的针法，（4针正针，2针反针）2次，重复1次2个*之间的针法，正针织到标记物，右加1针，滑针标记，1针正针，左加1针，正针织到剩余3个针脚，把剩余的3针（不用编织）挪到麻花针上。（134针）

连接起来进行圈织

第30圈：把麻花针放在左手针前3针的后面，并标记为第1圈的起点，同时编织左手针和麻花针的第1针；接下来的2针重复同样操作，正针织到标记物，滑针标记，1针正针（右后片），不用编织接下来的28针，把它们和图案标记放到回丝纱线上（袖子），移除标记物，正针织到图案标记处，（2针反针，4针正针）3次，2针反针，正针织到标记物，滑针标记，1针正针（前片），不用编织接下来的28针，把它们和图案标记放到回丝纱线上（袖子），移除标记物，正针织到结尾（左后片）。（75针）

第31圈：正针织到标记物，右加1针，滑针标记，2针正针，左加1针，正针织到图案标记处，（2针反针，4针正针）3次，2针反针，正针织到标记物，右加1针，滑针标记，2针正针，左加1针，正针织到结尾。（79针）

第32圈：正针织到图案标记处，（2针反针，4针正针）3次，2针反针，正针织到结尾。

第33圈：正针织到图案标记处，（2针反针，滑2针到麻花针上，并保持在织物前面，织2针正针，从麻花针上织2针正针）3次，2针反针，正针织到结尾。

第34圈：与第32圈相同。

第35圈：与第31圈相同。（83针）

第36~38圈：重复3次第32圈。

第39圈：*正针织到标记物，右加1针，滑针标记，2针正针，左加1针，正针织到图案标记处，（2针反针，滑2针到麻花针上，并保持在织物前面，织2针正针，从麻花针上织2针正针）3次，2针反针，正针织到标记物，右加1针，滑针标记，2针正针，左加1针，正针织到结尾。（87针）

第40~42圈：重复3次第32圈。

第43~45圈：重复1次第31~33圈。（91针）

第46圈：与第32圈相同。

第47圈：正针织到图案标记处，（2针反针，1针正针，2针正针并为1针，1针正针）3次，2针反针，正针织到结尾。（88针）

第48圈：正针织到图案标记处，（2针反针，3针正针）3次，2针反针，正针织到结尾。

换成3mm环形针。

第49圈：（1针正针，1针反针）织到图案标记处前1针，1针正针，（2针反针并为1针，1针正针，1针反针，1针正针）3次，2针反针并为1针，（1针正针，1针反针）织到结尾。（84针）

第50圈：（1针正针，1针反针）织到结尾。

第51~53圈：重复3次第50圈。

按图案收针。

袖子

从手臂下面开始编织，把一只袖子回丝纱线上的28针均匀整齐地滑到3根3.5mm双尖头编织针上，重新把线连接起来。

使用第4根双尖头编织针开始这一圈的编织。

第1圈：正针织到标记物，2针反针，4针正针，2针反针，正针织到结尾。

第2~3圈：重复2次第1圈。

第4圈：1针正针，左加1针，正针织到图案标记处，2针反针，滑2针到麻花针上，并保持在织物前面，织2针正针，从麻花针上织2针正针，2针反针，正针织到剩余1个针脚，右加1针，1针正针。（30针）

第5~9圈：重复5次第1圈。

第10圈：正针织到图案标记处，2针反针，滑2针到麻花针上，并保持在织物前面，织2针正针，从麻花针上织2针正针，2针反针，正针织到结尾。

第11圈：与第1圈相同。

第12圈：1针正针，左加1针，正针织到图案标记处，2针反针，4针正针，2针反针，正针织到剩余1个针脚，右加1针，1针正针。（32针）

第13~15圈：重复3次第1圈。

第16圈：与第10圈相同。

第17圈：与第1圈相同。

第18圈：正针织到图案标记处，2针反针，1针正针，2针正针并为1针，1针正针，2针反针，正针织到结尾。（31针）

第19圈：正针织到图案标记处，2

针反针，3针正针，2针反针，正针织到结尾。

换成一套3mm双尖头编织针。

第20圈：（1针反针，1针正针）织到图案标记处，2针反针并为1针，1针正针，1针反针，1针正针，2针反针并为1针，（1针正针，1针反针）织到结尾。（29针）

第21圈：（1针反针，1针正针）织到剩余1个针脚，1针反针。

第22~24圈：重复3次第21圈。

按图案收针。

重复以上操作编织第二只袖子。

装扮

1. 如有必要，把袖子下面的洞洞用几针封闭上。

2. 整平毛衣。

3. 把纽扣缝在左侧的位置，使其与扣眼相匹配。

4. 把领子对折。

有麻花图案的运动裤

运动裤从上至下编织，没有接缝。裤子的上半部分织往返针，后面留有钉纽扣的位置，并且多织一些短行来塑造臀围的大小。裤子的下半部分和腿部进行圈织。

使用3mm棒针，纱线C，起针52针。

第1行（反面）：正针。

第2行：正针。

第3行（扣眼行）：正针织到剩余3个针脚，2针正针并为1针，空针，1针正针。

第4~5行：正针织2行。

换成3.5mm棒针。

第6行：［1针正针，在同一个线圈里织2针正针（从线圈的前面织1针正针，再从线圈的后面织1针正针）］11次，在同一个线圈里织2针正针（3次），1针正针，在同一个线圈里织2针正针（4次），（1针正针，在同一个线圈里织2针正针）10次，2针正针。（80针）

第7行：2针正针，7针反针，翻面。

第8行：空针，正针织到结尾。

第9行：2针正针，7针反针，以正针方式滑2针，穿过后面线圈反针织在一起，2针反针，翻面。

第10行：空针，正针织到结尾。

第11行：2针正针，10针反针，以正针方式滑2针，穿过后面线圈反针织在一起，2针反针，翻面。

第12行：空针，正针织到结尾。

第13行：2针正针，13针反针，以正针方式滑2针，穿过后面线圈反针织在一起，2针反针，翻面。

第14行：空针，正针织到结尾。

第15行：2针正针，16针反针，以正针方式滑2针，穿过后面线圈反针织在一起，1针正针，4针反针，1针正针，30针反针，1针正针，4针反针，1针正针，反针织到剩余2个针脚，2针正针。

第16行：9针正针，翻面。

第17行：空针，反针织到剩余2个针脚，2针正针。

第18行：9针正针，2针正针并为1针，2针正针，翻面。

第19行（扣眼行）：空针，反针织到剩余3个针脚，2针反针并为1针，空针，1针正针。

第20行：12针正针，2针正针并为1针，2针正针，翻面。

第21行：空针，反针织到剩余2个针脚，2针正针。

第22行：15针正针，2针正针并为1针，2针正针，翻面。

第23行：空针，反针织到剩余2个针脚，2针正针。

第24行：18针正针，2针正针并为1针，1针反针，4针正针，1针反针，30针正针，1针反针，4针正针，1针反针，正针织到结尾。

第25行：2针正针，17针反针，1针正针，4针反针，1针正针，放置图案标记，30针反针，1针正针，4针反针，1针正针，放置图案标记，反针织到剩余2个针脚，2针正针。

第26行：（正针织到图案标记处，1针反针，滑2针到麻花针上，并保持在织物前面，织2针正针，从麻花针上织2针正针，1针反针）2次，正针织到结尾。

第27行（扣眼行）：2针正针，（反针织到图案标记处前6针，1针正针，4针反针，1针正针）2次，反针织到剩余3个针脚，2针反针并为1针，空针，1针正针。

第28行：（正针织到图案标记处，1针反针，4针正针，1针反针）2次，正针织到结尾。

第29行：2针正针，（反针织到图案标记处前6针，1针正针，4针反针，1针正针）2次，反针织到剩余2个针脚，2针正针。

第30~31行：重复1次前面的最后2行。

第32行：把针脚挪到3.5mm环形针上，（正针织到图案标记处，1针反针，滑2针到麻花针上，并保持在织物前面，织2针正针，从麻花针上织2针正针，1针反针）2次，正针织到剩余2个针脚，把最后2针（不用编织）滑到麻花针上。

连接起来进行圈织

第33圈：把麻花针放在左手针前2针的后面，同时编织左手针和麻花针的第1针，并标记为第1圈的起点，接下来把左手针的针脚与麻花针剩余的针脚一起进行编织，（正针织到图案标记处，1针反针，4针正针，1针反针）2次，正针织到结尾。（78针）

第34圈：（正针织到图案标记处，1针反针，4针正针，1针反针）2次，正针织到结尾。

第35~37圈：重复3次第34圈。

第38圈：1针正针，左加1针，（正针织到图案标记处，1针反针，滑2针到麻花针上，并保持在织物前面，

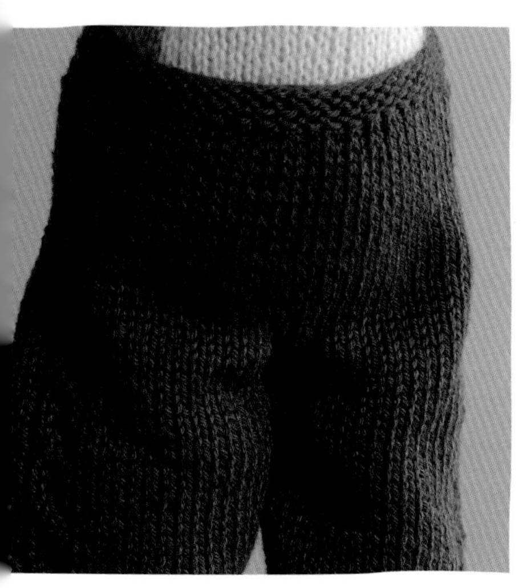

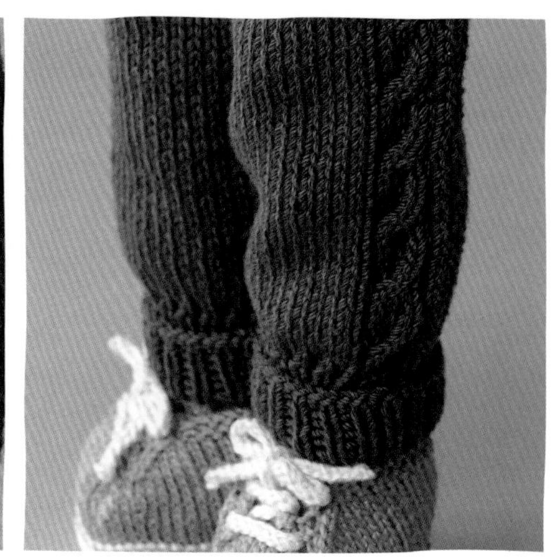

织2针正针，用麻花针织2针正针，1针反针）2次，正针织到剩余1个针脚，右加1针，1针正针。（80针）

第39~40圈：重复2次第34圈。

第41圈：1针正针，左加1针，（正针织到图案标记处，1针反针，4针正针，1针反针）2次，正针织到剩余1个针脚，右加1针，1针正针。（82针）

第42圈：正针织到图案标记处，1针反针，4针正针，1针反针，14针正针，右加1针，2针正针，左加1针，正针织到图案标记处，1针反针，4针正针，1针反针，正针织到结尾。（84针）

第43圈：与第41圈相同。（86针）

第44圈：（正针织到图案标记处，1针反针，滑2针到麻花针上，并保持在织物前面，织2针正针，从麻花针上织2针正针，1针反针）2次，正针织到结尾。

第45圈：1针正针，左加1针，正针织到图案标记处，1针反针，4针正针，1针反针，15针正针，右加1针，2针正针，左加1针，正针织到图案标记处，1针反针，4针正针，1针反针，正针织到剩余1个针脚，右加1针，1针正针。（90针）

第46圈：与第34圈相同。

第47圈：1针正针，左加1针，正针织到图案标记处，1针反针，4针正针，1针反针，16针正针，右加1针，2针正针，左加1针，正针织到图案标记处，1针反针，4针正针，1针反针，正针织到剩余1个针脚，右加1针，1针正针。（94针）

第48圈：重复1次第34圈。

分开织腿部

第49圈：正针织到图案标记处，1针反针，4针正针，1针反针，18针正针（右腿），接下来的47针不用编织，把它们和图案标记挪到回丝纱线上（左腿）。

右腿

第50圈：正针织到图案标记处，1针反针，滑2针到麻花针上，并保持在织物前面，织2针正针，从麻花针上织2针正针，1针反针，正针织到结尾。

第51圈：正针织到图案标记处，1针反针，4针正针，1针反针，正针织到结尾。

第52~53圈：重复2次第51圈。

第54圈：以正针方式滑2针，穿过后面线圈正针织在一起，正针织到图案标记处前2针，2针正针并为1针，1针反针，4针正针，1针反针，正针织到结尾。（45针）

第55圈：与第51圈相同。

第56圈：与第50圈相同。

第57~61圈：重复5次第51圈。

第62~85圈：重复2次第50~61圈。（41针）

第86~91圈：重复1次第56~61圈。

第92~93圈：重复1次第50~51圈。

第94圈：正针织到图案标记处，1针反针，1针正针，2针正针并为1针，1针正针，1针反针，正针织到结尾。（40针）

换成一套3mm双尖头编织针。

第95圈：（1针正针，1针反针）织到结尾。

第96~110圈：重复15次前面的最后1圈。

按图案收针。

左腿

第49圈：把回丝纱线上的针脚转移到3.5mm回形针上，重新连接纱线，放置标记作为圈织的起点，正针织到图案标记处，1针反针，4针正针，1针反针，正针织到结尾。

第50圈：正针织到图案标记处，1针反针，滑2针到麻花针上，并保持在织物前面，织2针正针，从麻花针上织2针正针，1针反针，正针织到结尾。

第51圈：正针织到图案标记处，1针反针，4针正针，1针反针，正针织到结尾。

第52~53圈：重复2次第51圈。

第54圈：正针织到图案标记处，1针反针，4针正针，1针反针，以正针方式滑2针，穿过后面线圈正针

织在一起，正针织到剩余2个针脚，2针正针并为1针。（45针）

第55圈：与第51圈相同。

第56圈：与第50圈相同。

第57~61圈：重复5次第51圈。

第62~85圈：重复2次第50~61圈。（41针）

第86~91圈：重复1次第56~61圈。

第92~93圈：重复1次第50~51圈。

第94圈：正针织到图案标记处，1针反针，1针正针，2针正针并为1针，1针正针，1针反针，正针织到结尾。（40针）

换成一套3mm双尖头编织针。

第95圈：（1针反针，1针正针）织到结尾。

第96~110圈：重复15次前面的最后1圈。

按图案收针。

装扮

1. 如有必要，在两条腿的连接处缝上几针，使洞洞闭合。

2. 整平运动裤。

3. 在运动裤的后片左侧位置缝上纽扣，使它们与扣眼相匹配。

4. 卷起裤脚。

粗呢连帽外套

外套从上至下编织，无接缝，插肩袖，后面有开衩。外套往返针编织，袖子进行圈织。使用3.5mm棒针，纱线B，起针45针。

第1行（反面）：正针。

第2行：8针正针，放置针织标记，7针正针，放置针织标记，14针正针，放置针织标记，7针正针，放置针织标记，正针织到结尾。

换成3.5mm棒针。

第3行：6针正针，反针织到剩余6个针脚，6针正针。

第4行：（正针织到图案标记处，右加1针，滑针标记，1针正针，左加1针）4次，正针织到结尾。（53针）

第5行：与第3行相同。

第6行：与第4行相同。（61针）

第7行：正针。

第8行：与第4行相同。（69针）

第9~20行：重复2次第3~8行。（117针）

第21~22行：重复1次第3~4行。（125针）

第23行：6针正针，*反针织到标记物（右前片），移除标记物，接下来的26针不用编织，把它们挪到回丝纱线上（袖子），1针反针，滑针标记；从*处重复1次（后片和第二只袖子），反针织到剩余6个针脚，6针正针（左前片）。（73针）

第24行：（正针织到图案标记处，右加1针，滑针标记，2针正针，左加1针）2次，正针织到结尾。（77针）

第25~26行：正针织2行。

第27行：6针正针，反针织到剩余6个针脚，6针正针。

第28行：与第24行相同。（81针）

第29行：与第27行相同。

第30~31行：正针织2行。

现在分开编织外套的左片和右片，在后片中间下方做一个重叠的开衩。

左片

第32行：42针正针，接下来的39针不用编织，把它们挪到针织夹子上。（42针）

第33行：2针正针，反针织到剩余6个针脚，6针正针。

第34行：正针织到标记物，右加1针，滑针标记，2针正针，左加1针，正针织到结尾。（44针）

第35行：与第33行相同。

第36~38行：正针织3行。

第39行：与第33行相同。

第40行：与第34行相同。（46针）

第41行：与第33行相同。

第42~49行：正针织8行。

换成3mm棒针。

第50~51行：正针织2行。

收针。

右片

把针织夹子上的针脚挪回到编织针上。正面对着你，从中后方织起，从左边第一行后面挑起3针（参阅“技术：起针与针法，挑针”），正针织到结尾。（42针）

第 33 行： 6 针正针，反针织到剩余 2 个针脚，2 针正针。

第 34 行： 正针织到标记物，右加 1 针，滑针标记，2 针正针，左加 1 针，正针织到结尾。（44 针）

第 35 行： 与第 33 行相同。

第 36~38 行： 正针织 3 行。

第 39 行： 与第 33 行相同。

第 40 行： 与第 34 行相同。（46 针）

第 41 行： 与第 33 行相同。

第 42~49 行： 正针织 8 行。

换成 3mm 棒针。

第 50~51 行： 正针织 2 行。

收针。

袖子

从手臂下面开始编织，把一只袖子回丝纱线上的 26 针均匀整齐地滑到 3 根 3.5mm 双尖头编织针上，重新把线连接起来。

使用第 4 根双尖头编织针开始这一圈的编织。

第 1~2 圈： 正针织 2 圈。

第 3 圈： 反针。

第 4 圈： 正针。

第 5 圈： 1 针正针，左加 1 针，正针织到剩余 1 个针脚，右加 1 针，1 针正针。（28 针）

第 6~8 圈： 正针织 3 圈。

第 9 圈： 反针。

第 10~11 圈： 正针织 2 圈。

第 12 圈： 与第 5 圈相同。（30 针）

第 13~14 圈： 正针织 2 圈。

第 15 圈： 反针。

第 16~20 圈： 正针织 5 圈。

第 21 圈： 反针。

第 22 圈： 正针。

第 23~25 圈： 重复 1 次第 21~22 圈，然后再重复 1 次第 21 圈。

换成一套 3mm 双尖头编织针。

第 26 圈： 正针。

第 27 圈： 反针。

收针。

重复上面的操作编织第二只袖子。

兜帽

使用 3.5mm 棒针，对着外套的正面，从前帽檐中间起 3 针，绕领口边缘挑针并且编织 39 针正针（参阅“技术：起针与针法，挑针”）。

第 1 行（反面）： 正针。

第 2~39 行： 正针织 38 行。

第 40 行： 19 针正针，2 针正针并为 1 针，正针织到结尾。（38 针）

第 41 行： 正针。

第 42 行： 19 针正针，将最后 19 针留在左手针上，不用编织（现在每根针上都有 19 针），剪断纱线，留长线尾（大约 60cm/231/2in）。

把线尾穿入挂毯手工缝纫针，把兜帽的顶部连接起来。

1. 将兜帽对折，使每根针的针脚并排排列，一根针在前，另一根在后，手摸着的部位是兜帽的反面。
2. 右手同时握住 2 根针，纱线尾在右手这边。
3. 把纱线以反针的方式穿过前面这根针的第一个针脚，然后再以反针的方式穿过后面针的第一个针脚。
4. 把纱线以正针的方式穿过前面这根针的第一个针脚，把它从针上脱落下来。
5. 把纱线以反针的方式穿过前面这根针的第二个针脚，把这一针脚留在针上。
6. 后面这根针重复步骤 4 和 5。

重复步骤 4~6，直到所有的针脚都连接完毕。

棒形纽扣的绳扣（制作 6 个）。

使用纱线 A，3mm 双尖头编织针，起针 2 针。制作一根绳带，18 行长（参阅“技术：起针与针法，制作绳带”）。

装扮

1. 如有必要，把袖子下面的洞洞用几针封闭上。
2. 整平外套。
3. 把线穿过棒形纽扣，把它缝到外套前片右侧的边缘上，线圈的两端穿透外套缝好（位置如图所示），重复以上操作缝上另外 2 个棒形纽扣。
4. 把棒形纽扣的绳扣对折，以同样的方式缝到外套前片的左侧边缘上，与右手边的棒形纽扣对齐，重复以上操作缝上另外 2 个棒形纽扣的绳扣。

运动鞋

使用 2.75mm 棒针，纱线 A，编织鞋底，按照运动鞋的图案编织（参阅“鞋子及配饰”），换成纱线 B 编织鞋面。使用纱线 A 制作鞋带。

鞋子及配饰

有几套服装都是搭配同一款的鞋子，很多女孩都穿同样的法式短裤。为了避免重复，我把它们聚集在这里一起介绍一下。

鞋底

所有的鞋都是从鞋底开始向上编织的，往返针，沿着鞋后帮中央向下和鞋底之间有一条接缝。

所有鞋子鞋底的图案完全相同，因此无论你编织哪一双鞋，都从下面的针法开始，然后向上编织不同鞋子特有的鞋面。

选用你正在编织的装束所指定的纱线编织鞋底，使用 2.75mm 棒针，起针 24 针。

使用纱线 A，2.75mm 棒针，起针 11 针。

第 1 行（反面）：反针。

第 2 行：1 针正针，加 1 针，8 针正针，（2 针正针，加 1 针）2 次，10 针正针，加 1 针，1 针正针。（28 针）

第 3 行：反针。

第 4 行：（1 针正针，加 1 针）2 次，8 针正针，（1 针正针，加 1 针）2 次，3 针正针，（1 针正针，加 1 针）2 次，8 针正针，（1 针正针，加 1 针）2 次，1 针正针。（36 针）

第 5 行：反针。

第 6 行：（2 针正针，加 1 针）2 次，7 针正针，（2 针正针，加 1 针）2 次，4 针正针，（2 针正针，加 1 针）2 次，7 针正针，（2 针正针，加 1 针）2 次，2 针正针。（44 针）

第 7 行：反针。

第 8 行：（3 针正针，加 1 针）2 次，6 针正针，（3 针正针，加 1 针）2 次，5 针正针，（3 针正针，加 1 针）2 次，6 针正针，（3 针正针，加 1 针）2 次，3 针正针。（52 针）

第 9~12 行：正面所有针织正针，反面所有针织反针，4 行。

第 13 行：把接下来的 1 针与下面第 4 行相对应的 1 针一起进行反针编织（图 1）。需要这样做：把接下来的这针滑到右手针上（图 2），把右手针的针尖（从顶部到底部）插入从滑这 1 针算起的下面第 4 个反针线圈，挑起这 1 针（图 3）。把左手针插入这两个线圈的后面，一起织反针（图 4）；重复前面操作，直到结尾。

T 字带鞋子

按照鞋底的说明编织鞋底，然后继续如下操作：

左脚鞋

换成你正在编织的装束所指定的纱线。

第 14 行：反针。

第 15~22 行：正面所有针织正针，反面所有针织反针，8 行。

第 23 行：16 针反针，2 针反针并为 1 针（5 次），（以正针方式滑 2 针，穿过后面线圈反针织在一起）5 次，16 针反针。（42 针）

第 24 行：10 针正针，空针，2 针正针，把这针空针越过这 2 针正针（图 5）（这样会使收针部分的起点更加整齐一些），从“2 针正针”的第 2 针（图 6）开始，收 5 针，9 针正针（包括收针的最后 1 针），空针，2 针正针，把这针空针越过这 2 针正针，从“2 针正针”的第 2 针开始，收 4 针，12 针正针（包括收针的最后 1 针）。（33 针）

顶部的左右两边和中间的鞋梁现在分别单独编织。

右侧

仅编织前 12 针。

第 25 行：正针。

第 26 行：使用反针起针法起针 9 针（参阅“技术：起针与针法”），9 针正针，2 针正针并为 1 针，正针织到结尾。（20 针）

第 27 行（扣眼行）：正针织到剩余 3 个针脚，2 针正针并为 1 针，空针，1 针正针。

收针。

中间的鞋梁

仅编织中间的 10 针，对着反面，连接纱线。

第 25 行：1 针正针，2 针反针并为 1 针，4 针反针，以正针方式滑 2 针，穿过后面线圈反针织在一起，1 针正针。（8 针）

第 26 行：正针。

第 27 行：1 针正针，2 针反针并为 1 针，2 针反针，以正针方式滑 2 针，穿过后面线圈反针织在一起，1 针正针。（6 针）

1
2
3
4
2
3
5
6
8

第28行：正针。

第29行：1针正针，4针反针，1针正针。

第30~40行：重复5次前面的最后2行，然后再重复1次第28行。

收针行：把接下来的1针与下面第9行相对应的1针一起进行反针编织［把接下来的这针滑到右手针上，把右手针的针尖（从顶部到底部）插入从滑这1针算起的下面第9个反针线圈，挑起这1针。把左手针插入这两针线圈的后面，一起织反针］；把接下来的1针与下面第9行相对应的1针一起进行反针编织，把右手针上的第1针越过第2针（1针收针）；重复前面操作，直到结尾。

左侧

对着反面，把纱线连接到剩余的11针上。

第25~27行：正针织3圈。

收针。

右脚鞋

第1~23行：与左脚鞋的织法相同。

第24行：11针正针，空针，2针正针，把这针空针越过这2针正针，（图5）（这样会使收针部分的起点更加整齐一些），从“2针正针”的第2针（图6）开始，收4针，9针正针（包括收针的最后1针），空针，2针正针，把这针空针越过这2针正针，从“2针正针”的第2针开始，收5针，11针正针（包括收针的最后1针）。（33针）

现在分别单独编织顶部的左右两边和中间的鞋梁。

右侧

仅编织前11针。

第25~27行：正针织3行。

收针。

中间的鞋梁

编织方法与左脚鞋中间鞋梁相同。

左侧

把剩余的12针滑到对面的针上。对着正面，把纱线连接到剩余的12针上。

第25行：反针。

第26行：使用正针起针法起针9针（参阅“技术：起针与针法”），9针反针，以正针方式滑2针，穿过后面线圈反针织在一起，反针织到结尾。（20针）

第27行（扣眼行）：反针织到剩余3个针脚，2针反针并为1针，空针，1针反针。

以反针的方式收针。

合成

1.把鞋帮缝好，从脚踝向下，再向脚趾方向缝制。

2.把鞋带穿过中间鞋梁的顶部。最方便的做法是用一段纱线穿过鞋带一端的扣眼，再把纱线穿过挂毯手工缝纫针。把针穿过中间鞋梁顶部的开口，慢慢把鞋带拉出来（图7和图8）。

3.把扣子缝在鞋带相反的一面，与扣眼对齐。

运动鞋（制作2只）

按照鞋底的说明编织鞋底，然后继续如下操作：

左脚鞋

换成你正在编织的装束所指定的纱线。

第14行：反针。

第15~17行：正面所有针织正针，反面所有针织反针，3行。

现在分别单独编织运动鞋中间的鞋舌和左右两边的鞋帮。

左侧

第18行：20针正针，接下来的32针不用编织，把它们挪到针织夹子上。（20针）

第19行：3针反针，右加1针反针，反针织到结尾。（21针）

第20行：正针。

第21行：3针正针，反针织到结尾。

第22行（扣眼行）：19针正针，空针，2针正针并为1针。

第23行：3针正针，2针正针并为1针，反针织到结尾。（20针）

第24行：15针正针，2针正针并为1针，3针正针。（19针）

第25行：3针正针，2针正针并为1针，反针织到结尾。（18针）

第26行（扣眼行）：13针正针，2针正针并为1针，1针正针，空针，2针正针并为1针。（17针）

第27行：3针正针，2针正针并为1针，正针织到结尾。（16针）

第28行：11针正针，2针正针并为1针，3针正针。（15针）

第29行（扣眼行）：2针正针并为1针，1针正针，空针，2针正针并为1针，正针织到结尾。（14针）

收针。

右侧

把针织夹子上的20针挪到左手针上（中间的13针仍然保留在夹子上），对着正面，连接纱线。

第18行：正针。

第19行：17针反针，左加1针反针，3针反针。（21针）

第20行：正针。

第21行：18针反针，3针正针。

第22行（扣眼行）：以正针方式滑2针，穿过后面线圈正针织在一起，空针，正针织到结尾。

第23行：16针反针，以正针方式滑2针，穿过后面线圈反针织在一起，3针正针。（20针）

第24行：3针正针，正针方式滑2针，穿过后面线圈正针织在一起，正针织到结尾。（19针）

第25行：14针反针，正针方式滑2针，穿过后面线圈反针织在一起，3针正针。（18针）

第26行（扣眼行）：以正针方式滑2针，穿过后面线圈正针织在一

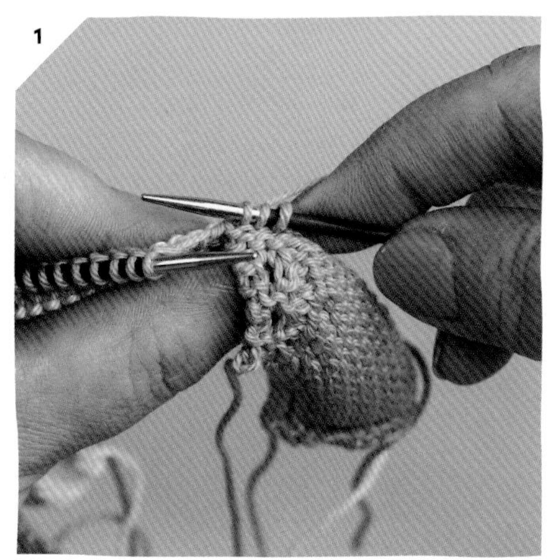

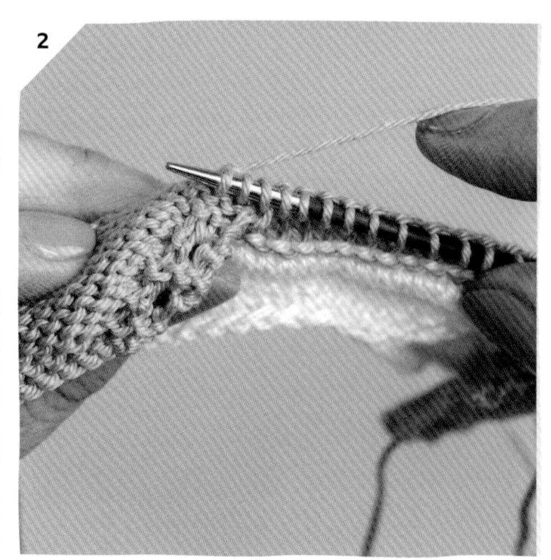

起，空针，1针正针，以正针方式滑2针，穿过后面线圈正针织在一起，正针织到结尾。（17针）

第27行： 12针正针，以正针方式滑2针，穿过后面线圈正针织在一起，3针正针。（16针）

第28行： 3针正针，以正针方式滑2针，穿过后面线圈正针织在一起，正针织到结尾。（15针）

第29行（扣眼行）： 10针正针，以正针方式滑2针，穿过后面线圈正针织在一起，空针，1针正针，以正针方式滑2针，穿过后面线圈正针织在一起。（14针）

收针。

中间鞋舌

把剩余的12针从针织夹子上挪到左手针上。

第18行： 对着反面，从运动鞋左侧后面中间边缘挑针，并且织3针正针（图1），12针正针，从运动鞋右侧后面中间边缘挑针，并且织3针正针（图2）。（18针）

第19行： 2针正针，14针反针，2针正针。

第20行： 2针正针，以正针方式滑2针，穿过后面线圈正针织在一起，10针正针，2针正针并为1针，2针正针。（16针）

第21行： 2针正针，12针反针，2针正针。

第22行： 2针正针，正针方式滑2针，穿过后面线圈正针织在一起，8针正针，2针正针并为1针，2针正针。（14针）

第23行： 2针正针，10针反针，2针正针。

第24行： 正针。

第25~35行： 重复5次第23~24行，然后再重复1次第23行。

第36行： 1针正针，以正针方式滑2针，穿过后面线圈正针织在一起，8针正针，2针正针并为1针，1针正针。（12针）

第37行： 1针正针，2针正针并为1针，6针正针，以正针方式滑2针，穿过后面线圈正针织在一起，1针正针。（10针）

收针。

鞋带（制作2根）

起针2针，使用3mm双尖头编织针和你正在编织的装束所指定的纱线。

制作一根绳带（参阅“技术：起针与针法，制作绳带”），长105行（31cm/123/8in）。

合成

1. 把运动鞋后面边缘缝起来，从脚踝向下，再向脚趾方向缝制。
2. 整平运动鞋（最好的办法是把运动鞋在动物的脚上塑形，拉动鞋面，按照系好鞋带的位置用别针固定在脚上，然后稍微用点蒸汽定型）。
3. 把鞋带穿过运动鞋两侧的扣眼（如图所示）。

玛丽珍鞋

按照鞋底的说明编织鞋底，然后继续如下操作：

左脚鞋

换成你正在编织的装束所指定的纱线。

第14行： 反针。

第15~22行： 正面所有针织正针，反面所有针织反针，8行。

第23行： 16针反针，2针反针并为1针（5次），（以正针方式滑2针，穿过后面线圈反针织在一起）5次，16针反针。（42针）

第24行： 10针正针，空针，2针正针，把这针空针越过这2针正针（参见T字带鞋子图5，这样会使收针部分的起点更加整齐一些），从“2针正针”的第2针（参见T字带鞋子图6）开始，收针19针，12针正针。这里包括收针的最后1针。（23针）

现在分别单独编织鞋子顶部的左右两边。

右侧

仅编织前12针。

第25行： 正针。

第26行： 使用反针起针法起针9针（参阅“技术：起针与针法”），9针正针，2针正针并为1针，正针织到结尾。（20针）

第27行（扣眼行）： 正针织到剩

余3个针脚，2针正针并为1针，空针，1针正针。

收针。

左侧

对着反面，把纱线连接到剩余的11针上。

第25~27行：正针织3行。

收针。

右脚鞋

第1~23行与左脚鞋的织法相同。

第24行：11针正针，空针，2针正针，把这针空针越过这2针正针（参见T字带鞋子图5，这样会使收针部分的起点更加整齐一些），从“2针正针”的第2针（参见T字带鞋子图6）开始，收19针，11针正针。这包括收针的最后1针。（23针）

现在分别单独编织鞋子顶部的左右两边。

右侧

仅编织前11针。

第25~27行：正针织3行。

收针。

左侧

把剩余的12针滑到对面的针上。

对着正面，把纱线连接到剩余的12针上。

第25行：反针。

第26行：使用正针起针法起针9针（参阅“技术：起针与针法”），9针反针，以正针方式滑2针，穿过后面线圈反针织在一起，反针织到结尾。（20针）

第27行（扣眼行）：反针织到剩余3个针脚，2针反针并为1针，空针，1针反针。

以反针的方式收针。

装扮

1.把鞋帮缝好，从脚踝向下，再向脚趾方向缝制。

2.把扣子缝在鞋带相反的一面，与扣眼对齐。

小明星鞋

按照鞋底的说明编织鞋底，然后继续如下操作：

左脚鞋

换成你正在编织的装束所指定的纱线。

第14~15行：反针。

第16行：2针正针，（空针，3针正针，将这3针的第1针越过第2和第3针）织到剩余2个针脚，2针正针。

第17行：反针。

第18行：1针正针，（3针正针，将这3针的第1针越过第2针和第3针，空针）织到剩余3个针脚，3针正针。

第19~23行：重复1次第15~18行，然后再重复1次第15行。

第24行：10针正针，空针，2针正针，将这针空针越过这2针正针，（参见T字带鞋子图5，这样会使收针部分的起点更加整齐一些）1针正针，将“2针正针”的第2针越过刚刚完成的那1针正针（收针1针），将刚织完的最后1针和接下来的在两个*之间的针脚，一边织一边收针，*3针正针，（以正针方式滑2针，穿过后面线圈正针织在一起）5次，2针正针并为1针（5次），4针正针*，12针正针。这包括收针的最后1针。（23针）

现在分别单独编织鞋子顶部的左右两边。

右侧

仅编织前12针。

第25行：正针。

第26行：使用反针起针法起针9针（参阅“技术：起针与针法”），9针正针，2针正针并为1针，正针织到结尾。（20针）

第27行（扣眼行）：正针织到剩余3个针脚，2针正针并为1针，空针，1针正针。

收针。

对着反面，把纱线连接到剩余的11针上。

第25~27行：正针织3圈。

收针。

左侧

对着反面，把纱线连接到剩余的11针上。

第25~27行：正针织3圈。

收针。

右脚鞋

第1~23行：与左脚鞋的织法相同。

第24行：11针正针，空针，2针正针，将这针空针越过这2针正针，（参见T字带鞋子图5，这样会使收针部分的起点更加整齐一些），1针正针，把“2针正针”的第2针越过刚刚完成的那1针正针（收针1针），把刚织完的最后1针和接下来的在两个*之间的针脚，一边织一边收针，*2针正针，（以正针方式滑2针，穿过后面线圈正针织在一起）5次，2针正针并为1针（5次），5针正针*，11针正针。这包括收针的最后1针。（23针）

现在分别单独编织鞋子顶部的左右两边。

右侧

仅编织前11针。

第25~27行：正针织3圈。

收针。

左侧

把剩余的12针滑到对面的针上。

对着正面，把纱线连接到剩余的12针上。

第25行：反针。

第26行：使用正针起针法起针9针（参阅“技术：起针与针法”），9针反针，以正针方式滑2针，穿过后面线圈反针织在一起，反针织到结尾。（20针）

第27行（扣眼行）：反针织到剩余3个针脚，2针反针并为1针，

小贴士

起针和收针的时候，别忘了留出长线尾。你可以用这些线尾把接缝缝起来。

空针，1针反针。

以反针的方式收针。

合成

1. 把鞋帮缝好，从脚踝向下，再向脚趾方向缝制。

2. 把扣子缝在鞋带相反的一面，与扣眼对齐。

法式短裤

短裤从上至下进行编织，无接缝。上半部分织往返针，后面留有纽扣的位置，并且多织一些短行来塑造臀围的大小；裤子的下半部分进行圈织。

使用你正在编织的装束所指定的纱线，3mm棒针，起针52针。

第1行（反面）： 正针。

第2行（扣眼行）： 1针正针，空针，2针正针并为1针，正针织到结尾。

第3行： 正针。

换成3.5mm棒针。

第4行： 1针正针，［2针正针，在同一个线圈里织2针正针（从线圈的前面织1针正针，再从线圈的后面织1针正针）］4次，（1针正针，在同一个线圈里织2针正针）13次，（2针正针，在同一个线圈里织2针正针）3次，4针正针。（72针）

第5行： 2针正针，7针反针，翻面。

第6行： 空针，正针织到结尾。

第7行： 2针正针，7针反针，以正针方式滑2针，穿过后面线圈反针织在一起，2针反针，翻面。

第8行： 空针，正针织到结尾。

第9行： 2针正针，10针反针，以正针方式滑2针，穿过后面线圈反针织在一起，2针反针，翻面。

第10行： 空针，正针织到结尾。

第11行： 2针正针，13针反针，以正针方式滑2针，穿过后面线圈反针织在一起，2针反针，翻面。

第12行： 空针，正针织到结尾。

第13行： 2针正针，16针反针，以正针方式滑2针，穿过后面线圈反针织在一起，反针织到剩余2个针脚，2针正针。

第14行： 9针正针，翻面。

第15行： 空针，反针织到剩余2个针脚，2针正针。

第16行： 9针正针，2针正针并为1针，2针正针，翻面。

第17行： 空针，反针织到剩余2个针脚，2针正针。

第18行： 12针正针，2针正针并为1针，2针正针，翻面。

第19行（扣眼行）： 空针，反针织到剩余3个针脚，2针反针并为1针，空针，1针正针。

第20行： 15针正针，2针正针并为1针，2针正针，翻面。

第21行： 空针，反针织到剩余2个针脚，2针正针。

第22行： 18针正针，2针正针并为1针，正针织到结尾。

第23行： 2针正针，反针织到剩余2个针脚，2针正针。

第24行： 正针。

第25行： 2针正针，反针织到剩余2个针脚，2针正针。

第26行： 19针正针，空针，以正针方式滑2针，穿过后面线圈正针织在一起，30针正针，2针正针并为1针，空针，19针正针。

第27行（扣眼行）： 2针正针，反针织到剩余3个针脚，2针反针并为1针，空针，1针正针。

第28行： 18针正针，（空针，以正针方式滑2针，穿过后面线圈正针织在一起）2次，28针正针，（2针正针并为1针，空针）2次，18针正针。

第29行： 2针正针，反针织到剩余2个针脚，2针正针。

第30行： 17针正针，（空针，以正针方式滑2针，穿过后面线圈正针织在一起）3次，26针正针，（2针正针并为1针，空针）3次，17针正针。

第31行： 2针正针，反针织到剩余2个针脚，2针正针。

第32行： 把针脚挪到3.5mm环形针上，16针正针，（空针，以正针方式滑2针，穿过后面线圈正针织在一起）4次，24针正针，（2针正针并为1针，空针）4次，正针织到剩余2个针脚，把最后2针（不用编织）滑到麻花针上。

连接起来进行圈织

第 33 圈：把麻花针放在左手针前 2 针的后面，同时编织左手针和麻花针的第 1 针，并标记为第 1 圈的起点，接下来将左手针的针脚与麻花针剩余的针脚一起进行编织，正针织到结尾。（70 针）

第 34 圈：14 针正针，（空针，以正针方式滑 2 针，穿过后面线圈正针织在一起）5 次，22 针正针，（2 针正针并为 1 针，空针）5 次，14 针正针。

第 35 圈：正针。

第 36 圈：1 针正针，左加 1 针，12 针正针，（空针，以正针方式滑 2 针，穿过后面线圈正针织在一起）6 次，20 针正针，（2 针正针并为 1 针，空针）6 次，12 针正针，右加 1 针，1 针正针。（72 针）

第 37 圈：正针。

第 38 圈：13 针正针，（空针，以正针方式滑 2 针，穿过后面线圈正针织在一起）7 次，18 针正针，（2 针正针并为 1 针，空针）7 次，13 针正针。

第 39 圈：1 针正针，左加 1 针，正针织到剩余 1 个针脚，右加 1 针，1 针正针。（74 针）

第 40 圈：13 针正针，（空针，以正针方式滑 2 针，穿过后面线圈正针织在一起）8 次，7 针正针，右加 1 针，2 针正针，左加 1 针，7 针正针，（2 针正针并为 1 针，空针）8 次，13 针正针。（76 针）

第 41 圈：1 针正针，左加 1 针，正针织到剩余 1 个针脚，右加 1 针，1 针正针。（78 针）

第 42 圈：13 针正针，（空针，以正针方式滑 2 针，穿过后面线圈正针织在一起）9 次，16 针正针，（2 针正针并为 1 针，空针）9 次，13 针正针。

第 43 圈：1 针正针，左加 1 针，37 针正针，右加 1 针，2 针正针，左加 1 针，37 针正针，右加 1 针，1 针正针。（82 针）

第 44 圈：13 针正针，（空针，以正针方式滑 2 针，穿过后面线圈正针织在一起）10 次，16 针正针，（2 针正针并为 1 针，空针）10 次，13 针正针。

第 45 圈：1 针正针，左加 1 针，39 针正针，右加 1 针，2 针正针，左加 1 针，39 针正针，右加 1 针，1 针正针。（86 针）

第 46 圈：13 针正针，（空针，以正针方式滑 2 针，穿过后面线圈正针织在一起）11 次，16 针正针，（2 针正针并为 1 针，空针）11 次，13 针正针。

分开进行腿部编织

第 47 圈：43 针正针（右腿），把接下来的 43 针（不用编织）放到回丝纱线上（左腿）。

右腿

换成 3mm 环形针。

分开进行腿部编织

第 48 圈：12 针正针，（空针，以正针方式滑 2 针，穿过后面线圈正针织在一起）12 次，7 针正针。

第 49 圈：反针。

第 50 圈：正针。

第 51 圈：反针。

收针。

左腿

第 47 圈：把回丝纱线上的针脚转移到 3.5mm 环形针上，重新连接纱线，正针织 1 圈，放置标记作为圈织的起点。

换成 3mm 环形针。

第 48 圈：7 针正针，（2 针正针并为 1 针，空针）12 次，12 针正针。

第 49 圈：反针。

第 50 圈：正针。

第 51 圈：反针。

收针。

装扮

1. 如有必要，在两条腿的连接处缝上几针，使洞洞闭合。
2. 整平短裤。
3. 在短裤的后片左侧位置缝上纽扣，使它们与扣眼相匹配。

技术

TECHNIQUES

合成你的动物

这些动物在组装时都具有共同的特征和技术。在本节中，您将找到有关完成动物头部、身体、手臂和腿部所需要了解的全部信息。

对于所有动物，组装它们身体各部位的时候请牢记以下几点

尽可能使用起针 / 收针的线尾进行缝制。在编织的过程中，把松散的线头系紧或者编织到织物里面。

使用挂毯手工缝纫针和气垫针缝合法（除非另有说明）来缝好接缝。

把各部分缝好之后，再把线头隐藏在身体里面。

身体躯干

1. 从底部开始，把纱线尾穿过起针的针脚并收拢，然后把边缘缝合在一起，直到距离底部中心大约 6cm（23/8in）的位置为止，但暂时不要系紧。

2. 现在从颈部开始向下进行缝制，把背部顶端部分的接缝缝合，留出一个口子（大约 5cm/2in），以便塞入玩具填充物。

3. 填充身体［您的目标是，使身体在其最粗的部位，周长达到大约 25cm（10 in）］，继续从上至下填充，之后把口子闭合。当到达接缝底部一半的时候，把纱线头打结系紧，并把线头隐藏到身体里面，把线拉紧，这样线结就穿过了织物的反面。

腿部

脚的顶部

从缝合脚的顶部收针边缘开始：

1. 使用与脚相同的纱线，从右向左缝制，将穿好线的挂毯手工缝纫针穿过脚前面中间两侧针脚的外部线圈，把纱线拉过来，留长线尾来编织缝合（图 A）。

2. 将针插入右边针脚的外部线圈，接下来的一针插入相对的一边，把纱线拉过来（图 B）。

3. 将针插入左右两边下一个针脚的外部线圈，把纱线拉过来（图 C）。

4. 重复步骤 3，完成两边剩余的收针针脚（图 D）。

5. 为了完成缝合，采用逆时针方向，把针插入右边、中间、左边的下一个针脚形成的“V”形下面，然后向下穿过接缝的中央，到达织物的反面（图 E）。

脚掌和腿

1. 缝合脚底的边缘，从前脚掌开始向脚踝缝制。

2. 塞入填充物，把脚做结实。

3. 缝合腿的边缘，同时塞入填充物。腿的上半部分只需稍微加以填充，以便可以更好地活动和增加垂感。

把腿缝到身体上

使腿部顶端与身体上的腿部位置标记相匹配，并且使腿部接缝在腿部背面居中，使用气垫针缝合法（参阅“技术：起针与针法”）把腿和身体缝合。把腿的前面缝到身体标记处上面的第一行，把腿背面缝到身体标记处下面的第一行。

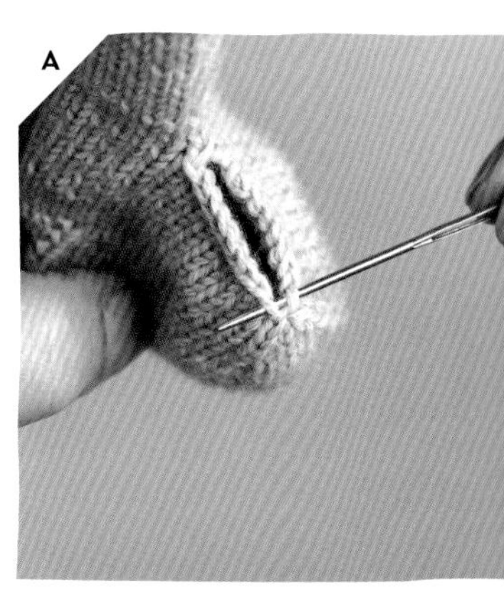
A

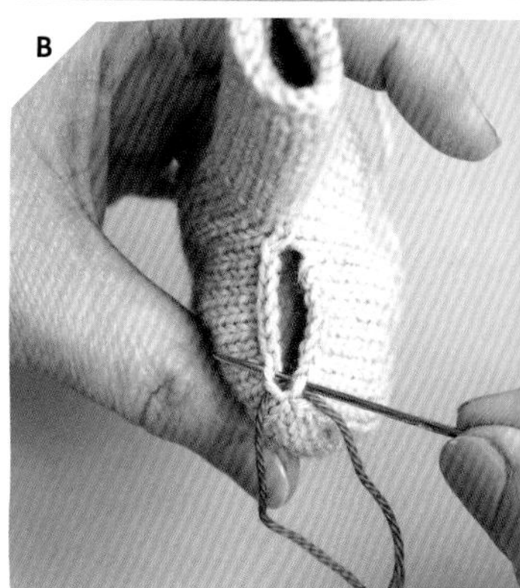
B

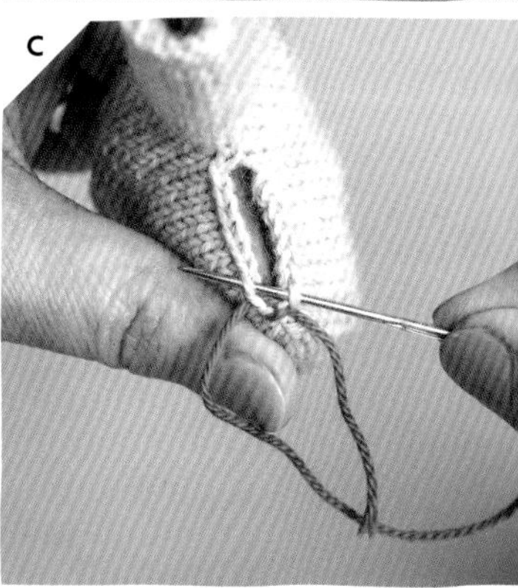
C

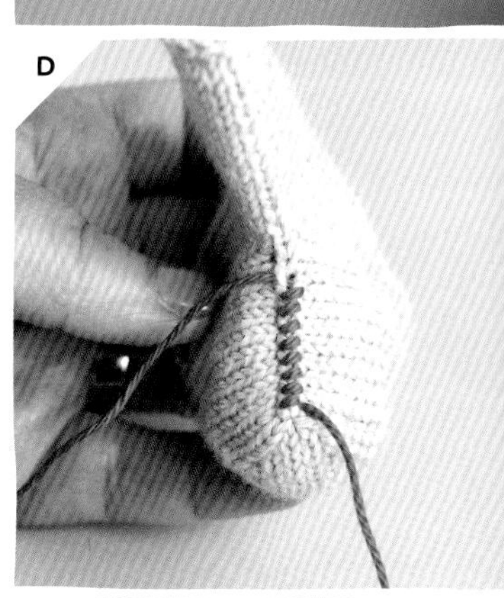
D

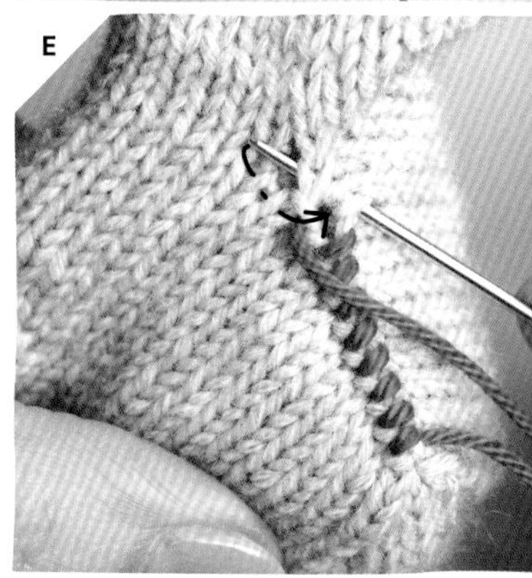
E

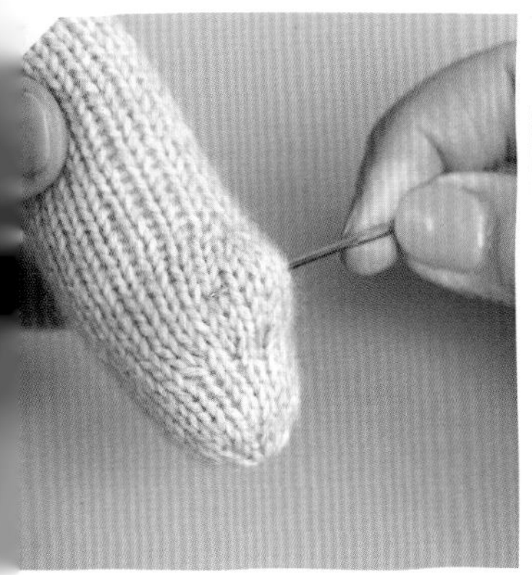

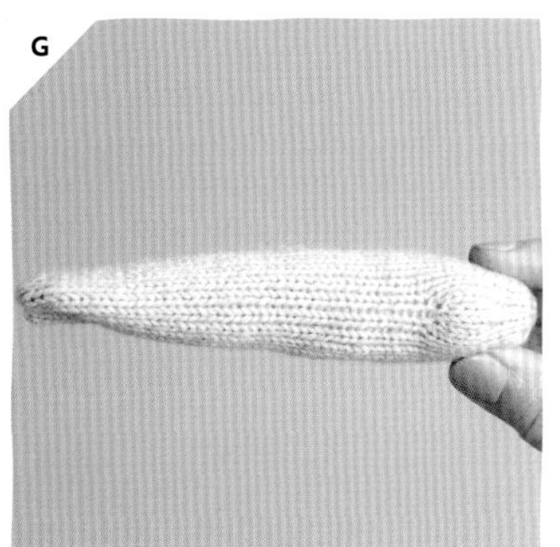

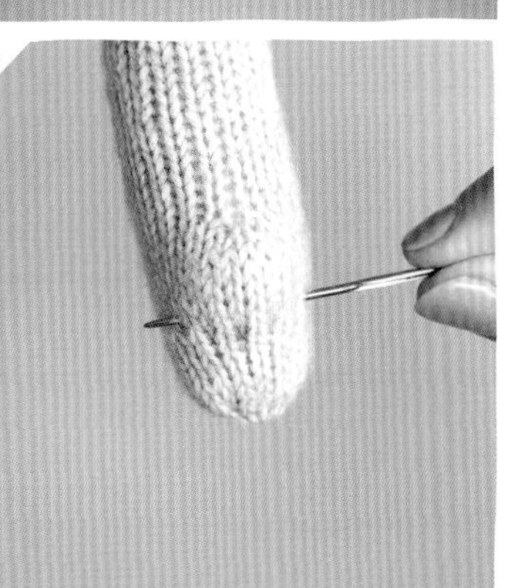

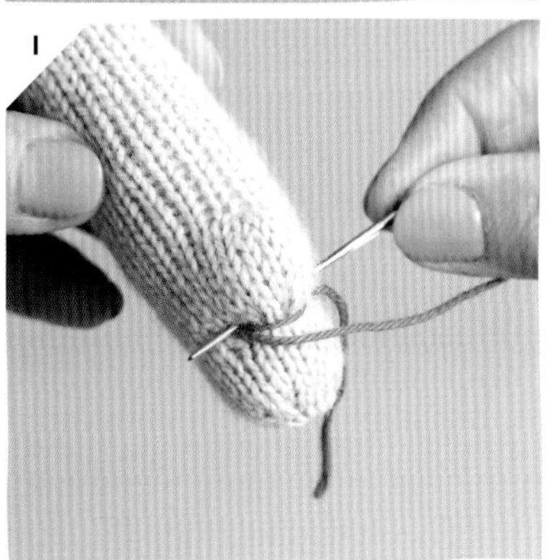

小贴士

填充动物的时候，使用小块玩具填充物。在手里滚动和摆弄身体各部分，使填充物均匀分布，以确保外形平整光滑。使用钝头挂毯手工缝纫针小心地穿过针脚进入织物，以消除里面的结块。

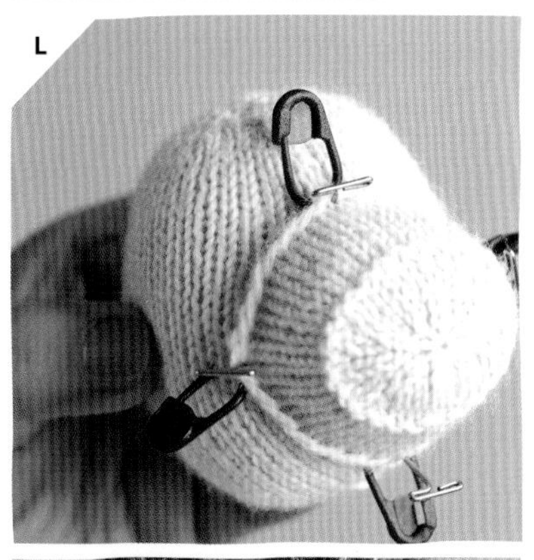

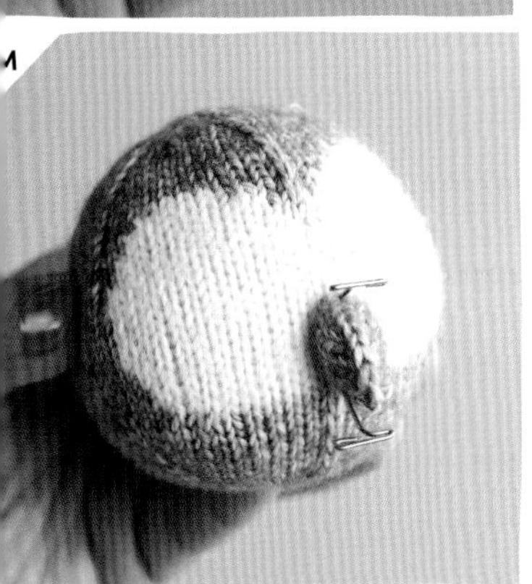

手臂

1. 从手的末端开始，把边缘缝起来，同时进行填充。把手和胳膊的前 1/3 部分填满，使用挂毯手工缝纫针挑起填充物，塑造出拇指的形状（图 F）。然后一边向上缝制，一边逐渐减少填充物的数量，最顶部不需要填充（图 G）。

2. 为了固定拇指，使用长针穿过手和拇指的顶端缝几针（图 H 和图 I）。

3. 把手臂缝到身体的两侧，在从颈部中间向下大致 3cm（11/4in）的位置，使拇指朝前。

头部

1. 从顶部开始，把边缘缝合，在底部中间留一个大口子，以便塞入填充物。

2. 把头部填满，缝上口子，把纱线穿过起针的针脚并收拢。

3. 用少许 4 合股纱线，把鼻子绣到动物的脸上（对于鸟嘴和猪鼻子，请参阅鸟嘴和猪鼻子一节）。为了保证牢固，将线头两端打结，并隐藏在头部里面，拉紧以便线结穿过织物的反面。

对于羊，用几针松松的线在羊的头部顶端，沿着接缝，绣 2 个迷你绒球，以填补缺口（图 J）。

鸟嘴和猪鼻子

1. 缝合鸟嘴 / 猪鼻子的边缘，从停针的针脚开始向起针一边缝制，并确保所有颜色变化都匹配得当。

2. 填充鸟嘴 / 猪鼻子。

3. 在脸上摆好位置，用别针别好。

对于鸭子，将顶点、侧面滑针线和底部缝线与头部的 4 个标记相匹配（图 K）。

对于猪，将猪鼻子放在头部 4 个标记物的中央，确保接缝在底部（图 L）。

对于猫头鹰，将接缝放在底部，把鸟嘴放在脸中央，两种颜色交接的地方（图 M）。

4. 使用半气垫针缝合法（参阅“技术：起针与针法”），把鸟嘴和猪鼻子缝到脸上。

眼睛

1. 使用长缝纫针，穿双线，把纽扣眼睛缝到头部两侧；缝制两只眼睛的同时，把线穿过头部。稍微拉紧一点，使纽扣眼睛嵌入脸部（参见每件作品中动物眼睛位置的图片）。

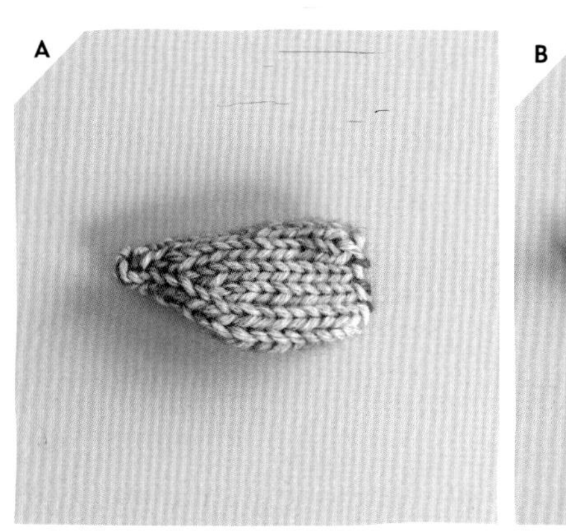

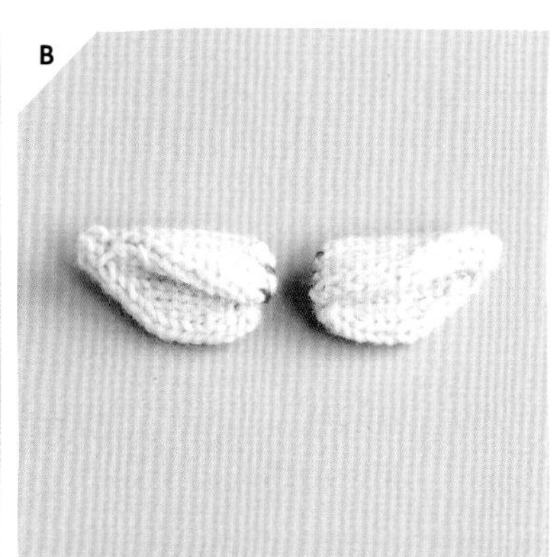

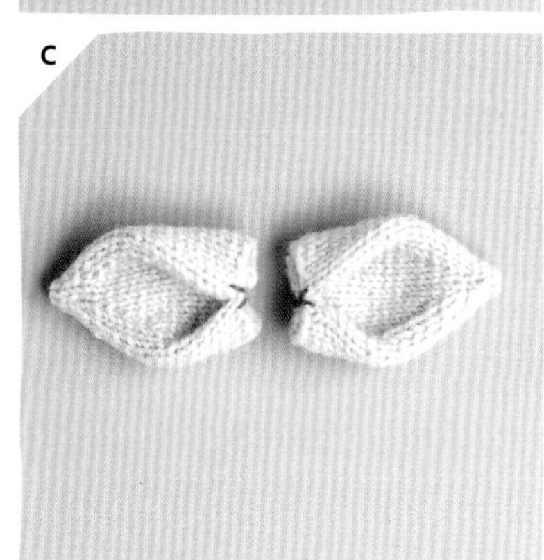

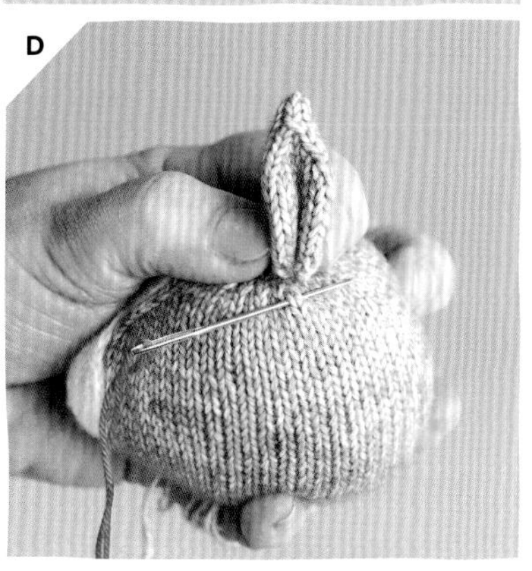

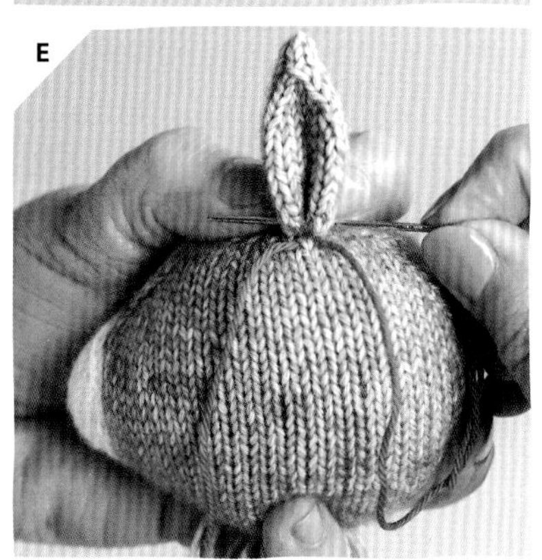

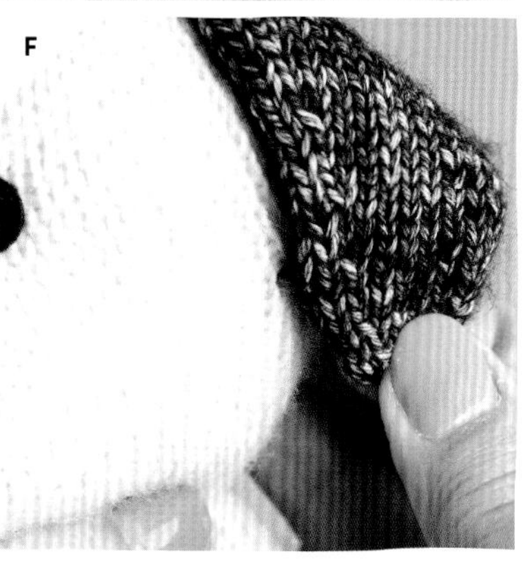

耳朵

1. 沿着减针线两边将耳朵对折，使边缘在背面的中央。

2. 把边缘缝在一起，从收拢的针脚开始，朝着起针端向下缝制。

3. 现在按照下面的说明缝制兔子、马、松鼠、羊和猪的耳朵。其他动物直接转到步骤 4。

对于兔子、马和松鼠，将耳朵对折，背面朝外，前面两半合在一起，将底边缝在一起以使其固定（图 A）。

对于羊，把耳朵放平，前面两边对着你，起针的两端相对，然后将每只耳朵的上半部分对折，使其不要接触到下半部分的边缘，将起针边缘缝在一起，以使其固定（图 B）。

对于猪，把耳朵放平，前面两边对着你，起针的两端相对，将每只耳朵顶部向下 2cm（3/4in）的位置，和每只耳朵底部向上 1cm（1/2in）的位置，进行折叠。用密实的几针缝好固定（图 C）。

4. 把耳朵用别针固定到动物的头上（参见每件作品中动物耳朵位置的图片），并且缝好。

对于兔子、马、松鼠和羊的耳朵，把挂毯手工缝纫针插入头部针脚的下面（图 D），从每只耳朵的底部穿过来（图 E）。

对于其他动物，使用半气垫针缝合法（参阅“技术：起针与针法”），绕着耳朵的底部，把它们缝到头上。

对于狗，作为最后一步，将耳朵折叠，用一针大约长 15mm（5/8in）的针脚，从耳朵尖开始，将其前端内侧固定到脸上（图 F）。

马的鬃毛

1. 把每根绳带的收针一端，缝到马头背面，沿着头顶接缝向下缝好（图 G）。

2. 把起针端的线头穿过绳带的中央，隐藏在头部。

羊角

1. 把羊角的边缘缝在一起，从收拢的针脚开始，朝着起针端缝制，同时进行填充。

2. 把羊角放到头部指定位置，用别针固定（图H和图I）。

3. 使用半气垫针缝合法（参阅“技术：起针与针法”），把它们缝到头上。

4. 轻轻摆弄羊角，使其弯曲挂在耳朵上，缝一小针把它固定在头上（图J）。

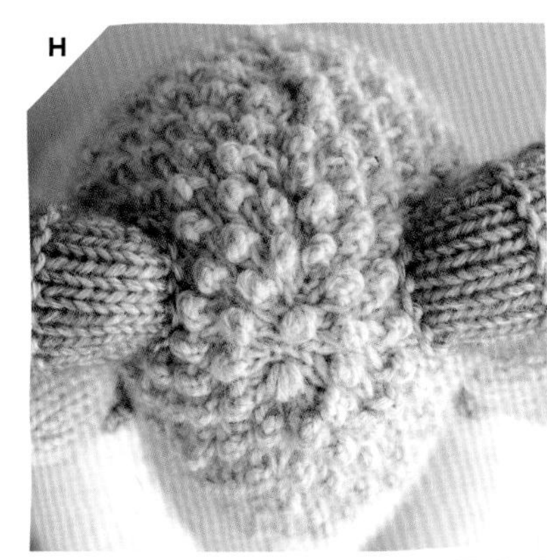

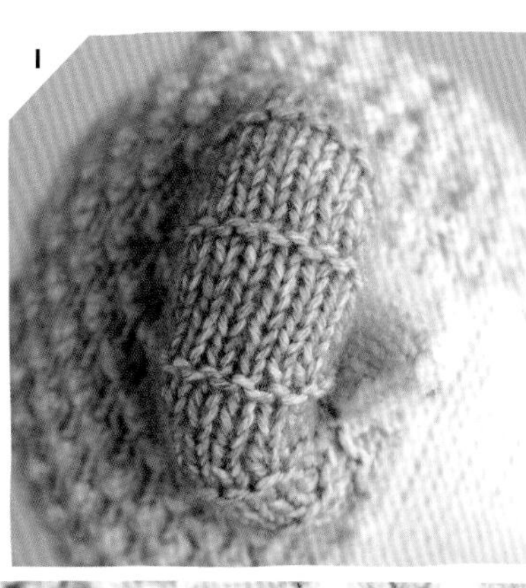

尾巴

猫、狗、鸭子、狐狸、老鼠、猪、浣熊和松鼠

1. 把尾巴的边缘缝在一起，从收拢的针脚开始，朝着起针端缝制，确保颜色变化相匹配，同时进行填充（参阅下面猫尾巴的说明）。

仅对于猫尾巴，为了使猫尾巴稍稍翘起来，在缝合边缘之前，把一根同样颜色的长线固定到乳白色的尾巴尖上。沿着反面中间向上，每隔3行，把线穿过中央针脚的背面线圈（图K）（可以不必那么精确）。到顶部的时候，把线从尾巴右侧穿过。完成了尾巴的接缝和填充后，使用这根线收拢塑造尾巴的形状，然后收紧固定，把线头隐藏在身体里。

2. 在身体上找好尾巴的位置，把它放在背面接缝的中央，尾巴的中心距离身体下方起针针脚收拢的中心点6cm（23/8in），用别针固定。

3. 使用半气垫针缝合法（参阅“技术：起针与针法”），把它们缝到身体上。

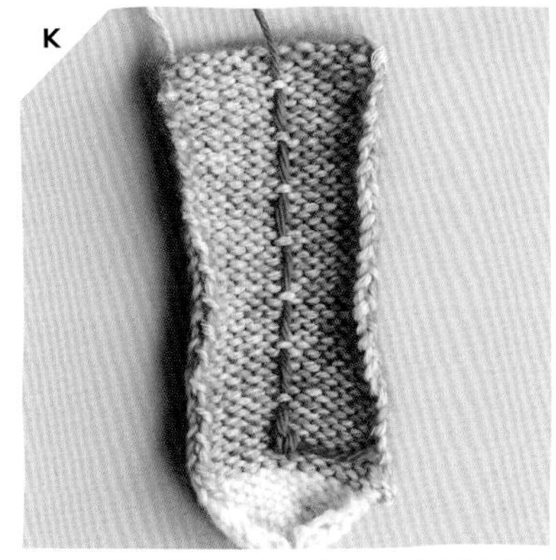

小贴士

为了使所有的衣物整齐地贴合尾巴，一定要把尾巴放在距离身体下方起针针脚收拢的中心点6cm（23/8in）的地方。

兔子

把绒球缝到兔子身体的背面，把它放到背面接缝的中央，绒球的中心距离身体下方起针针脚收拢的中心点6cm（23/8in）（图L）。

马

1. 从最短的一根开始，把它放在最上面，把绳带按从短到长排列（图M），把它们的一端缝在一起。

2. 把尾巴缝到马的身体上，使其位于背面接缝的中央，尾巴的中心距离身体下方起针针脚收拢的中心点6cm（23/8in）。

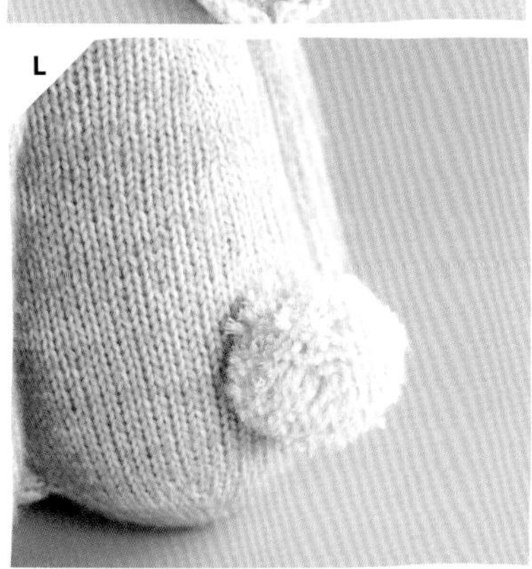

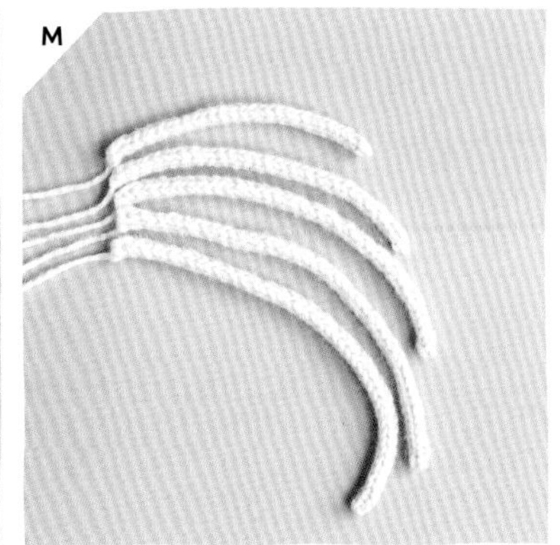

起针与针法

在下面的几页里，汇集了我使用的所有起针方法，还有分步指导，以满足你完成这些动物朋友的需要。

长尾起针法
（也称作一般起针法）

先要确保留出足够长的线尾进行起针，把纱线按照起针针脚的数量缠绕到编织针上，同时留出 25cm（10in）多余的纱线，用于以后的缝合。

1. 做一个活结（图 A）。

2. 右手拿针，使线球那一端离你最近，把拇指和食指放在两股纱线之间。其他手指抓住线尾那一端，握于掌心（图 B）。

3. 分开拇指和食指，使纱线绷紧，然后将拇指向上移至针尖，使手掌朝前（图 C）。

4. 将针尖穿过拇指上的线圈（图 D）。

5. 然后越过顶部和食指上的纱线（图 E）。

6. 把针带回来，穿过拇指的线圈（从顶部插入）（图 F）。

7. 轻轻抽出拇指，拉住线尾，收紧针脚（图 G）。

8. 重复步骤 3~7（图 H）。

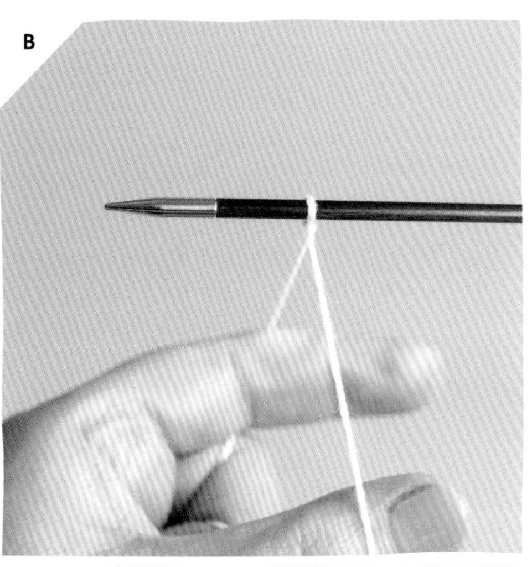

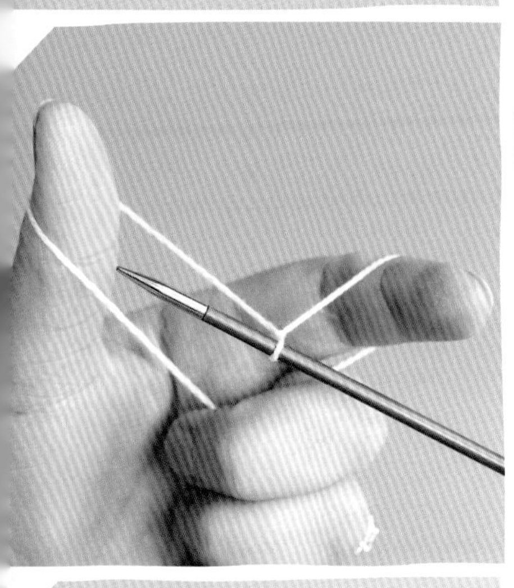

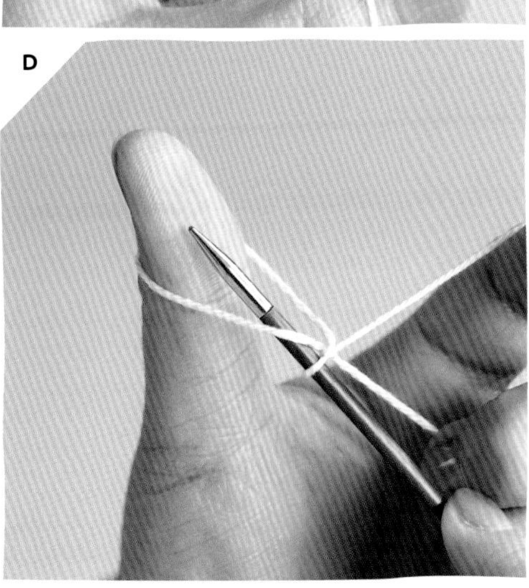

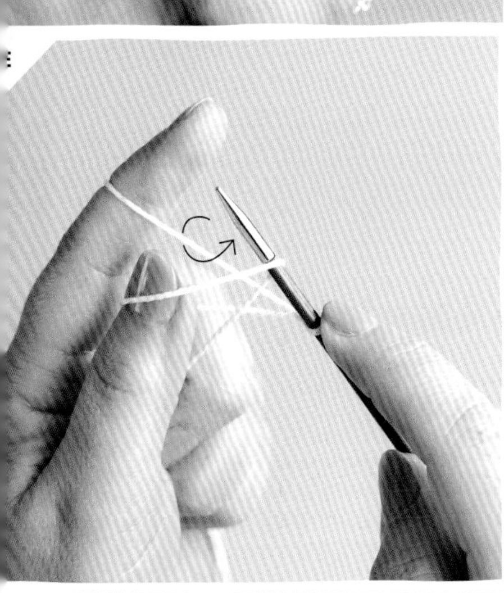

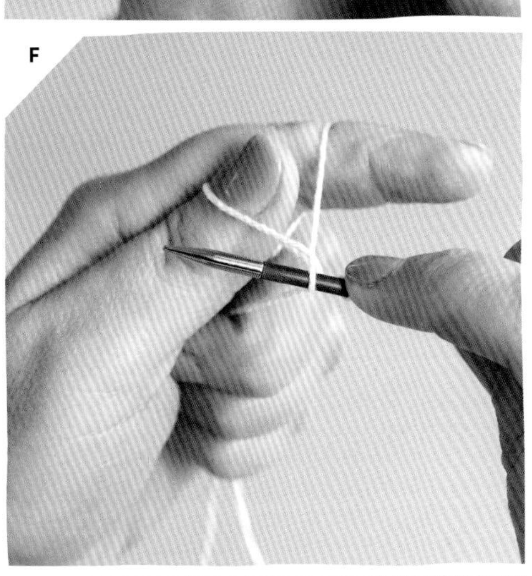

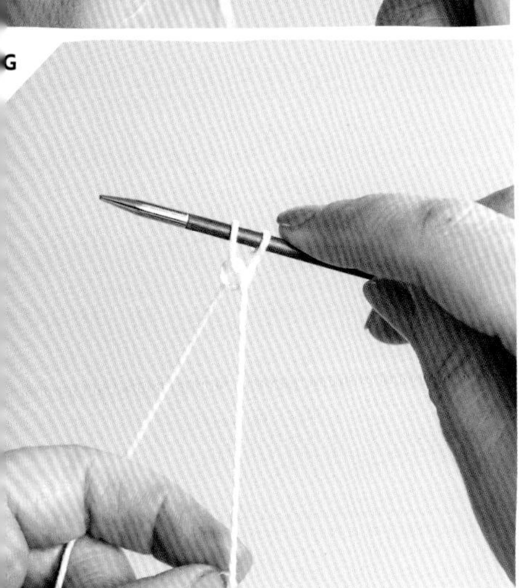

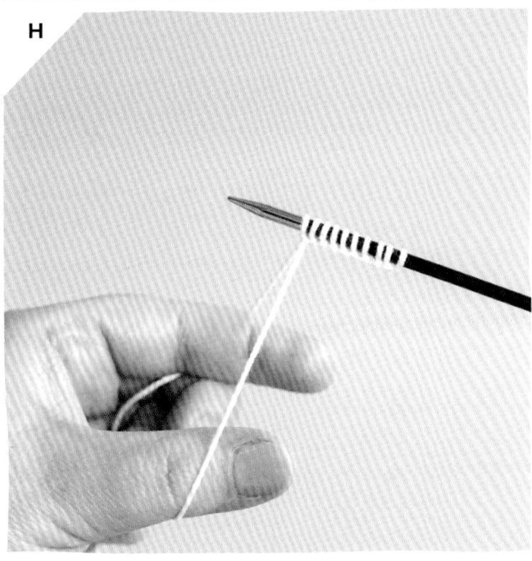

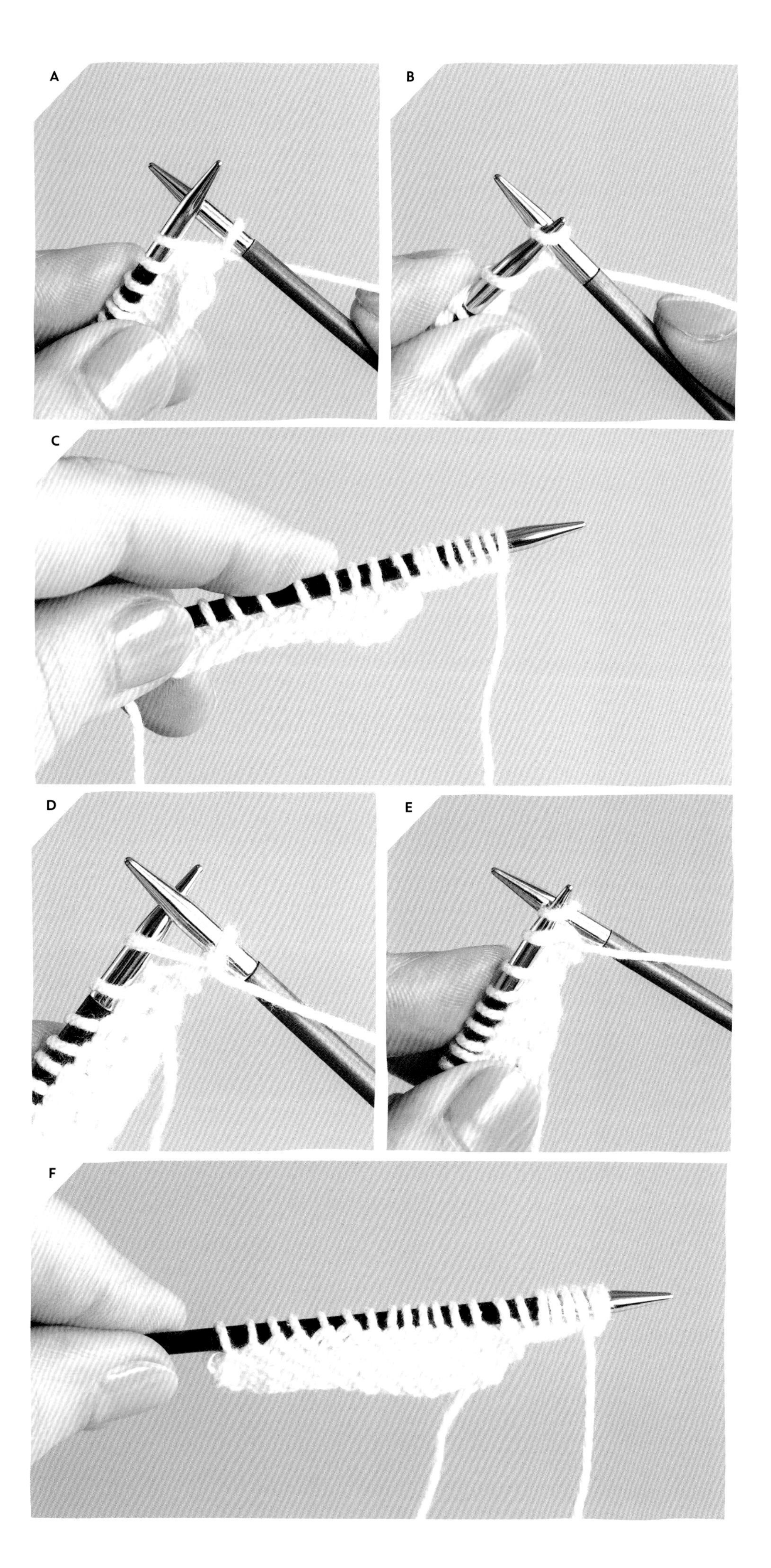

正针起针法

1. 把右手针插入左手针的第一个针脚，织 1 针正针，但是要把左手针上的针脚留在原位不动（图A）。

2. 把左手针从右手针上线圈的底部插入，把线圈挪到左手针上（图B）。

3. 重复步骤 1~2（图C）。

反针起针法

1. 把右手针插入左手针的第一个针脚，织 1 针反针，但是要把左手针上的针脚留在原位不动（图D）。

2. 把左手针从右手针上线圈的底部插入，把线圈挪到左手针上（图E）。

3. 重复步骤 1~2（图F）。

挑针

在纽扣位置的后面或开衩口的后面，找到左手针上正在编织的针脚所在的行，你需要在这一行挑起针脚，在织物右侧找到正确针行的最容易的方法，是跟随你需要的那行下面的一行进行查找：

1. 对着正面，将织物的右侧稍微折叠起来，这样就可以看到织物的反面（图 G），跟随左手针上正在编织的针脚正下方第一行的反针凸起，一直到织物的右侧（图 H）。从左手针上第一针之后的反针凸起开始，从左到右，数出与挑针数量相同的反针凸起（图 I）。在此处正下方挑起第一针。
2. 把右手针从你数出的反针凸起的下方插入（图J），绕线，像织正针一样把线拉出。
3. 把右手针插入下一个反针凸起，绕线，像织正针一样把线拉出。重复这一步骤，直到完成编织所需的挑针数量（图 K）。

在衣领的周围

1. 对着编织图案里说明的那一边(参见图案),从右向左，把右手针插入图案要求的第一个起针针脚的水平线圈里（图 L）。
2. 绕线，像织正针一样把线拉出（图 M）。
3. 把右手针插入下一个起针针脚的水平线圈里（图 N）。
4. 重复步骤 2 和 3，直到完成编织所需的挑针数量。

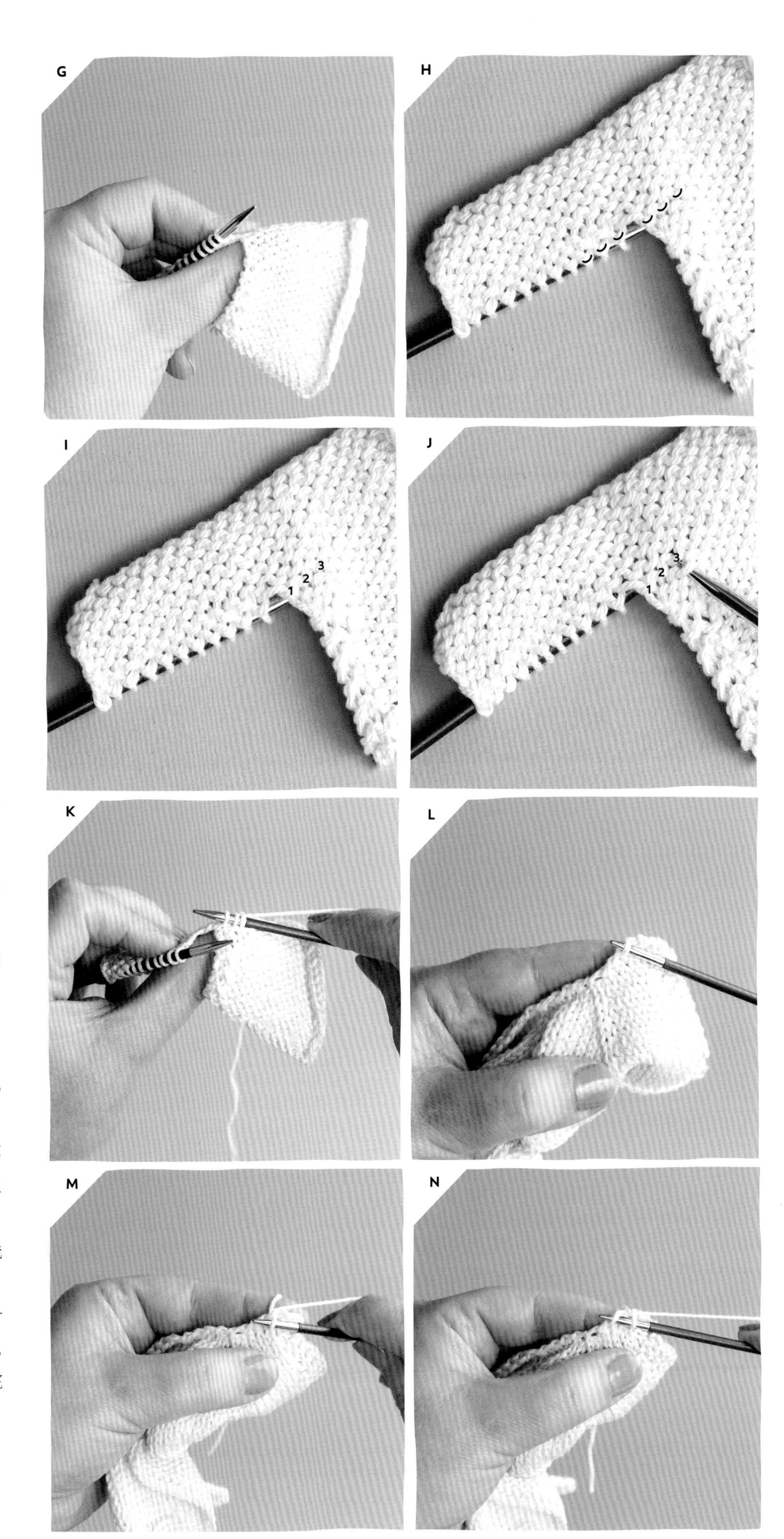

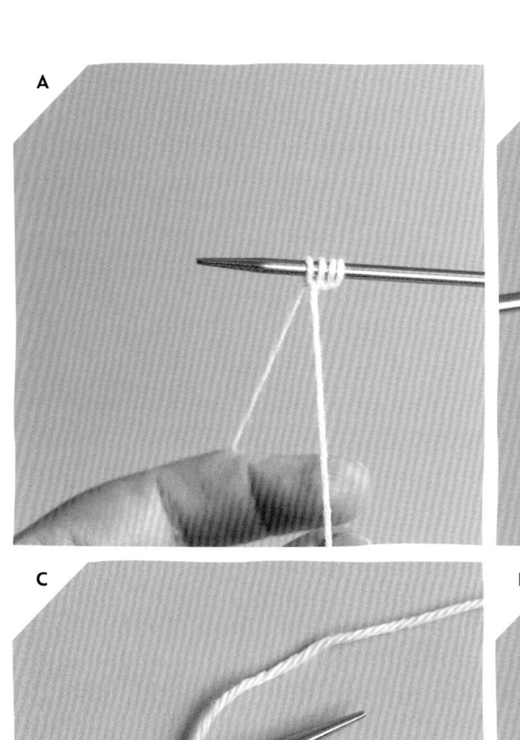

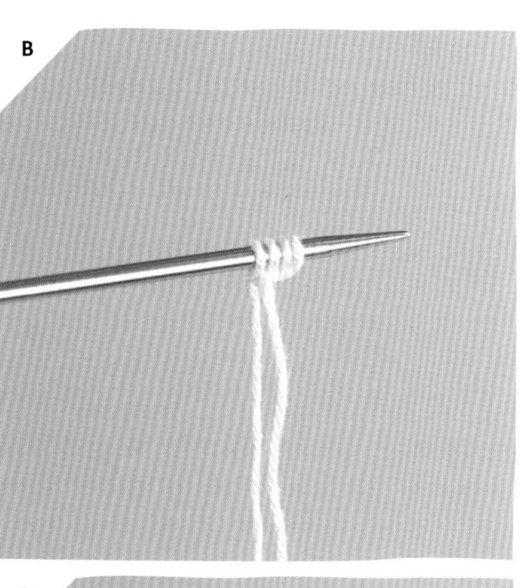

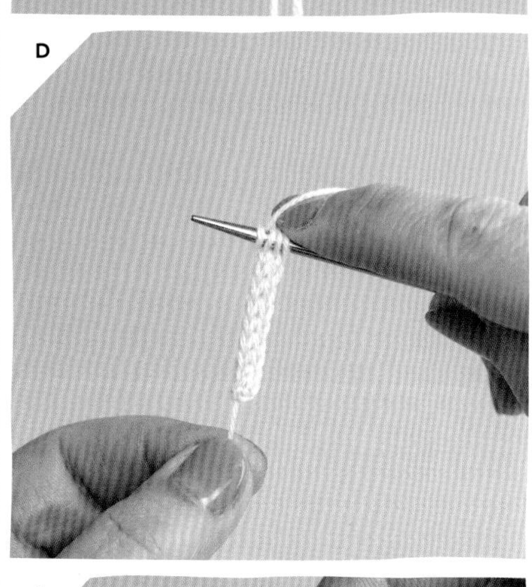

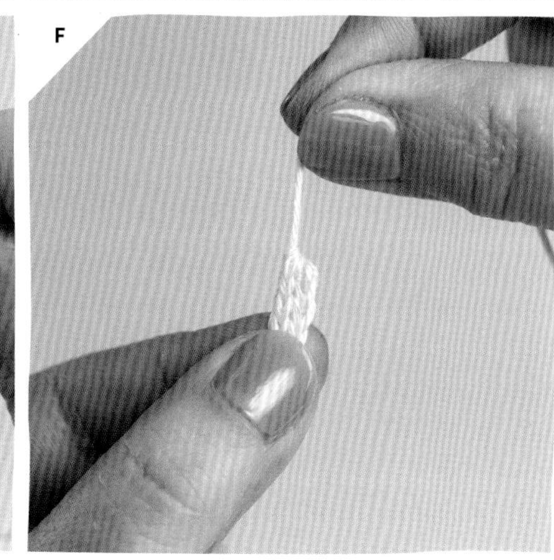

制作绳带

在双尖头编织针上进行编织。

1. 使用长尾起针法，按照所需针数起针（图 A）。

2. 不要翻面，把所有起针的针脚滑到针的右端（图 B）。

3. 把用来编织的那段纱线从后面绕过来（图 C），织一针正针，拉紧纱线，正针织到这一行结尾。

4. 重复步骤 2 和 3，直到完成所需的长度，每织完一行都要拽出起针的线尾，以便形成一根管子的形状（图 D）。

5. 进行收针，剪断纱线，把线尾穿过挂毯手工缝纫针；小心地抽出编织针，从右向左，把挂毯手工缝纫针和线尾推过这些针脚并且收拢收紧（图 E 和图 F）。

气垫针缝合法

把线尾（或者一段纱线）纫到挂毯手工缝纫针上。从右边开始向上，并把两边并排放在一起。

垂直气垫针缝合法

这种针法用于织物两边接缝的缝合。

1. 把针插入背面起针或收针的第一个线圈，然后第一片也采取同样的做法，拉出纱线（图 G 和图 H）。
2. 再把针带到相对的一边，从最外侧针脚中间的两条横线下面插入（图 I）。
3. 重复步骤 2，在两边往返进行编织，轻轻拉出纱线，把缝隙闭合（图 J）。

水平气垫针缝合法

这种针法用于起针或收针边缘接缝的缝合。

1. 把针从第一个针脚形成的“V”字下方插入，拉出纱线（图 K）。
2. 把针带到另一边，在那一侧做同样的操作（图 L）。
3. 重复步骤 1 和 2，在两边往返进行编织，轻轻拉出纱线，把缝隙闭合（图 M）。

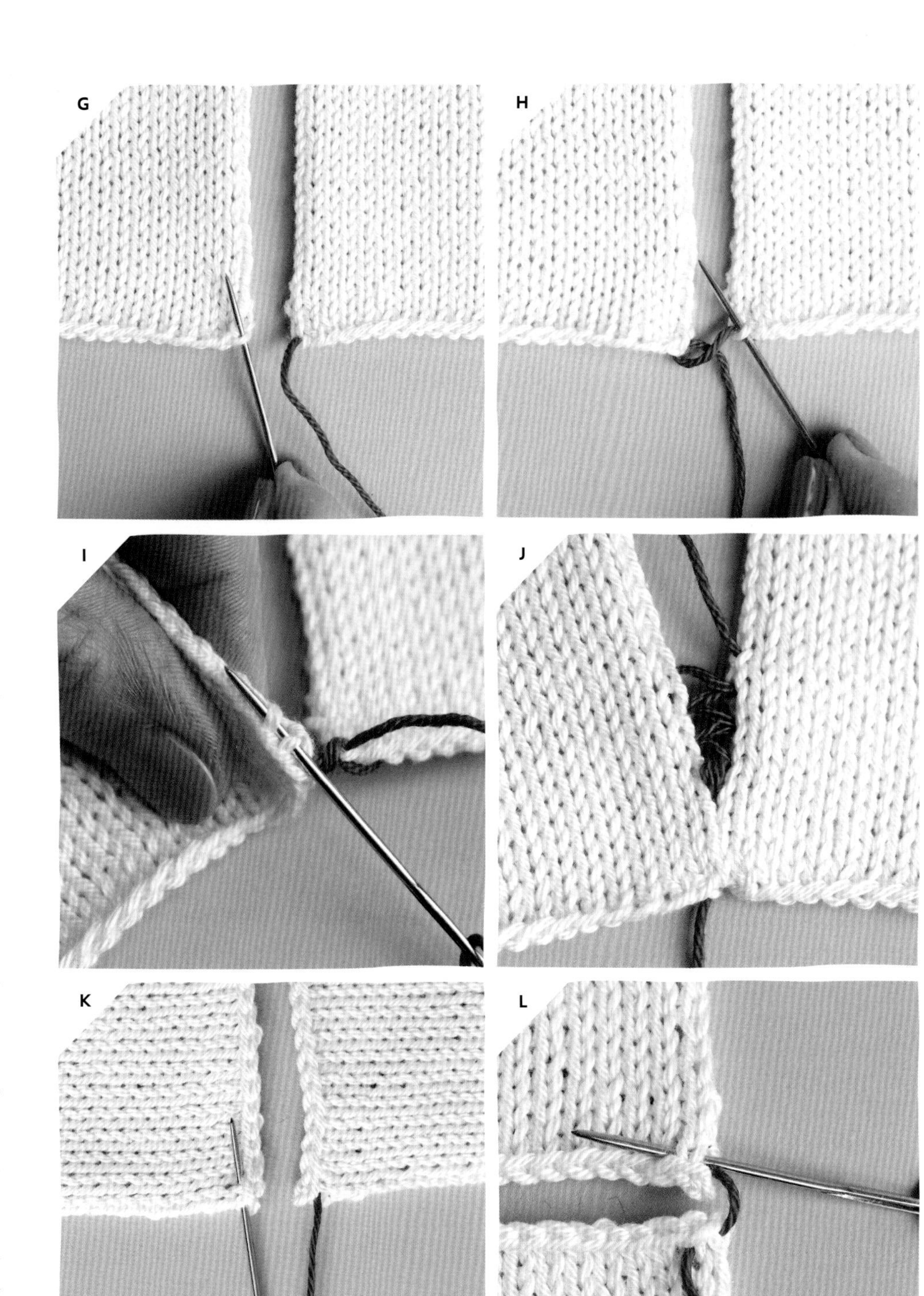

小贴士

进行水平气垫针缝合的时候，要尽量使缝合针脚的密度与织物的密度吻合，以确保整齐的效果。

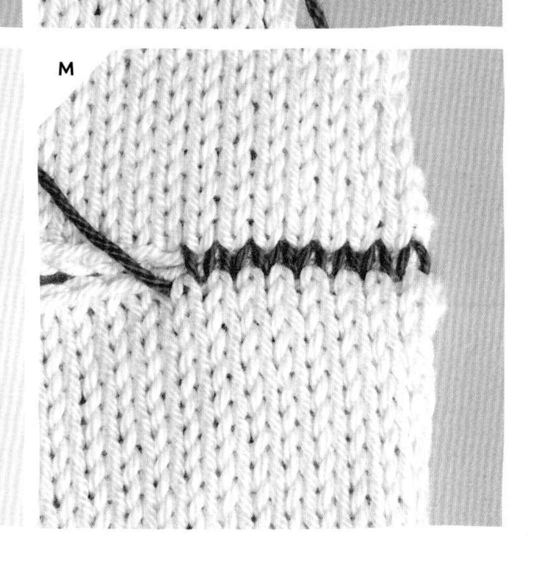

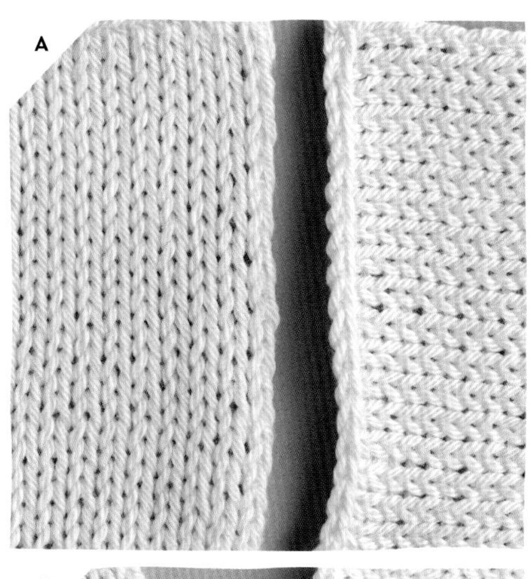

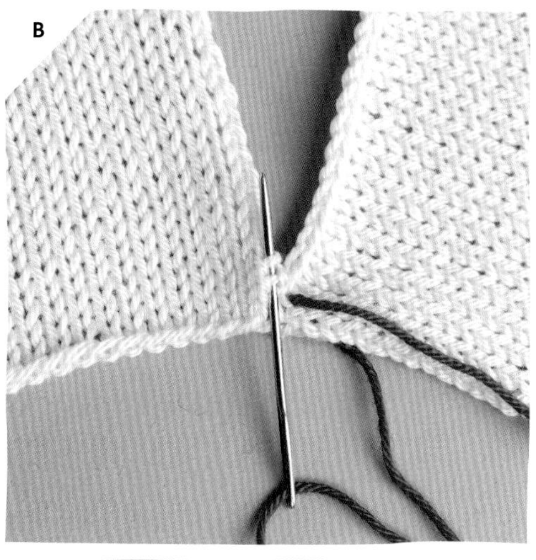

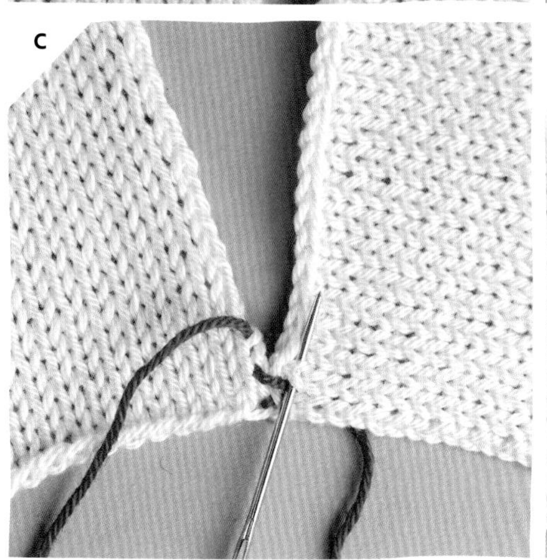

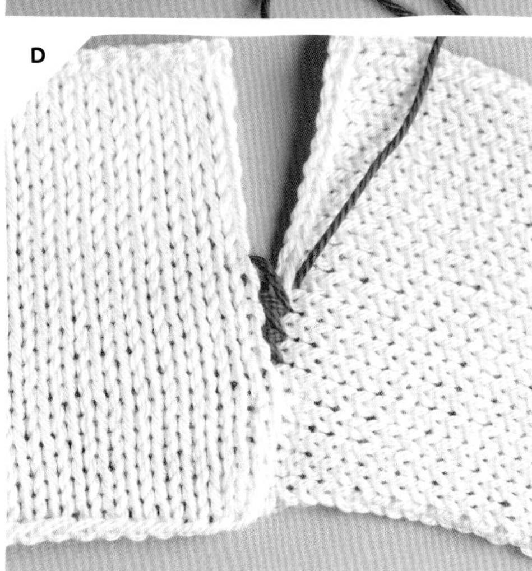

垂直与水平结合的气垫针缝合法

这种针法用于起针或收针边缘与织物边缘接缝的缝合（图A）。

1. 把针从织物边缘前面最外侧针脚中间的两条横线下面插入，拉出纱线（图B）。

2. 把针带到起针/收针的那一侧，从第一个针脚形成的“V”字下方插入（图C）。

3. 重复步骤1和2，在两边往返进行编织，轻轻拉出纱线，把缝隙闭合（图D）。

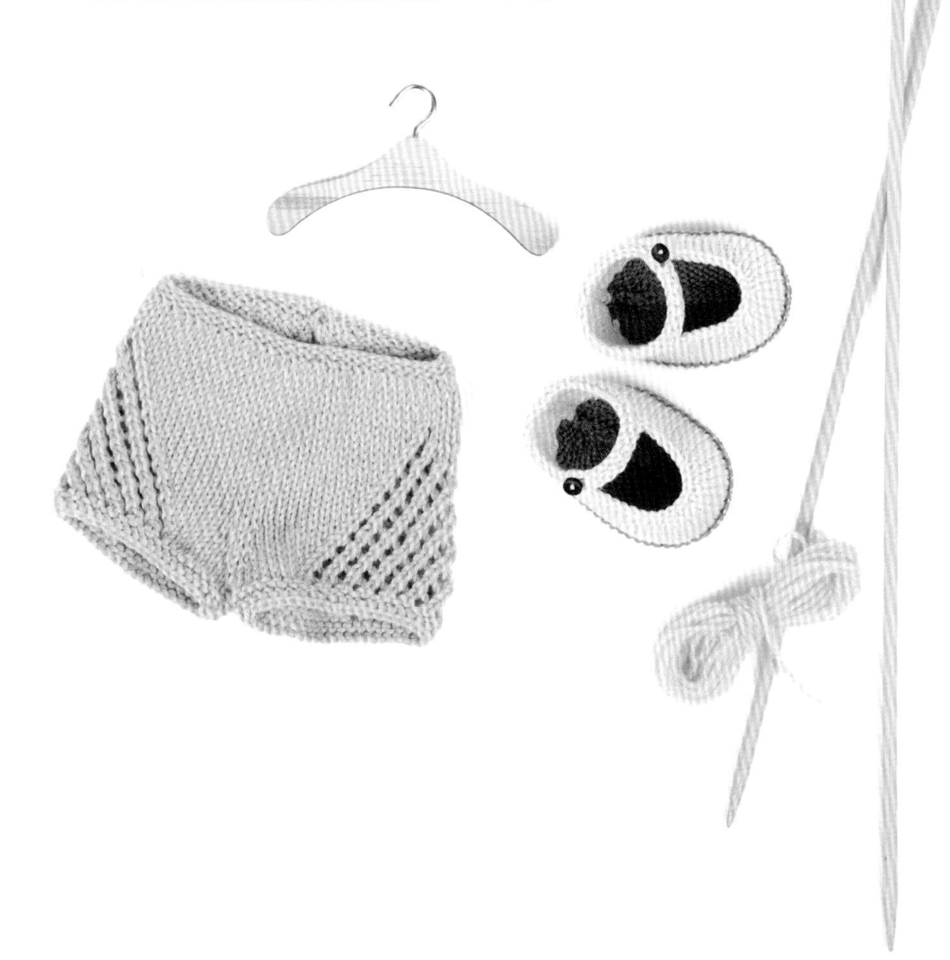

半气垫针缝合法

这种针法用于把动物的耳朵、鸟嘴、猪鼻子和尾巴连接到头部和身体上。

1. 把线尾（或者一段纱线）纫到挂毯手工缝纫针上。
2. 把针插入你要连接的一片织物的第一个起针线圈，拉出纱线（图E）。
3. 把针插入你要连接的一片织物的下一个起针线圈，拉出纱线（图F）。
4. 把针从头部/身体上的针脚所形成的“V”字下方插入，或者从两条横线下方插入（取决于你编织的方向），拉出纱线（图G和图H）。
5. 再把针插回到你刚才用到的最后一个起针线圈，拉出纱线（图I）。
6. 重复步骤3~5（图J）。

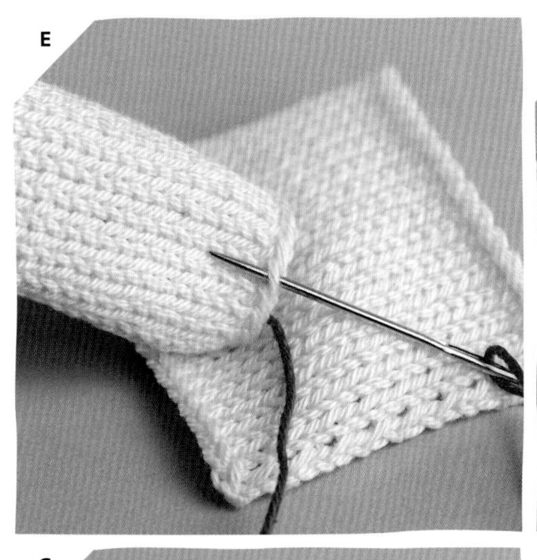
E

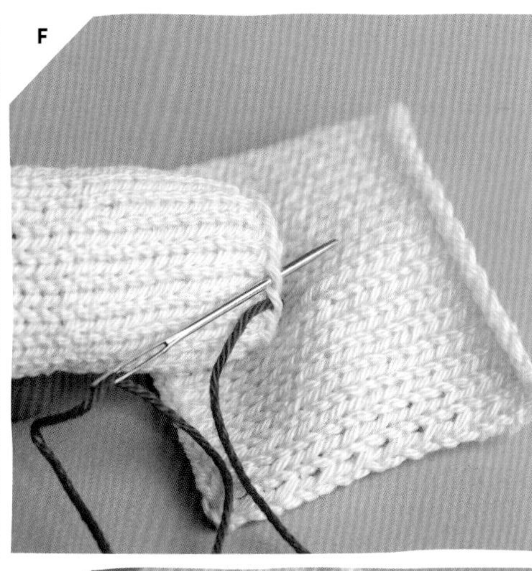
F

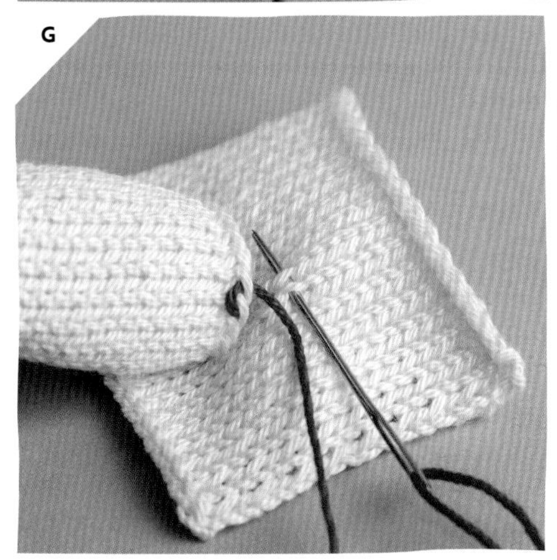
G

H

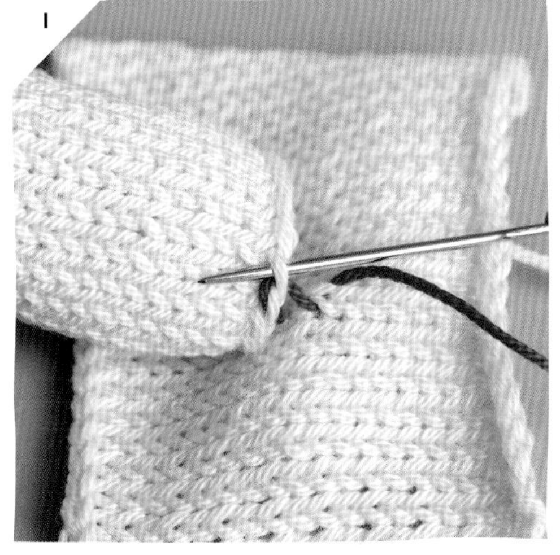
I

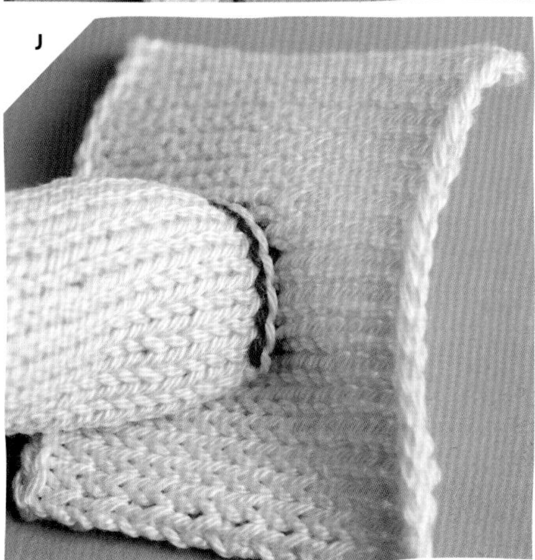
J

整平衣物

整平衣物有助于使成品平顺、整洁，防止卷边。使用不锈钢别针，待衣物彻底干燥后，移除别针。你可以使用喷水方法或者蒸汽方法来整平棉质纱线。

喷水整平

用凉水喷洒织好的衣物，直到其变得湿润，但不能湿透。整平后用别针固定，直到完全干透。

蒸汽整平

用别针固定织好的衣物，握住蒸汽熨斗，接近织物进行蒸汽熨烫，直到其变得湿润（不要使熨斗接触到织物）。放置一会儿，使其干燥。

配 色

因为大多数的动物及其装束都要使用色彩变化的技术，所以在此我汇集了一些方法供大家参考。你可以找到用于制作本书中一些动物，或者装饰毛衣所需要的方法的说明，这些说明指出了条纹图案、费尔岛毛衣图案和嵌花图案的编织方法。别担心，色彩处理比它看来要简单多了。

条纹图案

编织条纹的时候，把纱线向上带到织物的一侧。把旧线放到织物的背面，拾起新线，织第一针（图 A）。如果是更宽一些的条纹(4 行以上)，每隔两行，就把旧线绕过正在使用的纱线，抓住旧线（图 B）。

费尔岛毛衣图案（多股线）

费尔岛图案是同时编织两种或两种以上颜色纱线的一种技术，在织物的背面带线。更换颜色时，只需要将旧线悬在织物的背面，等到需要时再用，拾起新线织下一个针脚。如果纱线（浮线）后面的一股纱线超过 4 针，将浮线绕过正在使用的纱线，将其向上带到正在使用的纱线的顶端上方，然后再从背面带下来。在变换颜色时请勿将线拉得太紧（图 C 和图 D）。

A

B

C

D

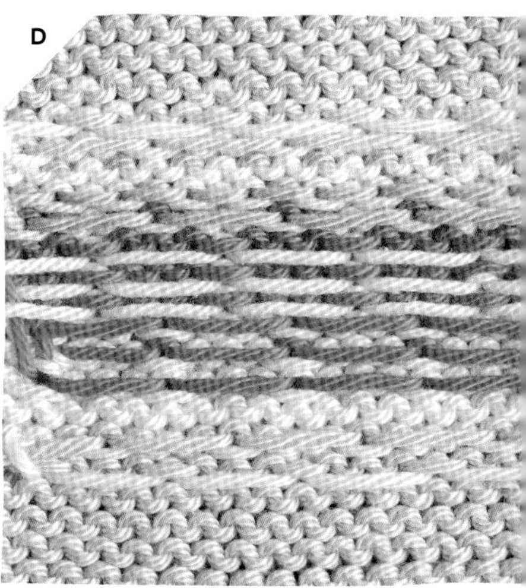

嵌花

每一处颜色的嵌花使用不同长度的纱线或线团（与织物背面所带的纱线形成对比）（图E）。如果同一颜色的两个地方之间只有一针，就在这两处使用同样长度的纱线，带过这一针的背面。

最好在开始之前弄清楚有多少种颜色变化，然后将较长的纱线缠绕到单独的线轴或衣夹上。

例如，要完成这个简单的图案，你需要三段乳白色纱线和两段橙色纱线。按照图案从底部向上进行编织，从右向左读取正针行数（正面），从左向右读取反针行数（反面）。这个图案范例是正面所有针织正针，反面所有针织反针，第一行是正针行，因此，你需要从底部右角边开始读取针数。

估算所需纱线数量的一个简单方法是，数清楚图案中每一种额外所需纱线的针脚数量。把纱线松松地缠绕在针上，每一个针脚绕线一次，然后再进一步把每种纱线留出15cm（6in）作为线尾。

为了避免两个色块之间出现漏洞，要持续编织，直到需要更换颜色为止。把针插入下一个针脚准备编织，但是在把新线带上来织这一针之前，需要将旧线拉到左侧（图F）。

小贴士

在完成编织后，收紧松散的针脚，在织物的正面，将挂毯手工缝纫针插入松散针脚的一个小杠里，向外轻轻挑一挑。接下来的几个针脚重复上述操作，以达到针脚密度的均匀分布（图G）。

嵌花图案表

1 乳白色纱线，长度1

2 乳白色纱线，长度2

3 乳白色纱线，长度3

1 橙色纱线，长度1

2 橙色纱线，长度2

2	2	2	1	1	1	3	3	3	3	2	2	2	1	1	1
2	2	2	1	1	1	3	3	3	3	2	2	2	1	1	1
2	2	2	1	1	1	3	3	3	3	2	2	2	1	1	1
2	2	2	1	1	1	1	1	1	1	1	1	1	1	1	1
2	2	2	1	1	1	1	1	1	1	1	1	1	1	1	1
2	2	2	1	1	1	1	1	1	1	1	1	1	1	1	1
2	2	2	1	1	1	1	1	1	1	1	1	1	1	1	1
2	2	2	1	1	1	1	1	1	1	1	1	1	1	1	1
2	2	2	1	1	1	1	1	1	1	1	1	1	1	1	1
2	2	2	1	1	1	1	1	1	1	1	1	1	1	1	1

供应商

BOO-BILOO

www.boobiloo.co.uk

SCHEEPJES

www.scheepjes.com

LOVEKNITTING

www.loveknitting.com

WOOL WAREHOUSE

www.woolwarehouse.co.uk

DERAMORES

www.deramores.com

致 谢

这本书能够出版最大得益于F & W传媒的工作团队，对这一团队，特别是简和琳恩我深表谢意。同样也感谢我的家人和朋友们的热情鼓励，你们持续不断的支持对于我来说非常宝贵。最后，我向我的丈夫凯文表达最深的谢意！他一直并且永远都支持我，是我最信赖的人。

作者简介

路易丝对于编织的热爱开始于偶然。一天，她的长子放学回家后对她说想学习编织……儿子的兴趣只持续了一个星期，但她却从此着了迷！路易丝拥有纺织设计的专业背景，她成功地成立了自己的品牌布百路（Boo-Biloo），销售玩具和玩偶的针织图案。她的作品曾登上各种工艺和针织杂志，在她的前一本书《我的编织玩偶》里也有展示。

This is a translation of KNITTED ANIMAL FRIENDS, ISBN 9781446307311
By Louise Crowther

图书在版编目（CIP）数据

钩编小可爱动物朋友 /（英）路易丝・克罗瑟著；王欣译．— 沈阳：辽宁科学技术出版社，2022.8
ISBN 978-7-5591-2402-9

Ⅰ．①钩…　Ⅱ．①路…　②王…　Ⅲ．①钩针—编织—图集　Ⅳ．① TS935.521-64

中国版本图书馆 CIP 数据核字（2022）第 016765 号

出版发行：辽宁科学技术出版社
（地址：沈阳市和平区十一纬路25号　邮编：110003）
印 刷 者：辽宁新华印务有限公司
经 销 者：各地新华书店
幅面尺寸：210mm × 285mm
印　　张：10.5
字　　数：230千字
出版时间：2022年8月第1版
印刷时间：2022年8月第1次印刷
责任编辑：朴海玉
版式设计：袁　舒
封面设计：袁　舒
责任校对：尹　昭　王春茹

书　　号：ISBN 978-7-5591-2402-9
定　　价：68.00元

联系电话：024-23284367
邮购热线：024-23280336